AF453114

DES

MACHINES A VAPEUR

PARIS. — IMP. SIMON RAÇON ET COMP., RUE D'ERFURTH.

DES
MACHINES A VAPEUR

LEÇONS FAITES EN 1869-1870

A

L'ÉCOLE IMPÉRIALE DES PONTS ET CHAUSSÉES

PAR

F. JACQMIN

INGÉNIEUR EN CHEF DES PONTS ET CHAUSSÉES

DIRECTEUR DE L'EXPLOITATION DES CHEMINS DE FER DE L'EST, PROFESSEUR A L'ÉCOLE IMPÉRIALE

DES PONTS ET CHAUSSÉES

MEMBRE DU JURY INTERNATIONAL DE L'EXPOSITION UNIVERSELLE DE 1867

ET DE LA COMMISSION CENTRALE DES MACHINES A VAPEUR

TOME PREMIER

PARIS

GARNIER FRÈRES, LIBRAIRES-ÉDITEURS

6, RUE DES SAINTS-PÈRES, ET PALAIS-ROYAL, 215

1870

OBSERVATIONS PRÉLIMINAIRES

ET DIVISION DU COURS

Nous avons, à la fin de l'année 1867, publié les leçons que nous avions eu l'honneur de faire à l'École impériale des ponts et chaussées sur l'exploitation des chemins de fer. L'accueil que ce travail a trouvé dans le public nous décide à imprimer aujourd'hui la partie principale du cours qui nous est confié, les *machines à vapeur*, et, en particulier, les *locomotives*.

Il existe déjà un nombre considérable de traités sur les machines à vapeur, et les ingénieurs ont à leur disposition plusieurs ouvrages excellents, dans lesquels la plupart des questions relatives à la construction des machines sont résolues. Conçu au même point de vue, un nouvel ouvrage sur les machines à vapeur ne présenterait qu'un très-médiocre intérêt, et nous n'aurions jamais songé à donner à nos leçons la moindre publicité, si nous n'avions cru pouvoir envisager les machines à vapeur à un point de vue plus spécial, celui de leur emploi, soit dans l'industrie, soit dans les travaux publics, soit surtout dans la grande industrie des transports : chemins de fer et voies navigables.

Appelé à l'honneur bien imprévu de remplacer Clapeyron à l'École des ponts et chaussées, nous ne pouvions songer à conserver à son cours le caractère scientifique si élevé qu'il lui avait imprimé. Nous avons entrevu un but plus modeste : nous avons considéré la machine comme un outil et nous avons cherché à en enseigner l'usage. Soumis à Clapeyron, quelques jours avant sa mort, cet ordre d'idées pratiques reçut sa complète approbation, et cet ingénieur éminent, cet homme de bien toujours préoccupé du désir d'être utile au plus grand nombre, voulut bien nous dire que le moment d'étudier la machine à vapeur au point de vue purement scientifique était passé, qu'il fallait désormais s'attacher à en vulgariser l'emploi et à montrer le rôle qu'elle remplissait comme instrument de transformation et de progrès.

La tâche que nous avons entreprise a donc été celle-ci : montrer que, dans le travail incessant imposé à l'homme pour vivre en société, la machine à vapeur s'offre à lui comme un auxiliaire puissant, capable d'accomplir tout ce qui exige l'emploi de la force brutale, en lui laissant ce qui exige l'intelligence.

Les leçons qui vont suivre, faites devant un auditoire presque exclusivement composé d'élèves sortis de l'École

polytechnique, devaient évidemment admettre comme
acquises des notions déjà très-étendues sur les machines
et sur la mécanique ; mais ces notions ne sont que des
notions théoriques, et nous avons cherché à les compléter
par les enseignements de l'expérience.

Les divisions que nous avons adoptées sont les suivantes :

PREMIÈRE PARTIE. — *Considérations générales sur le travail
effectué par les machines thermiques.*

Cette première partie forme en quelque sorte le lien
entre la théorie et la pratique : elle indique comment
les idées théoriques reçoivent de l'étude des faits une
éclatante consécration ou un utile redressement. Nous
ne pouvions, dans cette comparaison, oublier la théorie
mécanique de la chaleur, et nous avons dû signaler les
pertes de force que comportent, dans l'état actuel de nos
connaissances, les machines thermiques les plus perfectionnées.

DEUXIÈME PARTIE. — *Description des machines à vapeur d'eau.*

La vapeur d'eau étant le corps intermédiaire le plus
universellement employé pour convertir la chaleur en
force, nous n'avons abordé avec détails que l'étude des

machines à vapeur d'eau, et nous avons rattaché cette étude à un but, ou, comme on dit aujourd'hui, à un objectif déterminé : la relation entre le mode de construction et le travail à effectuer. Dans les deux chapitres consacrés aux machines locomotives, nous avons montré comment la machine s'était successivement et admirablement transformée de manière à donner satisfaction aux besoins de l'exploitation des chemins de fer. Nous pensons toutefois qu'on est arrivé à une limite que la machine locomotive ne saurait dépasser : nous voulons parler des chemins de fer à fortes déclivités pour l'exploitation desquels la locomotive actuelle cesse d'être une solution satisfaisante du problème de la traction. Au lieu d'avoir un moteur dont le poids mort égale et bientôt dépassera la charge utile remorquée, il faudra revenir aux machines fixes dont l'action se transmettra soit à l'air libre par des câbles, soit dans des espaces fermés par des fluides comprimés ou raréfiés.

Troisième partie. — *Généralités sur la construction et l'emploi des machines. — Accidents.*

Nous n'avons pas voulu faire un cours de construction de machines; un ingénieur des ponts et chaussées, pas plus qu'un industriel, n'est appelé à construire une machine, mais tous deux sont appelés fréquemment à en commander et à en acheter.

Alors nous avons cherché à réunir les notions les plus utiles sur les métaux qui entrent dans la construction des machines, en insistant sur la grave transformation que la vulgarisation de l'acier va imposer à l'industrie métallurgique.

Nous avons décrit sommairement les ateliers dans lesquels ces métaux sont mis en œuvre, et nous avons analysé les prescriptions légales auxquelles les machines doivent satisfaire.

Enfin, nous avons cherché, dans l'étude des accidents causés par les machines à vapeur, les moyens de prévenir le retour de catastrophes souvent bien douloureuses.

QUATRIÈME PARTIE. — *Consommations des machines.*

Nous n'avons pas besoin de faire ressortir l'importance des questions que soulève l'étude des consommations des machines, eau et combustible; l'identité de la chaleur et de la force étant aujourd'hui hors de toute contestation, la possession du combustible est le premier élément de la puissance industrielle d'une nation.

CINQUIÈME PARTIE. — *Travail et dépense de la machine locomotive.*

La relation entre le travail moteur et le travail produit est, dans toute l'industrie, l'appréciation souveraine et définitive d'une machine ; mais nulle part cette relation n'apparaît à tous les yeux comme dans l'industrie des chemins de fer. On peut, sans aucun doute, évaluer la quantité de travail qu'exige la transformation du coton brut en fils ou en tissus, le sciage d'un arbre en planches, le laminage d'un rail ou d'une feuille de tôle, mais on ne mesure pas ce travail d'un coup d'œil comme on peut le faire pour un train à remorquer sur une voie de fer. L'appréciation des résistances à vaincre pour la traction des trains était donc un problème qui ne pouvait être passé sous silence, et nous avons cherché à en faire connaître les solutions.

Sixième partie. — *Emploi des machines dans l'exécution et la conception des travaux publics.*

La machine à vapeur devant désormais accomplir les manœuvres de force, aucune industrie ne devait plus recourir à ses services que celle des travaux publics : draguages, épuisements, battages des pieux ne tarderont pas à être des opérations incompréhensibles sans le secours de la vapeur, et l'ingénieur doit aujourd'hui organiser ses chantiers avec des machines, comme on le faisait il y a trente ans avec des hommes ou des chevaux.

Mais il y a plus : si, dans l'exécution des travaux publics, la machine à vapeur remplit un rôle dans lequel elle ne sera pas remplacée, elle est appelée à en remplir un non moins grand dans la conception des travaux publics. L'emploi permanent des machines dispensera souvent les ingénieurs de l'exécution d'ouvrages difficiles et dispendieux, et, à ce point de vue, l'étude des machines se rattache à des questions économiques de premier ordre.

SEPTIÈME PARTIE. — *Problème général de la transmission des forces.*

Dans cette septième et dernière partie, nous avons voulu indiquer, plutôt que résoudre, une série de problèmes qui touchent à la question du travail fourni par des moteurs inconscients : nous voulons parler de l'utilisation des forces naturelles dont l'homme n'a pas encore su ou voulu tirer parti, des difficultés que présente la transmission de ces forces, et nous avons mentionné les admirables solutions que donnent soit les câbles télodynamiques de M. F. Hirn, soit l'emploi de fluides compressibles. Comme application du problème de la transmission des forces, nous avons cru pouvoir citer avec quelques détails ce qui a été fait à l'Exposition universelle de 1867 pour donner la vie et le mouvement aux appareils disséminés dans un parc de 40 hectares.

Dans ces leçons, comme dans celles relatives à l'exploitation des chemins de fer, nous avons eu à citer de nombreux chiffres. Nous les avons empruntés aux documents publiés soit par l'administration des travaux publics, soit par les compagnies des chemins de fer, ou nous les devons à l'obligeance de nos collègues et de nos camarades, et nous pouvons affirmer l'authenticité de toutes les sources auxquelles ils ont été puisés.

Paris. avril 1870.

TABLE DES MATIÈRES

TOME PREMIER

DEUXIÈME PARTIE

DESCRIPTION DES MACHINES A VAPEUR D'EAU.

FIN DE LA TABLE DU TOME PREMIER.

TOME SECOND

TROISIÈME PARTIE

GÉNÉRALITÉS SUR LA CONSTRUCTION ET L'EMPLOI DES MACHINES
ACCIDENTS.

QUATRIÈME PARTIE

CONSOMMATIONS DES MACHINES.

CINQUIÈME PARTIE

TRAVAIL ET DÉPENSE DE LA MACHINE LOCOMOTIVE.

SIXIÈME PARTIE

MACHINES LOCOMOBILES. — EMPLOI DES MACHINES DANS LES TRAVAUX PUBLICS.

SEPTIÈME PARTIE

PROBLÈME GÉNÉRAL DE LA TRANSMISSION DES FORCES MOTRICES.

DES

MACHINES A VAPEUR

PREMIÈRE PARTIE

CONSIDÉRATIONS GÉNÉRALES SUR LE TRAVAIL EFFECTUÉ
PAR LES MACHINES THERMIQUES

CHAPITRE PREMIER

RÉVOLUTION ÉCONOMIQUE PRODUITE PAR LES MACHINES A VAPEUR

§ 1ᵉʳ. — Du rôle de la machine à vapeur dans le monde.

Toutes les découvertes scientifiques, qu'elles soient dues au
hasard ou qu'elles soient le fruit de longues et patientes recherches, sont loin d'avoir la même valeur ; beaucoup ne sortent
pas du laboratoire ou du cabinet dans lequel elles sont nées :
souvent elles ne concernent que des faits isolés et on ne peut
ou on ne sait en tirer aucune conséquence pratique. D'autres
découvertes plus heureuses passent du domaine de la science
pure dans celui de l'industrie, mais, en franchissant cette limite :
elles se divisent en deux grandes catégories.

Dans la première catégorie, nous rangerons les découvertes

qui perfectionnent ou développent une industrie ancienne, quelquefois même en font naître une nouvelle; nous citerons à cet égard et dans des ordres d'idées très-différents :

La fabrication du gaz d'éclairage ;

L'emploi de la chaleur perdue dans les hauts fourneaux et dans les fours à puddler ;

La production des acides gras, de la stéarine et de tous ses dérivés ;

La photographie ;

L'emploi des matières colorantes dérivées de la houille ;

Les procédés de dorure et d'argenture électro-chimiques.

Le nombre de ces découvertes va sans cesse croissant, et chaque année en voit naître une nouvelle.

La seconde catégorie comprend les découvertes qui, après avoir pendant une période plus ou moins longue participé au caractère restreint de celles dont nous venons de parler, semblent pour ainsi dire éclater en dehors du laboratoire et de l'atelier, et viennent exercer sur l'état social d'un peuple une influence profonde.

Ces dernières découvertes ne sont qu'en bien petit nombre, et nous ne saurions placer à ce rang élevé que la *poudre à canon*, *l'imprimerie*, *la machine à vapeur et la télégraphie électrique*. Ces grandes découvertes ont cela de commun, que leur influence n'a point été soupçonnée au moment où elles sont apparues, et, de notre temps, peu de personnes songent à la révolution que la machine à vapeur accomplit dans l'ordre social : révolution, selon nous, supérieure à celles produites par la poudre à canon ou par l'imprimerie. Nous ne parlons pas du télégraphe électrique qui donne à l'homme l'ubiquité, parce que, sans la machine à vapeur, la télégraphie électrique n'eût fait que de faibles progrès. Il fallait le *Great-Eastern* pour immerger un câble à travers l'Océan.

Sans aucun doute, l'invention de la poudre à canon a été un fait considérable; elle a égalisé les forces dans les luttes

du moyen âge, et par une coïncidence singulière, elle les égalise encore aujourd'hui, puisque, à mesure que le génie maritime augmente l'épaisseur des cuirasses de ses navires, l'artillerie augmente la puissance de ses projectiles ; mais, dans
tous les cas, on ne saurait accorder une grande valeur morale à un perfectionnement dans l'art de s'entre-détruire, art
déjà bien connu des Grecs, des Romains et des Barbares, nos
ancêtres. L'ingénieur ne peut d'ailleurs estimer la poudre
qu'au point de vue du mode de percement des roches, et dans
peu d'années peut-être la poudre sera remplacée par des
substances nouvelles, comme la nitroglycérine.

L'imprimerie, nous reconnaissons sa valeur : elle a été, elle
est encore un instrument de transformation intellectuelle et
de civilisation, mais il ne faut pas la confondre avec l'*écriture*,
cet art si merveilleux de fixer et d'échanger la parole, qui
semble faire partie des facultés naturelles de l'homme et
dont on ne conçoit point qu'il soit privé.

Sans l'imprimerie, l'humanité a eu des périodes brillantes
dont l'éclat, l'importance et la durée sont attestés par des
ouvrages nombreux et impérissables. A Rome, au siècle d'Auguste, le nombre des livres était immense et on peut lire les
plaisanteries d'Horace sur le sort qui attend les productions
de ses contemporains. Sans l'imprimerie, les chefs-d'œuvre
de l'esprit humain, les leçons de Platon, les harangues de Ci-
céron et de Démosthène nous ont été conservés. Sans l'imprimerie, enfin, l'Évangile a renversé la société païenne, et les
lois morales indispensables à la vie de l'homme ont pu, pendant des siècles, se transmettre de génération en génération.

Avec ou sans la poudre à canon, avec ou sans l'imprimerie, toutes les grandes périodes historiques se ressemblent.
Les siècles de Périclès, d'Auguste, de Louis XIV, présentent
tous un caractère qui se révèle également dans les débris des
civilisations assyriennes, égyptiennes, indoues, mexicaines : la
richesse, la fortune, les jouissances des arts et des lettres sont

le partage d'un bien petit nombre d'élus ; la masse des peuples est plongée dans la misère.

Sans remonter aux périodes anciennes, que l'on examine l'état de l'Europe deux siècles avant le nôtre. Jamais la littérature n'a été plus brillante ; jamais l'imprimerie n'a eu à vulgariser plus de chefs-d'œuvre, et cependant quelles misères affreuses nous montrent les écrits de Vauban, de la Bruyère, de saint Vincent de Paul ! Les guerres succèdent aux guerres, les famines aux famines ; une législation extraordinaire entrave le transport des céréales, et les découvertes de la science historique moderne nous montrent un état social digne de la plus grande commisération.

Il est bon, sans aucun doute, d'avoir un livre, mais il est indispensable d'avoir du pain et un vêtement : ce pain et ce vêtement, la machine à vapeur nous l'assurent.

On nous accusera d'exagération ; mais il est un moyen simple d'apprécier la valeur d'une chose : c'est d'examiner ce qui se passe ou ce qui se passerait si on en était privé ; on n'apprécie la santé que lorsqu'on est malade. Que l'on suppose les machines à vapeur arrêtées, et arrêtées pour toujours, à l'instant même l'exploitation des mines devient impossible et l'homme est privé de combustible : avec le combustible disparaissent la production métallurgique, le gaz, la plupart des fabrications, les transports ; les échanges ne s'effectuent qu'au prix des plus grands sacrifices, et la misère, que la disette d'une seule substance, le coton, a fait éprouver à quelques districts, s'étend au monde entier.

On ne saurait en quelque sorte aujourd'hui toucher un objet quelconque sans reconnaître qu'il a été tributaire de la vapeur ; les matériaux de nos maisons, nos vêtements, nos meubles, nos livres, tout par quelque côté doit quelque chose à la vapeur. La puissance de l'imprimerie elle-même n'est-elle pas centuplée par la vapeur, et peut-on comparer les anciennes presses à main avec ces presses cylindriques à mouvement continu, qui donnent par heure 50,000 feuilles in-folio imprimées des deux côtés?

On vivait cependant sans chemins de fer, sans vapeur, et il n'y a pas longtemps de cela ; mais il n'y a pas longtemps tous les besoins légitimes de l'homme recevaient-ils une satisfaction suffisante? Nous ne le pensons pas. Quels sont les objets incessamment fournis par les machines, sur un nombre de points chaque jour plus grand? la houille, le fer, les étoffes à bon marché, les chaussures. Faut-il en regretter la vulgarisation? La production des céréales, du vin, de la viande, augmente par le seul fait des chemins de fer dans une proportion dont on ne se rend pas un compte bien exact, mais qui est considérable, et s'il fallait aujourd'hui se contenter des récoltes en tout genre qui se faisaient il y a quarante ans, on regarderait la vie comme intolérable.

A un autre point de vue enfin, la machine à vapeur est un instrument d'émancipation plus énergique encore que ne l'a été l'imprimerie : dans toute l'industrie, le travail de l'intelligence remplace celui des muscles; l'homme de peine disparaît, et comme l'a dit dans un des rapports de l'Exposition universelle de 1862 un des hommes qui honorent l'industrie française, M. Charrière, « les machines se chargent aujourd'hui des tâches ingrates au milieu desquelles s'abrutissaient des hommes robustes ou intelligents qui, aujourd'hui, occupent mieux et avec plus de profit leur intelligence et leur adresse. »

En résumé, la machine à vapeur réalise sous nos yeux et presque à notre insu une transformation qui ne peut se comparer à aucune autre; nous devons la considérer comme le secours le plus merveilleux que Dieu nous ait accordé, et nous répéterons avec un ingénieur anglais, M. Wye William : « *La vapeur combat auprès de l'homme pour l'émanciper de la misère et lui conquérir le bien-être.* »

La grandeur de la révolution sociale produite par les machines n'a encore été aperçue en France que par un petit nombre

de personnes; elle vient cependant d'être signalée par le
P. Gratry, prêtre de l'Oratoire et membre de l'Académie
française, dans des termes que nous ne pouvons que reproduire :

« En ce siècle même, les peuples chrétiens qui ont su depuis
trois cents ans trouver les véritables lois de la nature et découvrir les mœurs et les formes diverses du protée, qui est la
force unique, *le feu*, les hommes, dis-je, ont saisi cette force
fondamentale et la possèdent comme un esclave souple et
dompté. Ils le tiennent sous des formes diverses, ils le con-
naissent dans ses démarches et ils l'appliquent à tout.

« Les hommes, *depuis un quart de siècle*, font travailler pour eux
à tout ouvrage l'inépuisable force universelle de la nature. Dans
quelques semaines, cette force va labourer, semer et moissonner. Déjà elle fabrique tout, transporte tout; d'où il résulte
que la vie physique, dix fois plus abondante chez les peuples
chrétiens, peut de plus maintenant se répartir presque uniformément sur toute la terre. L'œil qui regarde le globe d'en haut
ne verra plus un peuple mourir de faim pendant qu'un autre
regorge dans l'abondance. Il y a cent ans, dans un même pays,
en France, on voyait la famine sévir dans une province, pendant que la province voisine jetait le blé aux animaux.

« ... Et de plus, puisque l'humanité en possession de la force
physique fondamentale est en voie d'abolir enfin l'esclavage du
travail qui tue et de le remplacer par la liberté du travail qui
relève et qui fortifie, le temps vient où, selon l'Évangile, les
hommes seront vêtus et nourris comme le lis, sans tisser ni
moissonner eux-mêmes.

« Certes, ils ne travailleront pas moins, mais ils seront entrés
alors dans le travail vraiment humain, qui consiste à conduire
les forces et à diriger en maître le mouvement des serviteurs
inanimés de l'homme [1]. »

---

[1] *La Morale et la loi de l'histoire*, t. I, p. 182 et suiv.

Émanciper l'homme de la misère, dompter la terre entière, vaincre l'espace et le temps, quelle est l'invention autre que la machine à vapeur qui puisse se poser un tel programme, et, bien plus, l'accomplir?

L'étude de la machine à vapeur touche, on le voit, à un nombre considérable de phénomènes de l'ordre physique et de l'ordre moral, et il est impossible d'aborder toutes les questions que comporte un pareil sujet; nous devons donc faire un choix et indiquer parmi ces questions celles qui doivent être plus spécialement abordées et approfondies par l'ingénieur des ponts et chaussées.

§ 2. — Modifications survenues depuis cinquante années dans l'art
de l'ingénieur.

Nous avons, dans le paragraphe précédent, parlé des civilisations anciennes et nous avons signalé la supériorité qu'au point de vue de l'amélioration du sort du plus grand nombre le temps actuel peut présenter; au point de vue matériel, au contraire, on trouverait de grandes analogies, sauf en un seul point, les voies de communication. Par le développement que nous donnons aux moyens de transport des personnes et des choses dans toutes les directions, notre époque diffère essentiellement de toutes celles qui l'ont précédée, et le rôle des hommes appelés à assurer ces moyens de transport a acquis de notre temps une importance considérable.

En limitant l'art de l'ingénieur à *l'art de combattre les résistances déterminées par l'inertie de la matière, et de faire disparaître les obstacles matériels qui s'opposent aux relations des hommes entre eux*, on donne déjà une grande étendue à la tâche qui incombe aux hommes qui embrassent cette carrière, et on conçoit la nécessité de la division ou de la répartition de cette tâche.

Les spécialisations de l'art de l'ingénieur sont aujourd'hui nombreuses et le nombre ne peut que croître encore ; en ne citant que les principales, nous trouvons :

Les ingénieurs des ponts et chaussées, qui tracent et exécutent les voies de communication ;

Les ingénieurs des mines [1], qui recherchent les combustibles et les métaux ;

Les ingénieurs mécaniciens, qui mettent en œuvre les métaux pour construire les machines et le matériel de transport, soit sur les voies de terre, soit sur les voies fluviales et maritimes ;

Les ingénieurs des constructions navales, qui pourraient être classés avec les ingénieurs mécaniciens.

Tous ces ingénieurs ont un but commun et tous se doivent un mutuel concours ; mais chacun d'eux ne peut approfondir qu'une branche de l'art, celle qu'il a choisie, en profitant, sans en rechercher l'origine et la cause, des résultats obtenus par ceux qui ont suivi les autres directions.

Dans ces conditions, l'ingénieur des ponts et chaussées doit pousser jusqu'aux derniers détails tout ce qui concerne l'étude, le tracé et la construction des voies de communication, en comprenant dans ce travail les questions qui surgissent au contact de la propriété privée et du domaine public ; mais en même temps il doit chercher si les autres branches de l'art de l'ingénieur ne lui offrent pas une aide qui facilite l'accomplissement de sa tâche. A ce titre, la machine à vapeur se présente en première ligne, et c'est à elle que l'ingénieur des ponts et chaussées doit demander désormais la force nécessaire à l'exécution de la plus grande partie des travaux publics.

En limitant ainsi le rôle de la machine à vapeur, nous n'en

---

[1] Les mots ponts et chaussées et mines sont aujourd'hui bien insuffisants pour définir les attributions dévolues aux ingénieurs attachés à ces services publics.

diminuons pas l'importance, mais nous précisons la part qui, selon nous, revient à chacun.

Aux ingénieurs mécaniciens, la conception de l'ensemble, l'étude des détails, le choix et l'emploi des matériaux;

Aux ingénieurs des ponts et chaussées et des mines, le choix de la machine qui répond le mieux à chacun de leurs besoins, puis l'emploi et l'usage de cette machine.

Au commencement de ce siècle, il n'en était pas ainsi; les spécialisations dans l'art de l'ingénieur étaient à peine entrevues; la force n'était demandée qu'aux muscles des hommes et des animaux, et l'ingénieur livré à lui-même, dans sa lutte contre les obstacles naturels, mettait plusieurs années à élever un ouvrage pour lequel on n'accorde aujourd'hui qu'une ou deux campagnes. On n'obtient ce résultat qu'en combattant avec des armes nouvelles et plus puissantes, et ces armes on les trouve dans la machine à vapeur.

L'ingénieur des ponts et chaussées doit entreprendre aussi l'étude des machines à vapeur à deux autres points de vue commandés par les fonctions auxquelles il est fréquemment appelé : la surveillance de la navigation à vapeur dans les ports de commerce ainsi que sur les fleuves et rivières, et le contrôle de l'exploitation des chemins de fer; mais, dans l'accomplissement de cette double tâche, l'ingénieur des ponts et chaussées ne doit point confondre la part dévolue au mécanicien dans la construction des machines avec celle qui ne lui incombe que comme représentant de la loi et de l'intérêt public.

Enfin, l'ingénieur des ponts et chaussées ne saurait rester étranger à aucune des grandes questions sociales, et à ce dernier point de vue il doit s'intéresser à la vulgarisation de la machine à vapeur dans toutes les industries, notamment dans l'industrie agricole.

§ 5. — Développement de l'emploi des machines à vapeur en France.

Analyse des documents publiés par l'administration des mines. — L'étude de l'accroissement du nombre des machines à vapeur dans notre pays, pendant la période des vingt-cinq dernières années, suffit pour justifier l'importance des considérations que nous avons présentées dans les deux paragraphes précédents.

Les rapports adressés à l'empereur par le ministre des travaux publics et placés en tête des résumés des travaux statistiques des ingénieurs des mines contiennent à cet égard les renseignements les plus intéressants, mais qui, malheureusement, s'arrêtent à l'année 1864.

Les machines sont réparties dans trois groupes principaux.

Les machines fixes ;

Les machines de navigation ;

Les machines locomotives.

Les machines locomobiles sont comprises dans le premier groupe ; elles ne sont en effet que des machines fixes facilement transportables d'un point à un autre, mais ne travaillant qu'en place et sur une assiette rendue parfaitement fixe. Le nombre de ces machines locomobiles ou mi-fixes devient aujourd'hui si considérable que l'on doit prévoir le moment où elles échapperont à la statistique.

On a proposé pour les machines motrices l'emploi de substances autres que la vapeur d'eau, l'éther, le sulfure de carbone, l'ammoniaque, l'air chaud, le gaz de l'éclairage ; nous étudierons ces diverses combinaisons et nous verrons comment, avec la machine à vapeur d'eau, elles constituent un groupe unique comprenant tous les organismes ou machines ayant pour objet la transformation de la chaleur en force et la production d'un travail dû à cette force.

En ce moment et au point de vue de la statistique, les machines à éther et à gaz divers sont confondues avec les machines à vapeur d'eau dans les trois divisions que nous venons de mentionner.

La vapeur a créé une force absolument nouvelle. — Les tableaux qui vont suivre indiquent, outre le nombre des chaudières et des machines, la force que ces dernières représentent en chevaux-vapeur et la transformation de cette force en force de chevaux de trait et d'hommes de peine. On a admis qu'un cheval-vapeur représentait 5 chevaux ordinaires ou 7 hommes de peine. Quoi de plus triste que ce nom d'homme de peine et quel triomphe que de le voir disparaître devant la machine !

Nous concevons ce mode de comparaison des moteurs au moment où la machine à vapeur est apparue ; au moment où elle remplaçait les manéges mis en mouvement par des chevaux ou par des hommes, on a pu dire que la machine nouvelle fait le travail de 12 chevaux ordinaires ou de 28 hommes de peine, parce que l'on pouvait se représenter 12 chevaux attelés ensemble ou 28 hommes agissant sur des leviers ; mais aujourd'hui il est impossible de se représenter 14,000 hommes faisant tourner un arbre que met en mouvement une machine de 2,000 chevaux.

Mais il y a plus, dans cette comparaison de la puissance des machines avec celle des chevaux et des hommes, on oublie deux éléments importants : la continuité dans l'action et la vitesse.

Une machine peut travailler et travaille plusieurs années sans s'arrêter un seul instant ; au bout d'un petit nombre d'heures, au contraire, les chevaux et les hommes doivent prendre un repos dont la durée est presque toujours supérieure à la durée du travail. En supposant que le cheval-vapeur représente 5 chevaux ordinaires, une machine de 1 cheval donnera très-certainement le travail de 9 chevaux, parce qu'on ne peut exiger d'un cheval plus de 8 heures de travail par jour.

Au point de vue de la vitesse, comment comparer les vitesses obtenues à l'aide des machines avec les vitesses fournies par les moteurs animés, hommes ou chevaux? comment concevoir des chevaux traînant un train express ou des hommes faisant tourner un arbre d'hélice d'un navire transatlantique? Concluons donc qu'il n'y a aucune assimilation à faire entre le travail donné par une machine à vapeur et celui qu'il est possible de demander aux chevaux ou aux hommes, et qu'en fait les machines à vapeur ont créé une force complétement nouvelle et dont la possibilité n'avait pas même été soupçonnée.

Nombre des machines fixes. — Le tableau ci-après indique les résultats constatés dans une période de vingt-cinq ans, de 1859 à 1864.

Avant 1859, le nombre des machines employées en France était bien faible, et ce n'est qu'à partir de 1850 qu'on peut considérer la machine à vapeur comme introduite en France.

1800 —	6 machines d'une force ensemble de	169	chevaux.
1806 —	9 —	197	
1814 —	16 —	512	
1820 —	96 —	1,456	
1850 —	616 —	9,165	

TABLEAU A. — Résumé, de **1839** à **1864** inclusivement, des documents statistiques concernant les départements où il **existe des appareils à vapeur.**

ANNÉES	NOMBRE DES DÉPARTEMENTS	NOMBRE DES CHAUDIÈRES — CALORIFÈRES	NOMBRE DES CHAUDIÈRES — MOTRICES	MACHINES — NOMBRE	MACHINES — FORCE EN CHEVAUX-VAPEUR	MACHINES — FORCE EN CHEVAUX DE TRAIT	MACHINES — FORCE EN HOMMES DE PEINE
1839	75	1.789	3.511	2.450	33.508	99.924	699.468
1840	76	1.787	3.575	2.591	34.550	103.050	721.550
1841	78	1.745	3.862	2.810	37.504	111.912	783.584
1842	79	1.619	4.292	3.055	39.009	117.027	819.189
1843	77	1.698	4.652	3.569	42.514	127.542	892.794
1844	77	1.882	5.055	3.645	45.780	157.540	961.580
1845	76	2.020	5.674	4.114	50.187½	150.562½	1.055.957½
1846	78	1.784	6.259	4.595	54.467½	165.402½	1.145.817½
1847	79	1.985	6.757	4.855	61.650	184.890	1.294.250
1848	79	2.069	7.189	5.212	64.789½	194.568½	1.560.579¼
1849	80	2.545	6.418	4.949	61.522½	184.567½	1.291.972¼
1850	80	2.720	6.989	5.522	66.642	199.926	1.599.482
1851	81	5.059	7.525	5.672	70.651½	211.894½	1.485.261½
1852	80	6.568	7.880	6.080	75.518½	226.555½	1.585.888¼
1853	82	6.859	9.022	7.040	87.150½	261.591½	1.824.740¼
1854	84	7.878	10.228	8.064	101.822¼	305.466⅝	2.158.267¼
1855	84	10.122	11.158	8.879	112.278	356.854	2.557.858
1856	86	13.579	12.769	9.972	127.544¼	382.052¾	2.674.229¼
1857	86	13.499	14.273	11.192	140.055¼	424.105⅝	2.940.740¼
1858	86	14.722	15.464	12.419	151.451¼	454.295¾	3.180.056¼
1859	86	16.257	16.709	13.691	169.166⅝	507.500⅝	3.552.501⅝
1860	89	17.181	17.702	14.515	177.652½	552.957½	3.750.702½
1861	89	19.078	19.091	15.805	190.676½	572.029½	4.004.206½
1862	89	21.609	20.242	16.954	205.490¼	616.470⅝	4.515.235¼
1863	89	22.528	21.770	18.501	222.450	667.577	4.671.659
1864	89	25.771	23.418	19.724	242.209½	726.628½	5.086.599½

Le tableau qui précède fait voir que, de 1839 à 1864, le chiffre des chaudières et des machines à vapeur a toujours été en croissant, sauf en 1849 où la perturbation apportée par la révolution dans toutes les industries a amené une réduction momentanée. A partir de 1852, la progression a été si rapide que, dans l'espace de douze années, le nombre des chaudières, le nombre des machines et leur force motrice ont plus que triplé : dans les quatre dernières années l'accroissement annuel est d'environ 20,000 chevaux.

Nous n'avons pas les chiffres relatifs aux dernières années ; mais en supposant que l'augmentation d'environ 1,500 machines par an se soit maintenue, — et il y a tout lieu de penser qu'elle a été plutôt dépassée, — la France posséderait, au 1ᵉʳ janvier 1868, 24,000 machines fixes, représentant 500,000 chevaux-vapeur.

Machines locomotives. — Le tableau B fait connaître, pour les vingt-cinq années de 1839 à 1864, la longueur en kilomètres des lignes exploitées, le nombre des locomotives en service, ainsi que le nombre des voyageurs et la quantité de marchandises transportées.

TABLEAU B. — Résumé, de **1840** à **1864** inclusivement, des documents statistiques concernant les locomotives.

ANNÉES	LONGUEUR DES CHEMINS DE FER EN KILOMÈTRES	NOMBRE DE LOCOMOTIVES	NOMBRE DE VOYAGEURS	NOMBRE DE TONNES
1840	450	142	"	»
1841	569	167	6.578.666	1.059.795
1842	597	202	6.207.956	1.478.591
1843	827	254	7.351.885	1.555.575
1844	820	289	8.159.488	1.957.155
1845	881	510	8.865.118	2.512.618
1846	1.520	458	10.424.766	2.520.755
1847	1.850	646	12.777.925	5.596.775
1848	2.222	729	11.907.425	2.921.198
1849	2.861	875	14.811.605	5.418.504
1850	5.015	975	18.744.415	4.271.057
1851	5.558	1.006	19.956.599	4.627.189
1852	5.872	1.114	22.609.925	5.577.854
1853	4.065	1.204	24.665.520	7.172.652
1854	4.660	1.500	28.070.458	8.864.591
1855	5.552	1.855	52.961.612	10.648.504
1856	6.197	2.298	56.584.198	12.864.954
1857	7.445	2.607	41.552.995	15.604.968
1858	8.627	2.941	45.565.768	17.675.520
1859	9.084	5.041	52.405.021	19.947.799
1860	9.511	5.101	56.528.615	25.157.769
1861	10.004	5.276	61.924.654	27.897.094
1862	11.095	5.515	66.410.674	27.297.566
1863	12.052	5.775	72.121.578	28.888.290
1864	15.046	5.855	77.676.784	51.115.275

Tableau annexe B'.— **Tableau des appareils à vapeur fixes employés dans l'enceinte des chemins de fer en exploitation pendant les années 1853-54-55, jusqu'en 1864.**

ANNÉES	NOMBRE DE CHAUDIÈRES	NOMBRE DE MACHINES	FORCE EN CHEVAUX
1853	160	154	1.465 $\frac{1}{2}$
1854	209	167	1.667 $\frac{1}{2}$
1855	244	197	1.872 $\frac{1}{2}$
1856	276	255	2.596
1857	513	272	2.591
1858	407	556	2.799
1859	449	402	3.172
1860	489	425	2.902
1861	521	455	3.057
1862	582	491	3.060
1863	609	555	3.559 $\frac{1}{2}$
1864	654	581	3.464

Le nombre des locomotives va naturellement en croissant avec le nombre des kilomètres en exploitation, sans cependant suivre une progression géométrique. En ce moment, 1868, on peut compter en France une machine par 5 kilomètres exploités.

On n'évalue pas habituellement la force des machines locomotives en chevaux-vapeur, l'administration publique ayant admis que chaque locomotive représente environ 100 chevaux. Nous avons conservé cette évaluation dans les résumés généraux ci-joints, bien qu'elle ne réponde plus en rien aux machines actuelles, et que dans les conditions habituelles du travail une machine locomotive représente approximativement 200 chevaux de 75 kilogrammètres.

Machines de bateaux.— Le tableau C indique, pour une période de trente-deux années, le nombre de bateaux, le nombre de machines, la force en chevaux, le nombre des voyageurs et le nombre de tonnes de marchandises transportées.

TABLEAU C. — Résumé, de **1833** à **1864** inclusivement, des documents statistiques relatifs aux bateaux et bâtiments à vapeur.

ANNÉES	NOMBRE DE BATEAUX	MACHINES		NOMBRE DE VOYAGEURS	NOMBRE DE TONNES
		NOMBRE	FORCE EN CHEVAUX		
1833...	75	90	2.655	1.058.916	88.140
1834...	82	92	2.724	924.065	22.909
1835...	100	118	5.865	1.588.500	121.555
1836...	105	122	4.148	1.248.552	161.501
1837...	124	150	5.408	2.190.621	19.555
1838...	160	207	7.495	1.418.189	274.808
1839...	225	500	11.297	1.969.905	215.856
1840...	211	265	11.422	2.547.116	485.559
1841...	227	291	11.846	2.426.657	858.986
1842...	229	557	11.794	2.515.691	996.826
1843...	242	592	12.748	2.591.905	1.506.594
1844...	251	582	12.789	5.286.579	1.081.511
1845...	259	446	18.050	5.461.556	696.666
1846...	291	515	19.771	5.152.525	807.151
1847...	267	467	19.212	2.808.444	1.015.815
1848...	265	485	20.186	2.555.125	705.859
1849...	250	489	21.299	2.752.984	972.921
1850...	252	501	22.025	2.961.961	1.091.295
1851...	288	520	26.122	5.271.758	1.562.076
1852...	504	552	29.195	2.998.815	2.056.208
1853...	559	615	55.795	5.270.286	2.415.176
1854...	561	650	58.254	2.882.955	2.411.117
1855...	570	648	40.952	2.801.758	2.178.884
1856...	455	759	45.640	2.570.178	2.250.546
1857...	485	885	45.864	2.496.088	2.520.454
1858...	410	722	58.511	2.854.472	2.849.087
1859...	582	882	55.265	2.811.287	5.245.628
1860...	577	681	56.690	2.647.840	5.555.275
1861...	590	681	56.817	2.746.018	5.770.219
1862...	417	750	41.542	2.625.082	5.916.809
1863...	449	776	42.562	5.761.509	5.975.295
1864...	471	816	42.797	4.867.275	4.022.748

Jusqu'en 1857 il y a une augmentation constante dans les nombres de ce tableau, mais à partir de 1857 le nombre des machines descend de 885 à 722 et à 681 en 1861. A partir de 1862 le mouvement ascensionnel recommence et en 1864 on se rapproche du chiffre de 1857, 816 contre 885. C'est uniquement au développement des chemins de fer qu'il faut attribuer cet arrêt momentané, et, en ce qui concerne les voyageurs, nous ne pensons pas que la navigation à vapeur puisse recommencer avec les chemins de fer une lutte qui n'a duré que quelques mois, et souvent quelques semaines. Pour les marchandises, la lutte est possible, et, grâce à cette lutte, le public a obtenu et obtiendra certainement encore l'abaissement dans le prix des transports. La décroissance signalée pour le nombre des machines à partir de 1857 ne s'étend pas aux marchandises, et le nombre des tonnes transportées s'élève, au contraire, de 2,520,000 tonnes en 1857, à 3,770,000 tonnes en 1861 ; en 1864, le mouvement atteint 4,025,000 tonnes.

Si, parallèlement aux rivières et aux canaux, la présence du réseau des chemins de fer retarde le développement de la navigation à vapeur, il n'en est pas de même pour la navigation maritime et le grand cabotage. Seulement la France a encore beaucoup à faire de ce côté ; le nombre des navires à vapeur français est encore bien restreint, et notre pays ne compte que deux compagnies importantes pour la navigation maritime :

1° La *Compagnie des Messageries impériales*, qui possédait, en 1865, 65 navires à vapeur, jaugeant ensemble 112,146 tonneaux de déplacement et réunissant une force totale de 18,640 chevaux ;

2° La *Compagnie Transatlantique*, possédant, à la fin de l'année 1865, 22 navires à vapeur lancés, jaugeant ensemble 80,750 tonneaux et réunissant une force de 17,000 chevaux.

Nous avons encore d'immenses progrès à faire dans la voie de la navigation à vapeur ; on ne peut que signaler la multiplicité des questions qui s'y rattachent, et qui doivent attirer l'attention des ingénieurs des ponts et chaussées.

Résumé des tableaux précédents. — Le tableau D résume pour vingt-cinq années, de 1840 à 1864, le nombre des machines de toute nature que possède la France, non compris les machines de la marine impériale.

Ce nombre est de 25,027 pour 1864.

CHAPITRE II

§ 1er. — Considérations générales. — Travaux de Sadi Carnot. — Loi de Hirn.

On a dit que la théorie mécanique de la chaleur était la plus grande découverte qui ait été faite dans la philosophie naturelle depuis Newton. Nous croyons que cette appréciation n'a rien d'exagéré et que les faits déjà connus sur l'identité de la chaleur et de la force peuvent être rangés parmi les plus importants de ceux dont se composent les connaissances humaines. On ne saurait donc aborder l'étude des machines dans lesquelles la chaleur joue le principal rôle, sans résumer les bases de la théorie nouvelle. Une autre considération nous en fait un devoir ; c'est peut-être à l'École impériale des ponts et chaussées que ces grandes questions ont été exposées pour la première fois, et tous les successeurs de Clapeyron tiendront à honneur de rappeler la part considérable qui, dans l'étude nouvelle de la chaleur, appartient à cet ingénieur éminent.

La théorie mécanique de la chaleur soulève des questions très-multiples et dont la solution a été souvent cherchée à l'aide des méthodes que donne le calcul infinitésimal. Les calculs présentés par plusieurs géomètres ne nous paraissent pas devoir trouver place dans un cours de machines à vapeur, professé

dans une école d'application ; ils appartiennent à la mécanique
ou à la physique mathématique, et, à ce point de vue, nous ne
pouvons que recommander la lecture des beaux travaux publiés
par MM. Combes, A. Hirn, Briot et par les élèves de Verdet. Dans
tous les cas, tous les problèmes sont loin d'être résolus, et dans
son introduction au tome II de ses *Recherches sur les lois relatives aux vapeurs*, M. Regnault précise la part qui doit toujours
incomber à l'expérience. Il s'exprime ainsi :

« La mise en équation des problèmes de chaleur envisagés
au point de vue mécanique conduit, comme tous les problèmes
analogues, à une équation aux différences partielles du second
ordre, entre plusieurs variables qui sont des fonctions inconnues les unes des autres. Ces fonctions représentent les véritables lois physiques élémentaires qu'il faudrait connaître pour
avoir la solution exacte du problème. — L'intégration de l'équation introduit des fonctions arbitraires dont on doit chercher
à découvrir la nature en comparant les résultats donnés par
l'équation à ceux que donnent les expériences directes et aux
lois que l'on déduit de ces expériences. Malheureusement, les
expériences directes sont rarement applicables à des phénomènes simples ; le plus souvent elles s'attaquent à des questions complexes qui dépendent de plusieurs de ces lois, et le
plus souvent il est difficile d'assigner la part qui revient à chacune d'elles. » (Tome II, vii.)

En écartant donc, au moins momentanément, le secours de
l'analyse, nous exposerons la suite des idées émises au sujet de
la théorie mécanique de la chaleur.

**Livre de Sadi Carnot. Passage de la chaleur à travers une
machine.** — En 1824, Sadi Carnot, ancien élève de l'École polytechnique, fils aîné du grand Carnot, publia un livre peu re-
marqué à cette époque et intitulé : *Réflexions sur la puissance
motrice du feu et sur les machines propres à développer cette
puissance* (Paris, Bachelier).

Après avoir insisté sur l'importance des machines à vapeur

qui lui paraissent destinées à produire une grande révolution dans le monde civilisé — il n'y avait pas à cette époque (1824) 200 machines en France, —Sadi Carnot observe que la production du mouvement dans une machine à vapeur est toujours accompagnée d'une circonstance particulière : c'est le passage ou le transport d'une certaine quantité de chaleur à travers la machine, d'un corps chaud à un corps froid.

La chaleur, développée dans le foyer par l'effet de la combustion, traverse les parois de la chaudière et donne naissance à la vapeur avec laquelle elle s'incorpore ; la vapeur l'entraîne avec elle dans le corps de pompe où s'effectue un certain travail et la rejette dans le condenseur où elle est reprise par l'eau.

Comparaison avec une roue hydraulique. — Dans toute cette opération la machine est restée la même ; certaines parties se sont échauffées et refroidies successivement ; la chaleur, en traversant une machine, a déterminé un mouvement comparable à celui que produit l'eau traversant une roue hydraulique.

Poursuivant cette comparaison ingénieuse, Sadi Carnot ajoute :

« La puissance motrice de la chaleur et la puissance d'une chute d'eau ont toutes deux un maximum qu'on ne peut dépasser, quelle que soit d'une part la machine employée à recevoir l'action de l'eau, et quelle que soit, de l'autre, la substance employée à recevoir l'action de la chaleur.

« La puissance motrice d'une chute d'eau dépend de la quantité d'eau dont on dispose et de la hauteur de cette chute. La puissance motrice de la chaleur dépend de la quantité de calorique employée et de ce que nous appellerons la hauteur de sa chute, c'est-à-dire la différence de température des corps entre lesquels se fait l'échange de calorique... »

La chaleur considérée comme un fluide impondérable indestructible. — Mais, allant plus loin, Sadi Carnot démontre que, moyennant un travail mécanique exercé par la machine qui a servi d'intermédiaire, on peut faire remonter la chaleur du corps le plus froid au corps le plus chaud. Dans la pensée de Sadi Carnot le calorique est un fluide impondérable indestructible qui subit dans une machine des variations de température, comme l'eau subit des variations de hauteur, et le travail produit correspond à ces variations. Nous verrons cette opinion combattue au point de vue de l'indestructibilité ; mais nous la verrons aussi recevoir une consécration nouvelle, au point de vue du rapport qui existe entre le travail produit et la quantité de chaleur transportée d'un point à un autre.

D'une machine, on ne retirera jamais que ce qu'on a pu y mettre. Avec un volume d'eau V et une hauteur de chute h, une machine hydraulique ne donnera jamais un travail supérieur à Vh.

Avec une quantité de chaleur déterminée Q passant de la température T à To, on n'aura également qu'un travail inférieur à Q (T— To).

Travaux de Clapeyron. — Développant les idées émises par Sadi Carnot, Clapeyron a montré que, pour qu'il y eût production de travail dans une machine, il fallait qu'il y eût écoulement de calorique, comme il y avait écoulement ou chute lorsqu'on employait de l'eau ; que la quantité d'action recueillie dépendait de la hauteur de la chute, calorique ou eau, mais nullement du corps intermédiaire employé à ce passage du calorique ; que dès lors on n'avait pas un intérêt fondamental à employer un corps plutôt qu'un autre pour effectuer ce passage du calorique, et qu'on ne pouvait augmenter le travail qu'en augmentant l'écart entre la température initiale et la température finale. Dans plusieurs mémoires, Clapeyron a recherché par le calcul quelles étaient les variations qui survenaient dans l'état d'une masse gazeuse qui change de pression et de température.

Travaux des physiciens anglais et allemands. — Aucune expérience directe ne confirmait cependant les considérations développées par Sadi Carnot et par Clapeyron, lorsque des recherches faites par des physiciens anglais et allemands vinrent démontrer que tout ne se passait pas exactement comme l'avaient indiqué ces géomètres. La chaleur, traversant une machine, n'en sort pas intégralement ; une partie de cette chaleur est en quelque sorte anéantie. En cherchant ce que pouvait être devenue cette chaleur, les physiciens ont eu l'idée qu'elle pouvait avoir donné naissance à la force obtenue et qu'il y avait une sorte de transformation. On a cherché à mesurer quelle était la quantité de chaleur perdue, et on s'est demandé s'il existait un rapport entre cette quantité de chaleur perdue et le travail produit. Toutes les expériences ont démontré que ces quantités étaient proportionnelles, et que dès lors il existait entre elles un rapport constant. Il restait à faire passer dans le langage vulgaire cette grande découverte. Plusieurs formules ont été proposées, mais aucune ne nous parait avoir la clarté et la précision qui caractérisent celle qui a été donnée par M. Ad. Hirn et qui est aujourd'hui connue sous le nom de *Loi de Hirn*.

Loi de Hirn. — « Toutes les fois que la chaleur, en agissant sur un corps quelconque, donne lieu à la production d'un travail mécanique recueilli en dehors de ce corps, il disparait une quantité de chaleur proportionnelle au travail produit ; et, réciproquement, toutes les fois qu'un travail mécanique est consommé en actions quelconques sur un corps, il apparait une quantité de chaleur proportionnelle à ce travail dépensé.

« Le rapport qui existe entre les quantités de chaleur disparues ou apparues et les quantités de travail produites ou consommées est une constante. » (Hirn, *Théorie mécanique de la chaleur*, première partie, 1865[1].)

[1] M. Ad. Hirn, qui a bien voulu lire toute cette première partie du cours avant sa publication, nous a reproché de lui avoir fait une part trop grande dans ce qui touche à la théorie mécanique de la chaleur. Nous ne le pensons pas ; rendre

C'est ce rapport que l'on appelle l'*équivalent mécanique de la chaleur*, ou l'équivalent mécanique du travail.

En termes plus simples :

La chaleur peut être transformée en travail mécanique, et réciproquement le travail mécanique peut se transformer en chaleur.

Nous rappellerons sommairement quelles ont été les principales expériences qui ont déterminé ces conclusions si nouvelles, et qui tendent à établir la relation intime qui existe entre le travail mécanique et la chaleur.

§ 2. — Transformation de la force en chaleur et de la chaleur en force.

Transformation de la force en chaleur. — Les exemples de la transformation de la force en chaleur sont connus de tout le monde ; seulement on n'avait pas aperçu de corrélation entre ces deux phénomènes naturels, et on n'avait tiré aucune conséquence qui pût conduire à la notion d'une cause unique. Nous citerons parmi ces exemples les faits les plus connus, sans entrer dans le détail des expériences décrites dans presque tous les traités de physique.

clairs, précis pour tout le monde, des phénomènes presque inconnus, donner un corps à ce qui n'était encore que vague et indécis, nous paraît un rôle considérable... Voici, du reste, ce que nous a écrit M. Hirn à cette occasion :

« Dans l'énoncé de cette loi, je n'ai d'autre mérite que celui d'avoir revêtu d'une forme claire et générale la proposition émise en réalité pour la première fois par Clausius. Carnot avait posé le principe suivant :

« Au transport d'une certaine quantité de chaleur d'un corps chaud sur un corps froid, répond une certaine quantité de travail, pourvu que le corps intermédiaire revienne à son état primitif. *La quantité de chaleur en action reste constante* »

« A la phrase entre parenthèses, qui exprime un fait faux, Clausius a substitué la suivante :

« Il disparaît une quantité de chaleur proportionnelle au travail perdu. »

« Cette substitution marque une ère nouvelle dans la science, elle est en quelque sorte la ligne de démarcation qui sépare la physique ancienne de la nouvelle. »

                                                    G.-A. HIRN.

Le Logelbach, 21 août 1869.

A. *Expériences de Rumford.* — On savait que le forage des canons donnait lieu à un grand dégagement de chaleur, mais on n'avait pas songé à se rendre un compte précis de ce fait. Rumford chercha le premier à mesurer la quantité de chaleur produite, en observant l'élévation de température qui se manifestait dans un bassin rempli d'eau et au milieu duquel on plaçait un canon soumis à l'opération du forage. Entreprises à l'arsenal de Munich, ces expériences furent plusieurs fois répétées et tentées sous des formes diverses. Rumford plaça dans un réservoir rempli d'eau un cylindre en fer creux que l'on faisait tourner sur une âme en bois ; l'eau fut portée à l'ébullition, 10 litres d'eau furent vaporisés en 2 h. 50' par le travail d'un cheval faisant tourner le cylindre. On avait ainsi une relation directe entre un phénomène de vaporisation et l'action musculaire exercée par un animal.

Tout le monde peut répéter les expériences de Rumford avec un petit cylindre métallique creux que l'on fait tourner en le serrant entre deux lames de bois ; en emplissant ce cylindre d'eau, celle-ci entre rapidement en ébullition dès que l'on imprime une certaine vitesse à la rotation du cylindre.

B. *Chaleur développée par le frottement, la pression, le choc.* — On n'a pas besoin de chercher des expériences de physique pour attester la production de chaleur quand il y a frottement, pression ou choc. L'échauffement des boîtes à graisse, des fusées des essieux, des sabots des freins se produit pour ainsi dire à chaque heure sur un réseau de chemins de fer d'une certaine étendue ; dans un très-court espace de temps, toute la force dont est animé un train est absorbée par des boîtes à graisse mal ajustées ou par des sabots de freins serrés.

L'état d'incandescence des aérolithes ne s'explique que par la compression exercée sur l'atmosphère par ces corps qui sont animés d'une vitesse considérable.

Buffon donnait pour origine à la chaleur solaire l'effort exercé sur cet astre par l'ensemble des planètes, des comètes et des astéroïdes en nombre infini qui tournent autour de lui. Des physiciens allemands ont exprimé de notre temps la pensée que la chaleur du soleil était entretenue et renouvelée par le choc et l'absorption incessante d'une multitude de petits astres ou de comètes.

Dans le tube eudiométrique, l'amadou fixé à la base inférieure du piston s'enflamme au moment où l'air subit une pression excessive.

Enfin, les projectiles en plomb lancés contre un obstacle s'aplatissent et s'échauffent ainsi que la paroi contre laquelle ils frappent. On peut à cet égard faire des expériences décisives sur la transformation d'une force donnée soit en chaleur, soit en force nouvelle : si on laisse tomber une bille de billard d'une certaine hauteur sur une lame de plomb, la bille de billard reste sur le plomb, mais celui-ci s'échauffe d'une quantité notable ; si le plomb est remplacé par une surface dure, de la fonte par exemple, l'échauffement est nul, mais la bille de billard rebondit à une hauteur presque égale à celle de la chute initiale ; on a ainsi à volonté engendré de la chaleur ou une force.

C. *Expériences de Joule.* — Nous arrivons à une série d'expériences précises dans lesquelles, après avoir observé le fait de la transformation de la force en chaleur, on cherche une mesure de cette transformation.

Un arbre vertical armé de palettes en métal est plongé dans de l'eau, un mouvement de rotation est donné à l'arbre à l'aide d'un poids enroulé sur une poulie, la température de l'eau s'élève. M. Joule, qui a fait pour la première fois cette expérience en 1843 et qui l'a répétée en faisant varier les vitesses, les liquides, a trouvé que, pour élever de 1 degré 1 kilogramme d'eau, c'est-à-dire pour produire 1 calorie, il fallait faire descendre de 1 mètre de hauteur un poids de 425 kilog. On avait ainsi deux effets équivalents, l'un calorifique, l'autre mécanique, et tous deux mesurables.

D. *Expériences de Hirn*. — M. A. Hirn a fait, de 1860 à 1861, cinq expériences ou plutôt cinq séries d'expériences qui lui ont donné des chiffres très-peu différents de celui indiqué par M. Joule. M. Hirn a trouvé :

1° Frottement de divers liquides (huile de navette, de baleine, de cachalot, de schiste, benzine, eau). . . . 420 à 432 kilog.

2° Écoulement de l'eau sous de très-fortes pressions par un tube mince. 432

3° Écrasement du plomb. 425

4° Expériences sur la machine à vapeur.   420 à 432

5° Expériences sur la vapeur surchauffée.   432

Nous ne pouvons que renvoyer au livre de M. Hirn (*Théorie mécanique de la chaleur*, 2ᵉ édit.) pour le détail de ces expériences faites avec un soin et une exactitude qui approchent de la perfection et qui ne peuvent laisser aucun doute sur les résultats signalés.

E. *Différence entre le travail moteur et le travail résistant.* — Si nous considérons une roue hydraulique servant à élever l'eau, le travail moteur étant $P \times h$ et le travail résistant $P' \times h'$, jamais on n'aura $P \times h = P' \times h'$. — A l'ancienne machine de Marly on n'avait même que $P' \times h' = 0,10 \, Ph$. A mesure que les roues hydrauliques se sont perfectionnées, le coefficient 0,10 s'est accru et a atteint 0,40, 0,60, 0,70, 0,80, jamais l'unité. Qu'est devenue la portion de Ph qui a disparu ? A-t-elle été absorbée par les frottements intérieurs, par les ébranlements vibratoires, par l'huile ou la graisse vaporisées ? Quelque parfaite que l'on suppose la construction de la machine, on n'a jamais pu empêcher un certain nombre de pièces frottantes de s'échauffer et d'absorber dans cet échauffement une partie de la force motrice. Au travail résistant que doit vaincre la machine vient donc s'ajouter un travail moléculaire dont les physiciens peuvent chercher la nature, mais dont personne ne saurait contester l'existence.

« Outre les mouvements sensibles dans une machine, a dit M. Verdet dans sa première leçon à la Société chimique de Paris, il importe de ne pas perdre de vue les mouvements plus secrets dont les derniers éléments des corps sont le siège, et qui se manifestent à nos sens par des impressions qui en déguisent la vraie nature. »

Dans la roue hydraulique que nous venons de considérer, dans toutes les machines, le travail produit est inférieur au travail résistant, et constamment il y a manifestation de chaleur. Rien donc de plus naturel que de penser que cette production de chaleur a une relation directe avec la portion de travail anéantie, et que dans tous les cas cette production de chaleur est due au travail moteur.

Transformation de la chaleur en force. — Les phénomènes de la transformation de la chaleur en force ne sont pas moins nombreux que ceux que nous venons d'indiquer pour la transformation de la force en chaleur. Pour les uns comme pour les autres, on a longtemps négligé le rapport qui pouvait exister entre les faits constatés, et l'on ne s'est pas demandé si ces faits ne correspondaient point à des manifestations diverses d'une même cause.

Les dilatations des corps sous l'action de la chaleur nous donneront un premier exemple de la transformation de la chaleur en force.

A. *Dilatation des solides.* — L'allongement des corps solides sous l'action de la chaleur produit une force énorme, mais dont, pendant longtemps, on n'a pas su tirer parti. Le redressement et le rapprochement de deux murs d'un bâtiment du Conservatoire des arts et métiers, au moyen de barres de fer reliées à leurs extrémités par des boucliers appuyés contre la muraille, a été la première expérience officielle du parti que l'on pouvait tirer de la dilatation des métaux et de leur contraction par le refroidissement. Aujourd'hui, l'industrie s'est emparée de ces faits et elle les applique journellement :

nous citerons la pose des bandages des roues des véhicules qui circulent sur les chemins de fer, la pose des rivets.

La dilatation des solides donne souvent lieu à des accidents ; des fuites de vapeurs se déclarent dans des chaudières attachées à un bâtis rigide, si on n'a pas donné à ces attaches un certain jeu.

B. *Dilatation des liquides.* — Les liquides se dilatent comme les solides ; cette propriété est peu utilisée en mécanique. Les observations thermométriques, la construction des thermomètres *à maxima* et *minima*, etc., sont fondées sur la dilatation des liquides.

C. *Dilatation des gaz et des vapeurs.* — La dilatation des gaz et des vapeurs est le fait sur lequel reposent toutes les machines thermiques.

Exposée à la chaleur, une masse de gaz se dilate, et, ainsi que l'a observé Gay-Lussac, elle se dilate, pour chaque élévation de température d'un degré, d'une fraction constante a de son volume primitif, pour l'air $a = 0,00567$. En s'échauffant, la masse d'air que nous avons considérée peut rencontrer un obstacle à son changement de volume ou se dilater librement, et M. Joule a fait à cet égard une expérience célèbre qui, répétée par M. Regnault, doit être considérée comme acquise à la science, et qui demeure inexplicable si l'on n'admet pas qu'il y a perte de chaleur en même temps qu'effort produit, c'est-à-dire transformation de la chaleur en force.

L'expérience de Joule se divise en deux phases, que nous décrirons sommairement :

D. *Expériences de Joule et de Hirn.* — *Première expérience.* — Deux vases métalliques d'une capacité de 50 litres et en tout semblables sont plongés dans une cuve pleine de liquide ; le premier vase est rempli d'air atmosphérique à 22 atmosphères, dans le second vase on a fait le vide.

Des thermomètres plongés dans le liquide permettent d'apprécier les plus légères variations de température.

Les deux vases sont mis en communication; l'air se dilate, remplit les deux vases, et sa pression descend à 11 atmosphères.

Les thermomètres n'éprouvent aucune variation.

L'air n'a eu à vaincre aucune résistance pour passer du premier vase dans le second.

Deuxième expérience. — Le second réservoir est supprimé; le premier réservoir est mis en communication avec une cloche pleine d'eau, renversée sur la cuve hydropneumatique. L'air de ce second réservoir pour arriver sous la cloche doit vaincre la résistance de l'eau; il ne le fait qu'en perdant une partie de sa chaleur, et les thermomètres accusent en effet un abaissement de température.

Dans la première expérience il n'y a pas de travail produit, le thermomètre est immobile; dans la seconde un travail déterminé est nécessaire, le thermomètre s'abaisse.

M. Hirn a repris cette expérience, en remplaçant les deux vases par un tube cylindrique rempli d'air et divisé en deux parties égales par un diaphragme. Une pompe permet de faire passer de l'air d'une des capacités dans l'autre et de modifier le rapport de leurs pressions. Si on crève le diaphragme, l'équilibre de pression se rétablit instantanément et la température demeure invariable.

Nous n'entrons pas dans l'examen détaillé des faits qui se produisent dans chacune de ces expériences célèbres, nous ne faisons qu'en indiquer les conséquences finales.

Formule de l'équivalent mécanique de la chaleur. — Travaux de M. Meyer (d'Heilbronn). — Nous pensons que c'est à M. Jules-Robert Meyer (d'Heilbronn), que revient l'honneur d'avoir résumé dans un seul mot, celui d'*équivalent mécanique de la chaleur*, les faits que nous avons mentionnés. Sans reproduire les expériences de Joule, M. Meyer a examiné quels étaient les deux moyens à l'aide desquels on pouvait faire remonter un piston libre de se mouvoir sans frottement dans un cylindre. On peut dilater à l'aide de la chaleur l'air soutenant ce piston ou le tenir en équilibre à l'aide d'un poids. M. Meyer a trouvé que la quantité de chaleur capable d'élever de 1 degré 1 kilog. d'eau était suffisante pour dilater le gaz enfermé sous le piston et remonter celui-ci de 1 mètre en le tenant en équilibre lorsqu'il était chargé d'un poids de 420 kilog. Il y avait donc identité absolue entre les deux faits, et l'on pouvait dire que 1 calorie équivalait à 420 kilogrammètres. MM. Joule et Hirn, par des expériences directes, avaient trouvé des chiffres variant entre 420 et 452 kilog.

Comparaison des chaleurs spécifiques à pression constante ou à volume constant. — La chaleur spécifique de l'air, c'est-à-dire la quantité de chaleur nécessaire pour élever de 1 degré une quantité déterminée d'air, n'est pas la même quand cette masse d'air, soumise à une pression constante, peut augmenter de volume, ou quand, son volume étant constant, elle augmente de pression : dans le premier cas, la chaleur spécifique est plus grande que dans le second cas. Pendant longtemps on n'a pas donné de cette différence une explication satisfaisante. La théorie mécanique de la chaleur rend très-nettement compte de ces faits : dans le premier cas, quand le volume croît, les molécules s'écartent les unes des autres et elles ne peuvent réaliser ce travail interne qu'en consommant une certaine quantité de chaleur ou de force qui est inutile dans le second cas, quand le volume est invariable.

Chaleur latente. — Des considérations analogues expliquent parfaitement les phénomènes auxquels on a donné le nom de chaleur latente. Quand de l'eau passe de l'état solide à l'état liquide, de l'état liquide à l'état gazeux, l'énorme quantité de chaleur consommée est employée à produire un travail interne ; elle détruit la cohésion, en effectuant la transformation moléculaire qui caractérise les trois états de la matière : solide, liquide ou gazeuse.

§ 5. — Notion de l'équivalent mécanique de la chaleur fondée sur l'application des lois de Mariotte et de Gay-Lussac.

Travaux de M. Bourjet. — M. Bourjet, professeur à la faculté des sciences de Clermont-Ferrand, s'est demandé si la notion de l'équivalent mécanique de la chaleur dépendait de phénomènes nouveaux encore peu connus, ou si cette notion pouvait se déduire des grandes lois déterminées par Mariotte, Gay-Lussac, Dalton, Dulong, vérifiées et complétées par M. Regnault. Reprenant les méthodes indiquées par Sadi-Carnot et Clapeyron pour étudier les variations de l'état d'un corps qui change de pression et de température, M. Bourjet a donné, dans les *Annales de physique et de chimie*, année 1859, une démonstration élémentaire de l'existence de l'équivalent mécanique de la chaleur :

$$\begin{cases} p \ v \ t \ \text{étant la pression, le volume, la température d'un corps ,} \\ p_0 \ v_0 \ t_0 \ \text{les mêmes éléments dans une situation déterminée,} \\ a \qquad \text{le coefficient de dilatation :} \end{cases}$$

les lois de Mariotte et de Gay-Lussac combinées donnent :

$$\frac{pv}{1 + at} = \frac{p_0 v_0}{1 + at_0},$$

$$\text{ou} \qquad pv = p_0 v_0 \frac{1 + at}{1 + at_0}.$$

Prenant $t_0 = 0^o \ v_0 = 1^{mc} \ p_0 = \Pi$, pression atmosphérique, on a : $pv = \Pi (1 + at)$, Π étant égal à 10355 kilogrammes.

L'axe des x mesurant les volumes, l'axe des y mesurant les pressions, on peut rechercher quelle sera la dépense de chaleur faite par une masse gazeuse suivant un circuit ADBCA, en passant de A (pression p, volume v) en B (pression p', volume v').

1° En passant de A en D, le volume reste le même ; on a alors la relation (t_1 étant la température en D) :

$$p'v = \Pi (1 + at_1),$$

qui, combinée avec

$$pv = \Pi (1 + at),$$

donne

$$(a) \qquad (p' - p) v = \Pi a (t_1 - t).$$

La quantité de chaleur q d'une masse gazeuse qui, à volume constant, passe de la température t à t_1, est exprimée par la formule suivante :

D étant le poids d'un mètre cube d'air à $0°$,
c' la chaleur spécifique sous volume constant :

$$(b) \qquad q = Dc' (t_1 - t).$$

Éliminant $(t_1 - t)$ entre les équations (a) et (b), on a la valeur de q en fonction du volume et de la pression :

$$(t_1 - t) = \frac{(p' - p) v}{\Pi a},$$

$$(1) \qquad q = \frac{Dc'v}{\Pi a} (p' - p).$$

2° En passant de D en B, la pression reste constante, et le volume varie de v en v'. On a la nouvelle relation

$$p'v' = \Pi (1 + at'),$$

$$p'v = \Pi (1 + at_1);$$

d'où

$$(c) \qquad p' (v' - v) = \Pi a (t' - t_1).$$

c étant la chaleur spécifique à pression constante, la quantité de chaleur que doit gagner la masse gazeuse pour passer de la température t à la température t' est

$$(d) \qquad q_1 = Dc\,(t'-t_1).$$

Éliminant $(t'-t_1)$ entre les équations c et d, on a

$$(2) \qquad q_1 = \frac{Dcp'}{\mathrm{H}a}\,(v'-v).$$

Dans ces deux premières périodes, autrement dit dans le passage de A en B, il y a eu une dépense Q de chaleur exprimée par

$$Q = q + q_1.$$

Faisons maintenant revenir le corps de B en C et de C en A.

3° De B en C, le volume v' reste constant, la pression passe de p' à p.

$$p'v' = \mathrm{H}\,(1 + at'),$$
$$pv' = \mathrm{H}\,(1 + at_2),$$
$$v'\,(p'-p) = \mathrm{H}a\,(t'-t_2).$$

Il y a une perte de chaleur représentée par q' :

$$q' = Dc'\,(t'-t_2).$$

Éliminant $(t'-t_2)$,

$$(3) \qquad q' = \frac{Dc'v'}{\mathrm{H}a}\,(p'-p).$$

4° De C en A, la pression p reste constante, le volume v revient de v' à v.

$$pv' = \mathrm{H}\,(1 + at_2),$$
$$pv = \mathrm{H}\,(1 + at),$$
$$p\,(v'-v) = \mathrm{H}a\,(t_2-t).$$

Il y a également perte de chaleur, q'_1 :

$$q'_1 = Dc\,(t_2-t).$$

Éliminant $(t_2 — t)$, on a

$$(4) \qquad q'_1 = \frac{D\,cp}{Ha} (v' — v).$$

La chaleur totale recueillie est

$$Q' = q' + q'_1.$$

Prenant alors la valeur de la chaleur dépensée Q et de la chaleur recueillie Q', on a

$$Q = q + q_1 = \frac{D\,c'v}{Ha} (p' — p) + \frac{D\,cp'}{Ha} (v' — v).$$

$$(5) \qquad Q = \frac{D}{Ha} [c'v(p' — p) + cp'(v' — v)],$$

$$Q' = q' + q'_1 = \frac{D\,c'v'}{Ha} (p' — p) + \frac{D\,cp}{Ha} (v' — v),$$

$$(6) \qquad Q' = \frac{D}{Ha} [c'v'(p' — p) + cp(v' — v)].$$

La différence entre ces deux valeurs sera

$$Q — Q' = \frac{D}{Ha} [c'v'(p' — p) + cp'(v' — v) — c'v(p' — p) — cp(v' — v)]$$

$$= \frac{D}{Ha} [(p' — p)(cv' — c'v') + (v' — v)(cp' — cp)],$$

$$(7) \qquad Q — Q' = \frac{D}{Ha} [(p' — p)(v' — v)(c — c')].$$

Aucun des termes de l'équation (7) ne peut être nul. Donc Q—Q' a une valeur déterminée, et on arrive à cette formule qui résume, peut-être, la théorie mécanique de la chaleur :

« En partant d'un état quelconque, un gaz ne peut y revenir, après avoir suivi un circuit rectangulaire d'états successifs, sans qu'il y ait une quantité de chaleur anéantie proportionnelle à la surface $(p' — p)(v' — v)$ du circuit. »

Si nous cherchons quelle est la différence du travail moteur et du travail résistant, en supposant que le gaz soit renfermé dans un cylindre de 1 mètre carré de section et sous un piston toujours équilibré,

le travail moteur, en suivant le parcours ADB, sera

$$T = p' (v' - v) ;$$

le travail résistant, en revenant suivant BCA, sera

$$T' = p (v' - v) ;$$

d'où

$$(8) \quad T - T' = p' (v' - v) - p (v' - v) = (p' - p) (v' - v).$$

La différence entre les travaux moteur et résistant, ou le travail moteur définitif le long du circuit formé, sera proportionnelle à la surface du rectangle formé par le circuit.

Rapprochant les équations (7) et (8)

$$Q - Q' = \frac{D}{Ha} (p' - p) (v' - v) (c - c'),$$

$$T - T' = (p' - p) (v' - v),$$

et éliminant les facteurs communs $(p' - p)(v' - v)$, on a

$$(9) \quad Q - Q' = \frac{D}{Ha} (c - c') (T - T').$$

Les valeurs $\frac{D}{Ha}$ et $c - c'$ étant constantes, leur produit peut

être remplacé par le coefficient $\frac{1}{E}$, et la formule (9) devient

$$(10) \quad Q - Q' = \frac{1}{E} (T - T'),$$

et nous pouvons écrire en langage vulgaire :

« La chaleur anéantie est proportionnelle au travail moteur, de sorte qu'à chaque calorie anéantie correspond un travail moteur produit égal à E, et tout se passe comme si la chaleur se transformait en travail mécanique, à raison de E kilogrammes par calorie perdue. »

La valeur de E peut être calculée en donnant aux différentes lettres les valeurs indiquées par les physiciens :

$$H = 10533 \text{ kilogr.}$$
$$a = 0,003665$$
$$D = 1^k,293187$$
$$c = 0,2577$$
$$c' = 0,1686$$
$$E = \frac{Ha}{D(c - c')} = \frac{10533^k \times 0,003665}{1^k,293187 \, (0,2577 - 0,1686)} = 424 \text{ kil.}$$

c'est-à-dire, à 1 kilogramme près, le nombre trouvé par M. Joule, et à 4 kilogrammes près, celui de M. Meyer.

Est-il possible de voir, dans le rapprochement de ces chiffres, une coïncidence fortuite?

§ 4. — Division dans l'étude physique des machines.

Nature de la force employée. — Corps intermédiaire et organisme. — Aucun doute ne pouvant désormais subsister dans l'identité de la chaleur et de la force que l'on peut regarder comme caractérisant deux manières d'être différentes, deux modes de vibration différents d'un même fluide impondérable, l'étude des machines présente un caractère de certitude qui faisait autrefois défaut.

Dans toute machine, en effet, il y a lieu de considérer trois ordres de faits distincts :

1° La nature de la force employée, la chaleur, l'électricité, la lumière même ;

2° Le corps intermédiaire choisi pour produire l'action de la force, l'eau à l'état liquide ou gazeux, l'air atmosphérique, les gaz, les divers liquides volatils ;

3° Enfin l'ensemble de pièces, les unes fixes, les autres mobiles, constituant *un organisme* destiné à recueillir la force dégagée par le corps intermédiaire et à produire, en définitive, le travail que l'homme a en vue.

Cette division proposée par M. Hirn, qu'on ne saurait trop souvent citer dans l'étude des faits relatifs à la chaleur, permet non pas d'arriver à la théorie complète d'une machine déterminée, mais de poser les conditions du problème à résoudre pour chaque machine.

Chacun des groupes de faits que nous venons de distinguer constitue une science à part :

La physique mathématique établit les lois qui régissent la lumière, l'électricité, la chaleur ; elle recherche les rapports qui existent entre ces diverses origines de la force ;

La physique expérimentale, confirmant ou devançant les résultats obtenus par la physique mathématique, étudie les corps qui peuvent être choisis pour transmettre la force, et elle cherche à préciser les phénomènes auxquels donne lieu l'action des forces sur chacun de ces corps ;

Enfin, la mécanique ou plutôt la cinématique décrit les organismes imaginés pour recevoir, transmettre et utiliser une force.

Ainsi, pour apprécier une machine à vapeur il faut connaître :

Les lois de la chaleur ;

L'action de la chaleur sur l'eau ;

Le mode de transmission le mieux approprié à la réception et à la restitution de la force.

Malheureusement, il faut savoir encore si dans la machine que l'on étudie les choses se passent comme on l'a vérifié dans des expériences isolées. Pour nous borner à l'exemple de la machine à vapeur, la vaporisation de l'eau se fait-elle indéfiniment dans une chaudière métallique à parois opaques, comme on l'a observé pendant quelques heures dans un vase de verre? La vapeur, une fois produite et introduite dans l'organisme, obéit-elle exactement aux lois découvertes dans un laboratoire? La machine elle-même ne réagit-elle pas sur la vapeur de manière à modifier son action dans une énorme proportion?

À chaque instant, dans l'étude de la machine à vapeur, nous

constaterons des faits dus à des causes secondaires et perturbatrices qui ont, sur le travail, produit une influence décisive. La vaporisation peut être entravée, arrêtée même par la composition chimique de l'eau ; la pression de la vapeur est modifiée. nous l'avons dit, par des résistances dues aux tuyaux et aux étranglements, par la présence de l'eau entraînée mécaniquement, par l'action même des parois des capacités dans lesquelles elle est appelée à circuler.

En négligeant l'appréciation de ces causes secondaires, on arriverait à contester l'exactitude des lois trouvées par Mariotte, par Gay-Lussac, par Regnault et par tous les physiciens que nous avons cités. Il faut savoir démêler, isoler les causes perturbatrices, et quand on aura rendu à chacune d'elles la part qui lui appartient, on reconnaîtra l'exactitude de ces grandes lois, et on verra qu'en dehors d'elles il n'existe pas de guide certain pour l'étude des progrès à réaliser dans les machines thermiques.

Machines thermiques. — Nous venons de prononcer pour la seconde fois le nom de machines thermiques. Cette désignation, proposée par Verdet, nous paraît parfaitement répondre à l'idée que l'on doit aujourd'hui se faire d'une machine dans laquelle la chaleur joue le principal rôle, et cela indépendamment du corps intermédiaire choisi pour recevoir et transmettre la chaleur et en transformer une partie plus ou moins grande en force. Dans l'industrie, ce corps intermédiaire est l'eau ou plutôt la vapeur d'eau. Nous allons donc examiner sommairement l'action de la chaleur sur l'eau et la vapeur d'eau ; nous indiquerons ensuite, sommairement aussi, les faits qui se rattachent à l'emploi d'un corps intermédiaire autre que la vapeur d'eau.

CHAPITRE III

Nous avons dit, à la fin du dernier chapitre, que, la nature de la force à employer étant donnée, il importait de connaître l'action que cette force exerçait d'abord sur le corps choisi comme intermédiaire pour le transmettre. Dans les machines thermiques, le corps universellement employé est l'eau et la vapeur d'eau ; il convient donc de rappeler en peu de mots les lois qui caractérisent l'action de la chaleur sur l'eau et la vapeur d'eau.

§ 1er. — Transformation de l'eau en vapeur. — Mesure de la pression de la vapeur.

Formation de la vapeur d'eau. — Si dans la chambre d'un baromètre on introduit de l'eau, une partie de cette eau se vaporise immédiatement, c'est-à-dire passe à l'état gazeux non permanent.

Ce phénomène, si facile à constater dans le vide d'un baromètre, se produit lorsque la surface de l'eau est soumise à une pression quelconque : seulement la quantité de vapeur fournie varie avec la pression et avec la température, mais il y a toujours production de vapeur, même aux plus basses températures.

La vapeur pure est sans odeur ni saveur, parfaitement incolore et transparente comme l'air. La vapeur qui sort des machines sous forme de flocons et de nuages est un mélange de vapeur pure et de particules déjà condensées. Cette condensation varie avec l'état de l'atmosphère : pendant les grandes chaleurs et lorsque l'air est privé d'eau, il y a peu de condensation et la vapeur qui sort d'une machine est dissipée dans l'atmosphère en restant presque invisible. Si, au contraire, l'air est saturé d'humidité, la vapeur qui sort des machines est condensée en presque totalité et forme des nuages abondants et persistants.

Dans l'intérieur des machines bien construites, la vapeur, avant d'exercer son action, doit rester incolore et transparente ; toutes les fois qu'il y a condensation partielle, il se produit des résistances intérieures et une perte de pression dont nous montrerons l'importance.

Le passage de l'eau à l'état de vapeur s'obtient par évaporation ou vaporisation.

Évaporation. — L'évaporation est la formation lente de la vapeur à la surface de l'eau aux températures ordinaires. Dans les phénomènes physiologiques et météorologiques l'évaporation joue un rôle très-important, mais nul pour ainsi dire, du moins jusqu'à ce jour, dans les machines à vapeur. Rien, du reste, n'indique l'impossibilité d'utiliser la vapeur produite par évaporation et obtenue souvent en grande abondance dans certaines industries.

Vaporisation. — La vaporisation est la formation rapide de la vapeur obtenue soit par l'élévation de la température, soit par la diminution de la pression à la surface du liquide. Le premier procédé est celui mis en pratique pour obtenir la vapeur employée dans les machines, et la chaleur est habituellement demandée à la combustion d'un certain nombre de corps, c'est-à-dire à leur combinaison avec l'oxygène de l'air.

La vaporisation est accompagnée de l'*ébullition*. — L'ébullition comprend les divers phénomènes suivants : dégagement de l'air contenu dans l'eau ; formation de vapeur à la partie inférieure du vase et sur les parois en contact avec la source de chaleur ; mouvement ascensionnel des bulles de vapeur et soulèvement de la masse d'eau ; courants verticaux dans la masse du liquide. Ces courants sont utilisés dans l'industrie pour l'enlèvement des matières que l'eau tient en suspension.

Sous la pression de 0^m,76 de mercure, la vaporisation de l'eau a lieu à la température de 100°. C'est précisément cette vaporisation sous la pression moyenne de 0^m,76 qui définit la limite supérieure de notre échelle thermométrique, correspondant à 100° centigrades.

Dans les localités très-élevées au-dessus du niveau de la mer, la température de la vaporisation diminue. Ainsi :

A Mexico elle ne serait que de 92° ;

Au sommet du mont Blanc, de 85°.

Enfin la température de vaporisation varie avec la composition chimique de l'eau, c'est-à-dire avec la nature des sels qu'elle tient en dissolution.

L'eau saturée de carbonate de soude bout à. . .   108° ;
    —   sel marin. . . . .   110° ;
    —   sel ammoniac. . . . .   114° ;
    —   carbonate de potasse. . . . . .   140° ;
    —   chlorure de chaux. . . . . . .   180°.

Les matières en suspension, pourvu que leur quantité ne soit pas considérable, ne paraissent pas modifier la température de l'ébullition de l'eau.

Évaporation de l'eau dans des vases clos. Eau privée d'air. —Les phénomènes qui accompagnent l'ébullition de l'eau à l'air libre et sous la pression de l'atmosphère sont plus compliqués lorsque l'ébullition est produite dans un vase clos capable de supporter des pressions supérieures à celle de l'atmosphère. Malheureusement ces vases sont opaques, et il est pour ainsi dire impossible d'observer directement ce qui se passe à leur intérieur. La présence de l'air dans l'eau joue un rôle considérable et des expériences récentes sont venues démontrer que l'eau privée d'air pouvait rester liquide à des températures inférieures à 0° et très-supérieures à 100°; on a pu conserver de l'eau liquide de — 12° à + 188°, doublant ainsi l'étendue de l'échelle thermométrique.

Lorsqu'une quantité d'air pour ainsi dire infinitésimale était mise en contact avec de l'eau maintenue liquide à ces températures exceptionnelles de 150 à 160°, la vaporisation se produisait immédiatement avec une violence extrême : il suffisait de toucher avec la pointe d'un crayon une goutte d'eau en suspension dans une masse d'huile pour amener la vaporisation instantanée et foudroyante de cette goutte d'eau.

Expériences de Growe. — On a aussi récemment signalé un fait singulier dans l'ébullition. M. Growe, après avoir soumis une certaine quantité d'eau à une ébullition prolongée, de manière à en expulser tout l'air qu'elle paraissait contenir, plaça cette eau dans un tube courbé deux fois à angle droit au tiers de sa longueur. L'eau n'occupait que le tiers inférieur. Elle fut soumise à une nouvelle et longue ébullition, puis les deux autres tiers du tube furent remplis d'huile d'olive pure, et l'extrémité ouverte du tube plongée dans une cloche remplie d'huile.

Lorsqu'on chauffa l'eau de nouveau, les bulles de vapeur se condensèrent dans l'huile, mais chacune de ces bulles laissait derrière elle une bulle beaucoup plus petite ne contenant que de l'azote.

Il semble donc que, si l'expulsion de l'oxygène s'effectue facilement, il n'en est pas de même de l'azote qui, malgré des ébullitions réitérées, resterait intimement uni à l'eau.

Enfin la forme du vase dans lequel on échauffe l'eau a une influence sur la production et la marche des bulles de vapeur. Nous parlerons plus en détail de ces phénomènes nouvellement constatés, dans les leçons sur l'eau et sur les explosions; mais nous devons dès maintenant signaler l'importance des études à faire sur tout ce qui concerne la vaporisation de l'eau.

Tension maxima. Vapeur saturée. — Nous avons dit que, si l'on introduit de l'eau dans la chambre d'un baromètre à mercure, il y aura production d'une certaine quantité de vapeur. Ajoutons qu'il y aura dépression du mercure et diminution de la hauteur barométrique.

Si l'on augmente la hauteur de la chambre barométrique et qu'il y ait encore de l'eau sur le mercure, une nouvelle quantité d'eau se vaporisera, mais la hauteur du mercure ne variera pas. Inversement, si on diminue la capacité de la chambre barométrique, une partie de la vapeur redeviendra liquide, mais la hauteur du mercure restera constante. On en conclut que, pour une température donnée, il existe une tension de la vapeur déterminée et invariable. Cette tension se nomme *tension maxima de la vapeur*.

La vapeur qui se trouve à cet état prend le nom de *vapeur saturée*. En d'autres termes, pour une température donnée, un espace fermé, mis en communication avec l'eau, ne peut absorber qu'une quantité déterminée de vapeur. On dit alors que cet espace est saturé de vapeur, l'expression de *saturation* s'appliquant également à la vapeur qui remplit une capacité quelconque et à cette capacité elle-même.

Phénomènes de l'état sphéroïdal. — L'eau, en contact avec un métal très-chaud, ne se vaporise pas instantanément, elle forme un globule tournoyant sur lui-même et paraissant, pendant un temps plus ou moins long, comme suspendu au-dessus de la plaque échauffée : puis, à un moment donné, la masse entière passe brusquement à l'état de vapeur. On ignore quelles sont les pressions par lesquelles passent ces quantités de vapeur avant de disparaître dans l'atmosphère; mais on suppose que de la vapeur ainsi produite dans un vase clos peut arriver à des pressions considérables. L'on a vu, dans les expériences signalées pour la première fois par M. Boutigny (d'Évreux) sur l'état sphéroïdal de l'eau, l'explication des productions abondantes de vapeur qui se produisent instantanément quand, dans une chaudière portée au rouge, un chauffeur négligent laisse entrer de l'eau. On suppose que l'eau, comme dans l'état sphéroïdal, reste liquide à une température très-élevée, puis, que, se transformant subitement en vapeur, elle atteint une pression supérieure à la résistance des parois de la chaudière.

Mesure de la pression des gaz et des vapeurs. — La pression des gaz et des vapeurs se mesure en France en *atmosphères* et en *dixièmes d'atmosphère*.

La pression atmosphérique elle-même s'évalue en *kilogrammes*.

En temps ordinaire et au niveau moyen de la mer, la pression atmosphérique est contrebalancée par une colonne d'eau d'une hauteur de $10^m,333$, ou par une colonne de mercure de $0^m,76$. — Le mètre cube d'eau pesant exactement 1,000 kilog. ou 1 tonne, la pression atmosphérique sur une surface de 1 mètre carré sera de 10,333 kilog.; sur 1 décimètre carré, $103^k,55$; sur 1 centimètre carré, $1^k,033$.

En supprimant les 33 millièmes qui entrent dans cette dernière valeur, on arrive à cette formule si pratique :

« La pression atmosphérique est de 1 kilog. par centimètre carré. »

Une chaudière renfermant de la vapeur dont la pression accusée par les manomètres est de 5 atmosphères, subit par conséquent de l'intérieur à l'extérieur une pression de 5 kilog. par centimètre carré, et, si on déduit la pression atmosphérique qui s'exerce de l'extérieur à l'intérieur, une pression effective de 4 kilog. par centimètre carré.

En Angleterre, on déduit toujours la pression atmosphérique lorsque l'on parle de la pression dans les chaudières. En France, au contraire, on évalue la pression intérieure sans tenir compte de la pression extérieure. Nous aurons à rappeler cette différence lorsqu'il s'agira des épreuves à faire subir aux chaudières.

En Angleterre, les pressions s'évaluent en *livres* par *pouce carré*.

La livre anglaise est de $0^k,453$.

Le pouce carré est de $6^{cm},45$.

La pression de 1 livre par pouce carré équivaut donc à celle de $0^k,453$ sur $6^{cm},45$ ou de $0^k,070$ sur 1 centimètre carré.

Les chiffres ci-après, extraits des tables du général Morin, donnent la correspondance des pressions les plus usitées en mesures françaises et anglaises, et réciproquement :

MESURES FRANÇAISES. (ATMOSPHÈRES)	MESURES ANGLAISES. (LIVRES PAR POUCE.)
1	14.70
2	29.39
3	44.09
4	58.79
5	63.49
6	88.19
7	102.88
8	117.58
9	132.28
10	146.98

En Angleterre, on compte aussi les pressions en atmosphères, et la pression atmosphérique est évaluée à 15 livres par pouce carré, poids d'une colonne de mercure de 30 pouces ou $0^m,776$. Cette valeur, plus forte que la valeur française qui ne correspond qu'à $0^m,76$ de mercure, représente $1^k,054$ par centimètre carré, tandis que nous avons trouvé pour la valeur française $1^k,033$.

En négligeant dans les deux cas les fractions 54 ou 33 grammes, on retombe dans la formule que nous avons donnée, laquelle suffit largement à tous les besoins de la pratique.

Enfin on évalue encore les pressions atmosphériques en *centimètres de mercure* ou en *pouces de mercure* en France et en Angleterre. Il est facile de faire les transformations de tous les modes d'évaluation, transformations que l'on trouve calculées dans plusieurs ouvrages, et notamment dans le *Traité des machines à vapeur* de MM. Tresca et Morin. Le point de départ est toujours le suivant :

En France : 1 atmosphère $= 1^k,033$ par centimètre carré $= 0^m,76$ de mercure ;

En Angleterre : 1 atmosphère $= 15$ livres par pouce carré $= 30$ pouces de mercure.

§ 2. — Lois relatives aux changements de volume des gaz et des vapeurs,
sous des pressions et des températures variables.

Loi de Mariotte. — Lorsqu'un gaz, renfermé dans un espace à parois mobiles, est soumis à une pression extérieure de plus en plus grande, il se réduit à un volume de plus en plus petit.

Découverte dans le milieu du dix-huitième siècle, la loi de ces variations a été formulée par l'abbé Mariotte et vérifiée par lui jusqu'à 4 atmosphères pour l'air. Cette loi est la suivante :

« Les volumes qu'une même masse de gaz occupe à une température constante sont inversement proportionnels aux pressions que le gaz supporte. »

Ou en d'autres termes : « Les densités de l'air, à température égale, sont proportionnelles aux pressions. »

E, E′ étant les volumes sous les pressions P, P′, la loi de Mariotte donne

$$\frac{E}{E'} = \frac{P'}{P}, \quad \text{ou} \quad EP = E'P'.$$

Le produit de la pression par le volume est une *constante*.

Il importait de savoir si la loi de Mariotte s'appliquait à des pressions supérieures à 4 atmosphères. Les expériences faites par Dulong et Arago entre 1 et 27 atmosphères, reprises par M. Regnault pour des pressions comprises entre les mêmes limites, ne laissent aucun doute à cet égard, et l'expérience n'a révélé, entre les résultats obtenus directement et ceux donnés par la formule, que des différences inférieures à 0,01. Des physiciens étrangers ont vérifié la loi de Mariotte jusqu'à 68 atmosphères. Nous pouvons donc considérer comme parfaitement exacte la formule $EP =$ constante.

L'expression $EP =$ constante, étant représentée graphiquement, donne une hyperbole : l'axe des X représentant les volumes, l'axe des Y les pressions.

Absolument vraie pour les gaz, la loi de Mariotte s'applique également aux vapeurs, et notamment à la vapeur d'eau, au moins dans des limites suffisantes dans la pratique ; elle ne cesse de s'appliquer que dans les circonstances où intervient un autre phénomène, le retour de la vapeur à l'état liquide.

Loi de Gay-Lussac. — « La dilatation de l'air est uniforme de 0 à 100°. Elle est mesurée pour chaque degré par la fraction 0,00375 du volume à 0°. »

E étant le volume d'une masse de gaz à 0° ;
E', E″ étant le volume d'une masse de gaz à t', t'' ;
a le coefficient de dilatation,

on a

$$E' = E + at'E = E(1 + at').$$

L'expression $(1 + at')$ se nomme module ou binôme de dilatation.

Pour la température t'', on a

$$E' = E(1 + at'').$$

Tirant la valeur de E des deux équations précédentes, on a

$$E = \frac{E'}{1 + at'} = \frac{E''}{1 + at''}.$$

Le volume à 0° est égal au volume à une température quelconque divisé par le binôme de dilatation.

M. Regnault a cherché si la loi de Gay-Lussac était applicable sous d'autres pressions que la pression atmosphérique; poussées jusqu'à 3^{atm} 1/2 les vérifications ont été complètes, seulement le coefficient de dilatation a été de 0,00367 au lieu de 0,00375.

Variations de la pression avec la température. — Expériences de Regnault. — Un grand nombre de physiciens ont cherché à reconnaître comment variait la tension maxima de la vapeur avec la température, c'est-à-dire quelle était la pression de la vapeur saturée à chaque degré de l'échelle thermométrique. Ces recherches, faites par Watt, Dalton, Dulong et Arago, ont été reprises et amenées à un état de certitude parfait par M. Regnault, qui a donné de degré en degré la tension maxima de la vapeur d'eau depuis 32° jusqu'à 230°. Les tables de M. Regnault sont publiées dans un grand nombre d'ouvrages; nous en donnons un extrait, en prenant les températures auxquelles on se procure l'eau d'alimentation à l'état ordinaire ou surchauffée, et les températures qui correspondent aux pressions employées dans les machines.

TEMPÉRATURES.	PRESSIONS EN ATMOSPHÈRES.	PRESSIONS EN MILLIMÈTRES.
10°	0.012	9.165
20	0.023	17.391
30	0.041	31.548
40	0.072	54.908
50	0.121	91.982
60	0.196	148.791
70	0.306	233.093
80	0.466	354.643
90	0.691	525.430
100	1.000	760.000
112	1.512	1.149.850
121	2.023	1.559.230
128	2.513	1.911.470
134	3.007	2.285.920
140	3.567	2.717.650

144	4.000	5.040.260
149	4.587	5.486.090
155	5.104	5.879.180
156	5.521	4.196.596
160	6.121	4.651.620
166	7.114	5.406.690
171	8.055	6.107.190
176	9.049	6.877.220
181	10.159	7.721.570
185	11.125	8.455.250
189	12.155	9.257.950
195	15.260	10.078.040
196	14.159	10.745.950
199	15.062	11.447.960

Les résultats obtenus par M. Regnault ont été représentés par
une courbe, dont les physiciens et les géomètres ont cherché
l'équation. Tredgold, Roche, Coriolis, Arago et Dulong, enfin
M. Regnault, ont donné des formules qui représentent, dans des
limites suffisamment restreintes, la courbe qui résulte de
l'expérience elle-même. Mais ces formules sont très-compliquées,
tandis qu'un physicien anglais, Dalton, a résumé l'ensemble des
phénomènes par une loi simple et, comme le dit le général
Morin, philosophique.

Loi de Dalton. — La formule de Dalton est la suivante :

« Les forces élastiques des vapeurs croissent en progression
géométrique pour des températures croissant en progression
arithmétique. »

Ainsi les températures étant :

$$t \quad t_1 = t+1, \quad t_2 = t+2, \quad t_3 = t+3, \quad t_n = t+n,$$

les pressions sont :

$$p \quad p_1 = pa, \quad p_2 = pa^2, \quad p_3 = pa^3, \quad p_n = pa^n$$

Or

$$n = t_n - t ;$$

donc :

$$p_n = pa^{(t_n - t)}.$$

F étant la force élastique en atmosphères, qui correspond à la température T, la formule précédente nous donne

$$F = pa^{(T-t)}.$$

Or p étant égal à 1 pour $t = 100°$

$$F = a^{(T-100)}.$$

D'où
$$\log. F = (T - 100) \log. a.$$

On a calculé la valeur de log. a en prenant les résultats de la table de M. Regnault. Si la loi de Dalton est absolument vraie, on doit trouver pour log. a une constante. — Or, entre 1 et 7 atmosphères, la valeur log. a varie entre 0,0146 et 0,0129. Au delà de 7 atmosphères jusqu'à 10, elle varie entre 0,0129 et 0,0124. En adoptant la valeur 0,0136, la formule devient :
$$\log. F = (T - 100)\, 0,0136.$$

$$T = 100 + \frac{\log. F}{0,0136}.$$

Les résultats de cette formule ne diffèrent de la réalité que d'une atmosphère environ ; la loi de Dalton répond donc à tous les besoins de la pratique.

Combinaison de la loi de Mariotte et de la loi de Gay-Lussac. — E étant le volume d'un gaz à la pression P et à la température t, il est facile de déduire le volume E′ à la pression P′ et à la température t'.

En appliquant d'abord la loi de Mariotte, c'est-à-dire en supposant la température t constante, et en faisant varier seulement la pression de P à P′, on aura, e étant le volume dans cette situation intermédiaire,

$$PE = P'e.$$

La pression P′ étant constante, la loi de Gay-Lussac donnera entre les volumes et la température l'équation

$$\frac{e}{1 + at} = \frac{E'}{1 + at'}.$$

Éliminant la valeur de e,

$$E' = e\,\frac{1 + at'}{1 + at} = \frac{EP}{P'} \times \frac{1 + at'}{1 + at},$$

l'équation précédente se met sous la forme :

$$\frac{E'P'}{1 + at'} = \frac{EP}{1 + at},$$

qui s'exprime en disant :

« Le produit du volume par la pression, divisé par le binôme de dilatation, est une valeur constante. »

En supposant $P' = 1$ et $t' = 0$, on a :

$$E_0 = \frac{EP}{1 + at}.$$

La valeur constante est le volume de la masse gazeuse sous la pression de 1 atmosphère et à $0°$.

Le phénomène de la saturation de la vapeur et le rapport invariable qui existe entre la température et la pression montrent combien il est important de ne pas laisser la vapeur se refroidir dans une machine. Si dans la chaudière la température s'est élevée à $155°$, la pression de la vapeur est de 5 atmosphères. Mais si, en se rendant de la chaudière au corps de pompe, la vapeur éprouve un refroidissement de 10 à $12°$ et que sa température s'abaisse à $140°$, la pression tombe immédiatement à $3^{atm}\,1/2$, et il y a une perte de 30 p. 100 dans la valeur de l'effort exercé sur le piston.

L'importance d'une pareille réduction de force montre combien sont fondées les dispositions proposées par les constructeurs pour conserver la température de la vapeur dans les parcours qu'elle effectue dans les divers organes de la machine : nous insisterons du reste bien des fois sur cette question.

Lorsqu'on veut appliquer à la vapeur d'eau les lois de Mariotte et de Gay-Lussac, il importe de bien examiner si ces lois sont applicables dans le cas considéré, c'est-à-dire si la vapeur ne se trouve point au moment même où elle change de pression par suite du changement de température. MM. Morin et Tresca distinguent à cet égard dans la marche des machines à vapeur les quatre périodes suivantes, dans chacune desquelles on ne peut se tromper sur les lois à appliquer :

1° *Période de production de la vapeur*, dans laquelle on ne doit considérer que la loi du rapport des pressions aux températures, la chaudière fournissant ou reprenant la quantité d'eau nécessaire et suffisante pour que la chambre de vapeur soit saturée à la température produite ;

2° *Période de surchauffage*, dans laquelle la vapeur, isolée de l'eau, obéit aux lois de Mariotte et de Gay-Lussac, et dans laquelle la tension n'augmente que dans une faible proportion à mesure que la température augmente ;

3° *Période de détente*, dans laquelle la pression s'abaisse en suivant la loi de Mariotte ;

4° *Période de condensation*, dans laquelle la vapeur retourne par refroidissement à l'état liquide.

Densité des gaz et des vapeurs. —

d étant la densité d'un corps par rapport à l'eau,

d' — la densité du même corps par rapport à l'air,

a — la densité de l'air par rapport à l'eau,

p — le poids de ce corps sous le volume de 1 mètre cube,

e — le volume de 1 kilogramme,

on aura les relations suivantes qui permettront d'obtenir l'une de ces quantités, les autres étant données :

$$d' = \frac{d}{a}, \quad p = 1000 \times d^k = 1000\,ad'^k, \quad e = \frac{1^{mc}}{p}.$$

Densité de l'air. — M. Regnault a trouvé que le poids de 1 litre d'air à la température 0° et sous la pression de 1 atmosphère, était de. . . . . 1ᵍʳ,29318.

Le poids du mètre cube est donc de. 1ᵏ,29318,

et le volume du kilogramme. . . . . 0ᵐᶜ,77329.

Ces bases étant données, on peut trouver la densité de l'air lorsque varient la température et la pression, en appliquant l'équation qui résulte de la combinaison des lois de Mariotte et de Gay-Lussac.

Densité de la vapeur d'eau. — La recherche de la densité de la vapeur d'eau à 100° est un problème très-difficile; il a été résolu par Gay-Lussac, qui a trouvé que la vapeur occupe 1696,4 fois le volume de l'eau qui lui a donné naissance.

1 kilogramme de vapeur occuperait donc à 100° un volume de. . . . . $1^{mc},6964$.

Le volume de 1 kilog. d'air à 0° étant. . . . $0,77529$, ce volume à 100° sera $0,77529\,(1+at)=\ 1^{mc},0617$.

La densité de la vapeur par rapport à l'air à 100°, et sous la pression de 1 atmosphère sera . . . . . . $\dfrac{1,0617}{1,6964}=0627$.

La connaissance de la composition chimique de l'eau permet de vérifier ce chiffre.

L'eau étant composée de 1 volume d'oxygène et de 2 volumes d'hydrogène donnant par leur combinaison 2 volumes de vapeur d'eau, on peut, les poids du mètre cube d'oxygène et d'hydrogène étant connus, conclure le poids du mètre cube de vapeur :

1 mètre cube d'oxygène pèse à 0°. . . . . $1^k,429802$

2 mètres cubes d'hydrogène pèsent à 0°. . . . $0,179156$

Total. . . . . $1^k,608958$

La combinaison de ces trois volumes donnant 2 mètres cubes seulement, le poids de 1 mètre cube sera. $0,804479$

Le poids de 1 mètre cube d'air étant. . . . . . $1,295180$

la densité de la vapeur par rapport à l'air sera le rapport de ces deux nombres, soit. . . . . $0,622$

tandis que l'expérience avait donné . . . . $0,627$

On adopte le premier de ces chiffres, confirmé d'ailleurs par de nouvelles expériences de M. Regnault.

En partant des chiffres qui précèdent, on a pu déterminer par le calcul les poids du mètre cube et les volumes du kilogramme de vapeur saturée à diverses pressions. Nous indiquons ces renseignements pour les pressions de 1 à 10 atmosphères, les plus usitées dans les machines à vapeur[1].

PRESSIONS EN ATMOSPHÈRES	TEMPÉRATURES	AIR		VAPEUR	
		POIDS DU MÈTRE CUBE	VOLUME DU KILOGRAMME	POIDS DU MÈTRE CUBE	VOLUME DU KILOGRAMME
1	100.00	0^k .9459	1^{mc} .0570	0^k .5884	1^{mc} .6905
2	120.60	1 .7928	0 .5577	0 .1151	0 .8966
3	135.91	2 .6012	0 .5844	1 .6179	0 .6180
4	144.00	3 .5842	0 .2954	2 .1059	0 .4749
5	152.22	4 .184	0 .2410	2 .5805	0 .5874
6	159.22	4 .8975	0 .2041	3 .0461	0 .5281
7	165.51	5 .6541	0 .1774	3 .5044	0 .2852
8	170.81	6 .5591	0 .1572	3 .9554	0 .2527
9	175.77	7 .0748	0 .1413	4 .4005	0 .2272
10	180.51	7 .7820	0 .1287	4 .8404	0 .2069

Emploi de la détente. — Dans toute machine à vapeur, on suppose que la vapeur, tirée d'un générateur à une pression déterminée, est successivement introduite des deux côtés d'un cylindre dans lequel se meut un piston poussé alternativement dans un sens et dans l'autre.

Dans cette hypothèse, la vapeur est introduite pendant toute la durée de chaque course du piston, et on admet qu'au moment où une cylindrée de vapeur va commencer son action, la cylindrée précédente disparaît subitement, de manière à n'exercer aucune contre-pression sur le piston.

On s'est demandé si cette manière d'utiliser la vapeur et la

---

[1] La colonne des pressions et la colonne des températures sont extraites du grand tableau de M. Regnault sur le rapport des pressions aux températures.

force élastique était bien rationnelle, et si une cylindrée de vapeur, à 6 atmosphères par exemple, n'était plus bonne, après une course de piston, qu'à être condensée ou jetée dans l'atmosphère. Il était évident que cette quantité de vapeur, tant que sa pression demeurait supérieure à celle de l'atmosphère, était capable de produire encore un certain travail ; il restait à découvrir les moyens d'utiliser cette force expansive.

On a trouvé deux combinaisons, toutes deux satisfaisantes : dans la première on n'introduit la vapeur à pleine pression que pendant une fraction de la course du piston, la moitié par exemple, et on coupe la communication avec la chaudière ; cette vapeur se détend pendant la seconde moitié de la course du piston, et sa pression finale n'est plus que la moitié de la pression pendant l'introduction. Si l'introduction de la vapeur cesse plus tôt, si on coupe la vapeur après 1/3, 1/4, 1/10ᵉ même de la course du piston, la détente se prolonge et on épuise dans le cylindre même la force expansive de la vapeur.

Dans la seconde combinaison, on laisse la vapeur agir à pleine pression pendant toute la durée de la course du piston dans le cylindre, mais immédiatement après on l'introduit dans un second cylindre accolé au premier, d'un diamètre plus grand et dans lequel la vapeur se détend.

Nous verrons, en parlant avec détail des machines fixes, les tentatives qui ont été faites pour réaliser simultanément les deux combinaisons ; on détend dans le premier cylindre et on n'introduit dans le second que de la vapeur déjà dilatée.

A un autre point de vue, l'emploi de la détente dans un seul cylindre présente un grand avantage ; au moment où le piston, arrivé à la fin de sa course, va commencer sa marche rétrograde, la vapeur qui emplit le cylindre ne disparaît pas subitement, et, quelque rapide que puisse être sa mise en communication avec le condenseur ou avec l'atmosphère, elle exerce sur le piston une contre-pression qui sera d'autant plus efficace que la tension de la vapeur sera élevée. Si la tension a été épuisée dans le cylindre, la contre-pression sera presque nulle.

Travail dû à la détente. — Si p représente la pression de la vapeur par unité de surface,

    s, la surface de la section droite du cylindre,

    l, la course du piston,

le travail dû à la vapeur pendant la course du piston sera

$$T = ps \times l.$$

Or, $s \times l$ représente exactement la capacité du cylindre ou le volume de la vapeur introduite ; en désignant par V ce volume, l'expression du travail devient :

$$T = pV.$$

Dans cette hypothèse, la pression reste constante pendant l'introduction de la vapeur, et le travail pourra être représenté par un rectangle dont la hauteur exprime le volume, et la base la pression.

Si la vapeur cesse d'être introduite dans le cylindre à un moment déterminé de la course du piston, on peut calculer encore le travail dû à la vapeur, au moyen d'une intégration :

    p étant la pression par unité de surface au moment de l'introduction,

    d le diamètre du cylindre,

    s sa surface $= \dfrac{\pi d^2}{4}$,

    l la course du piston,

    l' la portion de la course pendant laquelle a lieu la détente,

    λ la distance de l'origine du piston à un point de la course pendant la détente,

    q la pression qui correspond au point λ,

le travail moteur élémentaire, au point λ, sera

$$sq\,d\lambda\,;$$

et le travail total pendant la détente,

$$s \int_{l-l'}^{l} q \, . d\lambda .$$

Or, si l'on applique la loi de Mariotte, on a une valeur de q en fonction de la pression.

$$p \, (l - l') = q\lambda ; \qquad q = \frac{p \, (l - l')}{\lambda} .$$

$$T' = s \int_{l-l'}^{l} p \, (l - l') \frac{d\lambda}{\lambda} = sp \, (l - l') \int_{l-l'}^{l} \frac{d\lambda}{\lambda}$$
$$= sp \, (l - l') \left[\frac{1}{\log . e} \, \log . \frac{l}{l - l'} \right] .$$

Le travail avant la détente étant $sp \, (l - l')$, le travail total sera :

$$T = sp \, (l - l') \left[1 + 2,505 \times \log . \frac{l}{l - l'} \right]$$

Dans cette expression de la valeur du travail, le facteur $sp \, (l - l')$ est un élément en quelque sorte constant, proportionnel au poids de la vapeur introduite à pleine pression ; le second facteur au contraire contient le rapport $\frac{l}{l - l'}$ qui deviendra d'autant plus grand que le dénominateur $l - l'$ sera plus petit et que l' se rapprochera de l ; or, si l' se rapproche de l, c'est que la période d'introduction de la vapeur diminue et que la détente s'effectue pendant une plus grande longueur de la course du piston.

On trouve dans le *Guide du mécanicien* le calcul des différentes valeurs de $\log . \frac{l}{l - l'}$ qui, introduites dans la valeur de T, donnent le travail qui correspond à l'introduction dans le cylindre de quantités de vapeur successivement décroissantes et montrent l'augmentation de travail uniquement due à la détente.

Valeurs de $\frac{l}{l'}$	$\frac{l}{l-l'}$	$1 + 2.303 \times \log. \frac{l}{l-l'}$
0.0	1	1.000
0.1	$\frac{10}{9}$	1.105
0.2	$\frac{10}{8}$	1.223
0.3	$\frac{10}{7}$	1.357
0.4	$\frac{10}{6}$	1.511
0.5	$\frac{10}{5}$	1.693
0.6	$\frac{10}{4}$	1.916
0.7	$\frac{10}{3}$	2.204
0.8	$\frac{10}{2}$	2.609
0.9	10	3.303

En représentant graphiquement les valeurs du travail avec
ou sans détente, on a dans le premier cas un rectangle, dans
le second cas un rectangle suivi d'une figure curviligne, dans
laquelle les ordonnées représentent les pressions et les abscis-
ses les volumes ; les ordonnées et les abcisses ayant entre elles
la relation exprimée par la loi de Mariotte.

$$pV = p_0V_0 = p'V' = p''V'' = \ldots$$

§ 5. — Capacité des gaz et des vapeurs pour la chaleur.

Chaleur spécifique. — L'unité de chaleur ou calorie est la
quantité de chaleur suffisante pour élever 1 kilogramme d'eau
de la température de $0°$ à la température de $1°$ centigrade.

Entre tous les points de l'échelle thermométrique, on admet
que la quantité de chaleur nécessaire pour élever la tempéra-

ture de 1° est constante : les différences constatées par M. Regnault peuvent être négligées dans la pratique.

Les différents corps n'exigent pas la même quantité de chaleur pour passer de 0 à 1° ; la quantité de chaleur nécessaire à chacun de ces corps est désignée sous le nom de *capacité pour la chaleur* ou de *chaleur spécifique*.

La chaleur spécifique de l'eau étant prise pour

unité 1,00

celle de la fonte est 0,15

  — du fer. 0,12

  — du cuivre 0,09

La chaleur spécifique des gaz est difficile à constater, d'abord parce qu'il faut opérer sur des masses considérables, et ensuite parce que l'augmentation de température peut, ainsi que nous l'avons dit dans le chapitre précédent, se produire dans des conditions très-différentes :

La pression restant la même, le volume varie avec la température ;

Le volume étant constant, la force élastique ou la pression varie aussi avec la température.

M. Regnault a fait des expériences très-nombreuses pour rechercher les variations de la chaleur spécifique des gaz à pression constante. Il a formulé ces deux lois :

1° La capacité calorifique des gaz par rapport à l'eau ne varie pas sensiblement avec la température ;

2° La capacité calorifique des gaz par rapport à l'eau n'est que très-peu modifiée quand la pression varie de 1 à 10 atmosphères.

Les expériences de M. Regnault ont porté sur des températures de — 10 à + 225°, avec des pressions de 1 à 10 atmosphères. Il a trouvé que la capacité de l'air pour la chaleur était 0,24 de celle de l'eau, c'est-à-dire qu'une masse d'air absorbe, pour que sa température s'élève de 1°, moins du quart de la quantité de chaleur nécessaire pour élever de 1° le même poids d'eau.

La chaleur spécifique à volume constant est plus faible que la chaleur à pression constante :

On a trouvé pour l'air $c' = 0,1686$.

La capacité à pression constante étant $c = 0,2377$, le rapport des deux est $\dfrac{c}{c'} = 1,41$.

La théorie mécanique nous a donné l'explication de cette différence.

Enfin, pour les chaleurs spécifiques des principales vapeurs, M. Regnault a donné les chiffres suivants :

Vapeur d'eau	0,475
Alcool	0,451
Éther	0,481
Chloroforme	0,156
Essence de térébenthine	0,506

Chaleur latente. — Nous ne reproduisons pas ici les théories qui ont été présentées par les physiciens sur la chaleur latente ; nous rappelons que l'on désigne sous ce nom la chaleur qui n'est pas accusée par nos instruments, et qui se produit ou disparaît dans les passages de l'état solide à l'état liquide, de l'état liquide à l'état gazeux, et inversement :

Passage de l'état solide à l'état liquide :

Un mélange de 1 kilog. d'eau à 75° et de 1 kilog. de glace à 0°, donnant 2 kilog. d'eau à 0°, 1 kilogramme de glace exige pour se fondre 75 calories qui sont absorbées à l'état de chaleur latente.

Passage de l'état liquide à l'état gazeux :

La détermination de la quantité de calories nécessaires pour faire passer 1 kilog. d'eau à 0° à l'état de vapeur saturée, sous diverses pressions, a donné lieu à de nombreuses expériences et à de nombreuses hypothèses.

Watt a admis que cette quantité de calories était constante et égale à 637 calories, quelle que fût la pression : $L = 637^{cal}$.

Southern a pensé que la quantité de chaleur nécessaire pour obtenir la vaporisation était constante et égale à 537 calories, mais qu'il fallait, pour avoir le nombre total de calories, ajouter à 537 autant d'unités que le thermomètre indiquait de degrés. Ainsi, L désignant le nombre total de calories,

on a :
$$\text{à } 100^\circ,\ L = 537 + 100 = 637$$
$$\text{à } 120^\circ,\ L = 537 + 120 = 657.$$

À 100°, la concordance entre la loi de Watt et la loi de Southern est parfaite. Pour 120°, la loi de Southern indique 657, tandis que la loi de Watt donnerait constamment 637.

M. Regnault a repris ces expériences et a indiqué une loi qui les résume très-exactement :
$$L = 606, 5^{cal} + 0,305\ T,$$

T étant la température.

A 100°, on retrouve 637 comme l'avaient indiqué les deux autres physiciens ; au-dessus de 100° et pour les pressions jusqu'à 25 atmosphères, les valeurs de L vont en croissant, mais beaucoup moins rapidement que ne l'avait admis Southern.

Dans la formule précédente, la quantité constante $606^{cal},5$ semble représenter la chaleur latente proprement dite, c'est-à-dire la quantité de chaleur nécessaire pour vaporiser 1 kilog. d'eau à 0° : et le coefficient 0,305, la capacité calorifique de la vapeur d'eau à l'état de saturation.

La quantité de chaleur contenue dans 1 kilog. de vapeur saturée est loin de croître comme la pression.

A 100° et sous 1 atmosphère, elle est de 637^{cal} :

A 225° et sous 25 atmosphères, elle n'est que de 675^{cal}.

La quantité de chaleur que la vapeur d'eau absorbe pour s'élever de 1° centigrade est donc très-faible.

Chaleur de la vapeur surchauffée. — M. Regnault a également recherché comment la vapeur surchauffée, c'est-à-dire la vapeur saturée isolée de l'eau, se comportait lorsqu'on élevait sa température, et il a indiqué, comme valeur de la quantité de calories qui existent dans 1 kilogramme de vapeur surchauffée, la formule suivante,

T étant la température de saturation,

T' la température finale :

$$L = 606^{cal},5 + 0,505\,T + 0,475\,(T' - T).$$

Les deux premiers termes sont ceux de la formule qui exprime la quantité de chaleur contenue dans la vapeur non encore surchauffée.

Condensation. — La détermination de la quantité d'eau à injecter pour condenser 1 kilogramme de vapeur est un problème dont la solution se présente constamment dans l'établissement des machines ; la loi dite des *mélanges* et la formule de M. Regnault donnent une solution facile. Soient :

Q le poids de vapeur à condenser,

T sa température,

Q' le poids de l'eau de condensation,

T' sa température,

T'' la température que doit prendre le mélange,

on aura, égalant la quantité de chaleur du mélange à la somme des quantités de chaleur de la vapeur et de l'eau :

$$(Q + Q')\,T'' = Q\,(606,5 + 0,505\,T) + Q'T';$$

et, si Q' est l'inconnue :

$$Q' = \frac{Q\,(606,5 + 0,505\,T - T'')}{T'' - T'}.$$

Si on suppose T = 150°, T'' = 30°, T' = 10°,

$$Q' = \frac{Q\,(606,5 + 45,75 - 30)}{20} = 31,1125\,Q.$$

Il faut donc, pour condenser un poids de vapeur à 150° et par suite à 4^{atm},70, un volume d'eau à 10° pesant 31 fois plus.

Cette quantité est considérable, et dans beaucoup de cas il est impossible de se la procurer. Nous verrons que pour les machines à vapeur employées dans les travaux publics qui n'ont par conséquent qu'une installation provisoire, il faut le plus souvent renoncer à condenser la vapeur, ou au moins recourir à d'autres moyens que l'emploi de l'eau dans les locomotives. Dans les locomobiles, on ne songe pas à condenser la vapeur à sa sortie des cylindres, et on en perd la majeure partie dans l'atmosphère. Dans les grandes machines fixes et dans les machines de bateau, au contraire, la condensation par l'eau est employée d'une manière générale; nous verrons que l'usage des eaux de condensation présente certains dangers qu'il importe de combattre.

Conservation de la chaleur recueillie par l'eau de condensation. — La formule précédente montre la quantité de chaleur absorbée par l'eau de condensation; on a naturellement cherché à utiliser cette chaleur, en reprenant, pour l'alimentation de la chaudière, l'eau dans laquelle s'est effectuée cette condensation. La chaleur opère ainsi une espèce de circuit continu de la chaudière au condenseur et du condenseur à la chaudière, mais en subissant une double perte due au passage de l'eau de l'état liquide à l'état gazeux dans la chaudière et au passage de la vapeur de l'état gazeux à l'état liquide dans le condenseur.

La conservation de la chaleur produite est un des problèmes les plus importants qui se présentent dans l'industrie, et nous la verrons plusieurs fois reparaître.

§ 4. — Mouvement des gaz et des vapeurs dans les organes des machines.

Écoulement des gaz et des vapeurs sous des pressions variables. — Soient :

V la vitesse de la vapeur qui s'écoule, indiquée en mètres et mesurée par secondes ;

p, la pression de la vapeur, mesurée en kilogrammes par mètre carré dans le vase contenant la vapeur au moment où commence l'écoulement ;

p', la pression en kilogrammes par mètre carré du milieu dans lequel s'écoule la vapeur ;

d, sa densité.

La vitesse d'écoulement est donnée par la formule :

$$ V = \sqrt{2g\,\frac{p-p'}{d}} = \sqrt{19,82\,\frac{p-p'}{d}}. $$

L'application de cette formule donne des vitesses considérables. En supposant une chaudière contenant de la vapeur à 7 atmosphères et un robinet débouchant dans l'atmosphère, la vitesse d'écoulement serait de 561 mètres par seconde. De tels chiffres indiquent l'influence des fuites dans les chaudières ; la moindre fuite dans un appareil se traduit par des augmentations de dépense très-sensibles dans le combustible.

Les deux tableaux ci-après donnent les vitesses d'écoulement de la vapeur sous diverses pressions : le premier tableau suppose l'écoulement de la vapeur dans l'atmosphère sous des pressions variant, par quart d'atmosphère, de cinq à une atmosphère ; il correspond aux fuites proprement dites : le second tableau donne les vitesses d'écoulement pour la vapeur passant d'un milieu à un autre ; il correspond aux mouvements de la vapeur dans les organes d'une machine.

Poids et vitesses de la vapeur s'échappant dans l'atmosphère à diverses pressions.

PRESSION ABSOLUE DE LA VAPEUR QUI S'ÉCOULE	POIDS DU MÈTRE CUBE	VITESSE D'ÉCOULEMENT PAR SECONDE	PRESSION ABSOLUE DE LA VAPEUR QUI S'ÉCOULE	POIDS DU MÈTRE CUBE	VITESSE D'ÉCOULEMENT PAR SECONDE	PRESSION ABSOLUE DE LA VAPEUR QUI S'ÉCOULE	POIDS DU MÈTRE CUBE	VITESSE D'ÉCOULEMENT PAR SECONDE
ATMOSPH.			ATMOSPH.			ATMOSPH.		
5.00	2k.568	562m	1.60	0k.900	568m	1.09	0k.650	170m
4.75	2.457	554	1.50	0.854	545	1.08	0.626	161
4.50	2.354	549	1.45	0.850	531	1.07	0.622	151
4.25	2.217	546	1.40	0.809	518	1.06	0.619	140
4.00	2.096	537	1.35	0.778	502	1.05	0.610	129
3.75	1.972	530	1.30	0.750	285	1.04	0.607	116
3.50	1.835	520	1.25	0.722	265	1.03	0.601	101
3.25	1.754	512	1.22	0.705	252	1.02	0.598	85
3.00	1.611	502	1.20	0.695	242	1.01	0.595	58
2.75	1.487	488	1.18	0.681	232	1.00	0.590	41
2.50	1.365	472	1.16	0.670	220	1.00	0.588	0
2.25	1.258	451	1.14	0.658	215	»	»	»
2.00	1.111	427	1.12	0.647	194	»	»	»
1.75	0.984	394	1.10	0.656	178	»	»	»

Écoulement de la vapeur d'un milieu à un milieu ayant une pression plus faible.

VAPEUR À 5 ATMOSPHÈRES ABSOLUES DANS LA PREMIÈRE CAPACITÉ			VAPEUR À 4 ATMOSPHÈRES ABSOLUES DANS LA PREMIÈRE CAPACITÉ			VAPEUR À 3 ATMOSPHÈRES ABSOLUES DANS LA PREMIÈRE CAPACITÉ		
PRESSION DANS LA DEUXIÈME CAPACITÉ	PRESSION EFFECTIVE EN KILOGRAMM. PAR MÈT. CARRÉ	VITESSE D'ÉCOULEMENT EN MÈTRES PAR 1"	PRESSION DANS LA DEUXIÈME CAPACITÉ	PRESSION EFFECTIVE EN KILOGRAMM. PAR MÈT. CARRÉ	VITESSE D'ÉCOULEMENT EN MÈTRES PAR 1"	PRESSION DANS LA DEUXIÈME CAPACITÉ	PRESSION EFFECTIVE EN KILOGRAMM. PAR MÈT. CARRÉ	VITESSE D'ÉCOULEMENT EN MÈTRES PAR 1"
4.95	517	65	3.95	517	69	2.95	517	79
4.90	1034	89	3.90	1034	97	2.90	1034	112
4.85	1550	108	3.85	1550	120	2.85	1550	137
4.80	2067	125	3.80	2067	139	2.80	2067	158
4.75	2584	140	3.75	2584	155	2.75	2584	178
4.65	3618	166	3.65	3618	184	2.65	3618	210
4.55	4651	188	3.55	4651	209	2.55	4651	238
4.50	5168	198	3.50	5168	220	2.50	5168	251
4.25	7752	242	3.25	7752	269	2.25	7752	307
4.00	10336	281	3.00	10336	311	2.00	10336	353
3.75	12920	314	2.75	12920	347	1.75	12920	396
3.50	15504	344	2.50	15504	380	1.50	15504	425
3.25	18088	371	2.25	18088	411	1.25	18088	469
3.00	20672	396	2.00	20672	459	»	»	»
2.75	23256	421	1.75	23256	466	»	»	»
2.50	25840	444	1.50	25840	491	»	»	»
2.25	28424	465	1.25	28424	515	»	»	»

Résistance des parois des organes des machines à l'écoulement des gaz et des vapeurs. — La formule à l'aide de laquelle ont été calculés les deux tableaux ci-dessus ne s'applique point exactement à l'écoulement des liquides, de la vapeur et des gaz dans un appareil aussi compliqué que la machine à vapeur actuelle. Elle ne tient pas compte des résistances dues :

1° Au frottement dans les tuyaux ;

2° Aux inflexions, étranglements et élargissements qui existent soit dans les tuyaux eux-mêmes, soit dans les raccordements des tuyaux avec les diverses capacités que doit remplir successivement la vapeur.

Il est extrêmement difficile de mesurer ces diverses résistances. Pour ce qui concerne le frottement dans les tuyaux, on peut dire que la résistance est proportionnelle à la longueur de ces tuyaux, tandis qu'elle est en raison inverse du diamètre de ces tuyaux, qu'elle croît enfin proportionnellement au carré de la vitesse. Mais pour les résistances dues aux inflexions, étranglements, on ne saurait formuler la moindre règle, et on ne peut que faire des hypothèses sur la valeur des coefficients de réduction qu'il convient d'apporter aux chiffres des tableaux qui précèdent. Plusieurs ingénieurs pensent que, pour l'ensemble des résistances que les organes de la machine offrent à la marche de la vapeur, on doit compter sur un coefficient de 0,50 à 0,60.

Les résistances dues au frottement ont été diminuées à l'aide de diverses dispositions qui se recommandent par leur extrême simplicité. On a à la fois diminué le plus possible la longueur des tuyaux et augmenté leur diamètre, de manière que, notamment entre la chaudière et le cylindre, rien ne gêne le mouvement de la vapeur. Pour diminuer les résistances dues aux étranglements, on a évasé les orifices et adouci les coudes.

D'autres ingénieurs ont pensé que ces résistances pouvaient être utilisées pour modérer l'écoulement de la vapeur, et divers régulateurs ont été disposés d'après cet ordre d'idées. Nous ne

pensons pas qu'il y ait lieu de conserver ces dispositions : il
paraît préférable de conserver à la vapeur la plus haute pression
permise par l'appareil, et de ne la dépenser que par volumes
successifs en coupant brusquement l'introduction.

Pertes de pression. — Les phénomènes dont nous venons de
parler, et un autre plus grave dont il sera question dans le
chapitre consacré aux machines fixes, — l'entraînement mécanique de l'eau par la vapeur, — se résument dans une seule
conséquence : *perte de pression* et emploi de la vapeur sous une
pression très-inférieure à celle qui peut être donnée par le
générateur. La théorie ne renseigne que très-imparfaitement
sur la valeur de cette perte de pression, et on ne peut la rechercher qu'à l'aide de l'expérience.

Indicateur de Watt. — L'appareil employé pour ces déterminations, et connu sous le nom d'*indicateur de Watt*, se compose
d'un cylindre de bronze alésé, renfermant un piston dont la
tige est entourée d'un ressort à boudin qui s'appuie d'un bout
sur le piston, de l'autre sur une oreille fixe appartenant au bâti
de l'appareil. Si l'on visse ce cylindre sur une capacité contenant
de la vapeur, la pression qui règne dans cette capacité repous-
sera le piston en comprimant le ressort, et, si le ressort est
construit de façon à rendre ses flexions proportionnelles aux
efforts qu'il supporte, les déplacements de la tige feront connaître les variations des pressions intérieures.

Les indications de cet appareil sont enregistrées soit à l'aide
d'une planchette animée d'un mouvement alternatif et sur
laquelle un crayon trace une courbe dont les ordonnées sont
proportionnelles à la pression de la vapeur dans le cylindre
pendant une course de piston, soit à l'aide d'un cylindre sur
lequel s'enroule une feuille de papier. On obtient ainsi une
courbe complète pour chaque coup de piston.

Pour avoir des diagrammes représentant la pression de
chaque côté du piston et mesurer les contre-pressions, il faut,
ou employer deux indicateurs de Watt, ou mettre alterna-

tivement chaque côté du piston en communication avec l'indicateur.

Si la marche de la machine est régulière et que le crayon trace des courbes sur le même papier, toutes les courbes doivent se superposer; si les courbes sont dissemblables, la distribution de la vapeur est irrégulière.

Pour éviter ce que peut avoir de confus cette superposition des courbes, le général Morin a remplacé le mouvement alternatif par un mouvement continu, et le crayon trace sur un papier sans fin les variations de la pression dans le cylindre.

Par des expériences de ce genre, on a trouvé que la perte de pression éprouvée par la vapeur, en passant de la chaudière dans les cylindres, atteignait souvent 50 p. 100 et quelquefois même 50 à 60 p. 100. Ces derniers chiffres n'ont été constatés que sur des machines locomotives lancées à des vitesses très-fortes, et sur lesquelles il était peut-être difficile de distinguer ce qui se passait pendant la période d'admission à pleine pression et pendant la période de détente.

CHAPITRE IV

TRANSMISSION PAR DES SUBSTANCES AUTRES QUE LA VAPEUR D'EAU
DU TRAVAIL DEMANDÉ A LA CHALEUR

§ 1ᵉʳ. — Considérations générales.

Choix du corps intermédiaire pour la transformation de la chaleur en force. — Lorsque l'on parle d'une machine à vapeur, tout le monde comprend qu'il s'agit d'une machine à vapeur d'eau, c'est-à-dire d'une machine dans laquelle la vapeur d'eau est le corps intermédiaire choisi pour agent de la transformation de la chaleur en force.

Nous avons, dans les paragraphes précédents, insisté sur la division qui doit être suivie dans l'étude des machines, et nous avons signalé le rôle considérable joué par le corps intermédiaire chargé dans les machines thermiques de recevoir et de transformer la chaleur en travail recueilli.

Le choix de ce corps intermédiaire est-il indifférent? peut-on espérer obtenir avec une substance des résultats meilleurs que ceux obtenus avec une autre substance? en d'autres termes une source de chaleur étant donnée, pourra-t-on recueillir plus de travail avec un corps intermédiaire qu'avec un autre corps intermédiaire de nature différente?

On conçoit l'importance de la question que nous venons d'énoncer et qui a été déjà bien des fois posée. Si le choix du corps intermédiaire est indifférent, à quoi bon chercher une substance autre que la vapeur d'eau, dont toutes les propriétés sont parfaitement connues, au moins dans les limites de température et de pression habituellement employées? à quoi bon chercher des machines à air chaud, à vapeurs combinées, à ammoniaque?

Si, au contraire, le choix du corps intermédiaire n'est pas indifférent, il faut, sans abandonner la vapeur d'eau, examiner avec ardeur toutes les substances capables de recevoir, d'emmagasiner de la chaleur et de la transformer en force.

Nous pensons que la question que nous avons posée comporte deux réponses : l'une théorique, l'autre pratique, réponses en apparence contradictoires.

Théoriquement, nous dirons : *Oui, le choix du corps intermédiaire est indifférent*. Si les mots chaleur et force sont synonymes, on ne retirera, nous l'avons déjà dit, d'un corps que ce que l'on y a mis ; en produisant un nombre déterminé de calories, on n'obtiendra qu'un nombre déterminé de kilogrammètres. Si nous reprenons l'exemple de la chute d'eau, le travail du moteur hydraulique dépendra uniquement du volume d'eau et de la différence de hauteur entre les deux niveaux d'amont et d'aval ; le travail du moteur calorifique dépendra de la quantité de calories disponibles et de la hauteur de chute entre les deux températures initiale et finale. Un corps intermédiaire ne peut donc l'emporter sur un autre que s'il permet d'augmenter l'écart entre ces deux températures.

Pratiquement, nous dirons : *Non, le choix d'un corps intermédiaire n'est pas indifférent*. La machine la plus simple est composée d'éléments qui interviennent par leur masse, leur capacité calorifique, et qui donnent naissance à des phénomènes, secondaires si on veut, mais suffisants pour exercer sur le rendement définitif de la machine l'influence la plus grande.

Le corps intermédiaire lui-même peut passer par des états moléculaires très-différents, et ses transformations successives peuvent absorber une partie de la chaleur produite par le foyer.

La vapeur d'eau, l'eau liquide, la glace sont chimiquement une même substance; cependant il n'est pas indifférent de prendre comme corps intermédiaire l'eau à l'un quelconque de ces trois états.

Une machine thermique, à laquelle on fournirait gratuitement de la vapeur d'eau, dépenserait moins de combustible pour dilater cette vapeur qu'une machine thermique à laquelle on ne fournirait que de l'eau liquide, et celle-ci à son tour demanderait moins de charbon qu'une machine dans la chaudière de laquelle on ne pourrait introduire que des quartiers de glace.

La quantité de chaleur nécessaire pour que le corps intermédiaire passe de l'état solide à l'état liquide, de l'état liquide à l'état gazeux, doit être comptée comme produisant un travail intérieur qui n'est pas un travail recueilli sur l'arbre, mais qui n'en est pas moins un travail véritable correspondant à un changement dans le volume du corps intermédiaire.

Comme cette quantité de chaleur n'est pas la même pour toutes les substances, — ce que l'on exprime habituellement en disant que la chaleur latente n'est pas la même pour tous les liquides, — l'emploi de telle ou telle substance peut exercer une influence sur la dépense du combustible. Hâtons-nous toutefois de dire, — et c'est ici que se concilient ces réponses si contradictoires, — que dans toutes les machines thermiques connues jusqu'à ce jour la quantité de chaleur qui se convertit en travail est très-faible. L'écart entre le travail recueilli définitivement et le travail qui correspond à la quantité de chaleur produite est si considérable, qu'il semble assez indifférent qu'une partie de cette chaleur, non utilisée, soit employée à produire des changements d'état moléculaire dans le corps intermédiaire ou des changements dans le volume des gaz employés, ou perdue par le rayonnement des surfaces métalliques, ou entraînée dans la cheminée avec les gaz du foyer.

En fait, nous allons voir tous les corps successivement proposés demeurer inférieurs à la vapeur d'eau pour des motifs étrangers aux phénomènes sur lesquels repose la théorie mécanique de la chaleur.

Nous envisagerons successivement les machines :

    A air chaud,

    A vapeurs combinées,

    A ammoniaque.

Reproches faits à l'emploi de la vapeur d'eau. Chiffres indiqués par M. Regnault. — Dès que les premières notions relatives à la théorie mécanique de la chaleur ont été un peu répandues, on a examiné si dans les machines à vapeur la chaleur fournie par le foyer était convertie en travail; on a trouvé que la conversion ne portait que sur des fractions extrêmement petites, et on a poussé un véritable cri d'alarme. Il semblait, dit Verdet, *qu'on n'eût plus qu'à mettre au nombre des appareils les plus grossiers le plus puissant moteur de notre industrie.*

M. Regnault, le premier, a donné des chiffres qui permettaient de conclure à l'extrême imperfection de la machine à vapeur.

Dans une machine à détente et sans condensation, où la vapeur entre sous une pression de 5 atmosphères et sort sous la pression de l'atmosphère ambiante, la quantité de chaleur possédée par la vapeur est,

    Au moment où elle entre dans le cylindre, de. . 653 calories.

    Au moment où elle en sort. . . . . 637 —

La quantité de chaleur absorbée et transformée en travail mécanique serait donc seulement de 16 calories, c'est-à-dire 1/40 de la chaleur produite, sans tenir compte de celle perdue par la cheminée.

En supposant la même machine pourvue d'un condenseur, la quantité de chaleur que possède la vapeur, au moment où elle entre dans le condenseur, serait réduite à 619 calories;

la chaleur utilisée serait de 54 calories, soit 1/20 de la chaleur produite.

Expériences de M. Hirn. — Il y aurait une première correction à apporter à ces chiffres. Il faudrait tenir compte de l'élévation de température de l'eau de condensation, élévation dont on profite en refoulant cette eau dans la chaudière ; il y a là 10, 15, 20 calories à ajouter aux 16 ou aux 54 signalées par M. Regnault. Mais on doit faire une correction beaucoup plus importante et dont la valeur a été signalée par M. Hirn : nous voulons parler du phénomène de la détente.

M. Regnault a supposé que la vapeur, à sa sortie du cylindre, était de la vapeur saturée ; or, il n'en est rien. La vapeur, en se détendant, ne reste pas saturée. M. Hirn a enfermé de la vapeur dans un cylindre de 2 mètres de longueur, fermé à ses deux extrémités par des plaques en verre. Tant que la vapeur a été saturée et sèche, le cylindre a été transparent ; en mettant en communication la vapeur avec l'atmosphère, il y a eu détente, et au même instant le cylindre a semblé rempli d'un nuage de la plus complète opacité. Ce nuage était évidemment formé de vapeur saturée et d'eau liquide. Or, toute la partie redevenue eau a absorbé une partie notable de la chaleur disponible ; on doit compter comme ayant été convertie en travail cette partie de chaleur dépensée pendant la détente.

Dans des expériences très-précises, M. Hirn a trouvé que le coefficient de rendement, au lieu d'être 1/40 ou 1/20, devait être de 1/10, 1/8 et même 1/6.

La pratique générale de l'industrie a confirmé ces vues théoriques. L'emploi des détentes de plus en plus longues a conduit à des économies de combustible considérables, et on peut conclure, avec Verdet, que la condensation pendant la détente est le mécanisme physique auquel la machine à vapeur d'eau doit la plus grande partie de sa force motrice.

§ 2. — Machines à air chaud.

Avantages attribués à l'emploi de l'air chaud. — Les remarquables expériences de M. Hirn n'ont pas découragé les partisans de l'air chaud, et on a formulé au sujet de l'emploi de ce gaz les plus brillantes espérances.

Avec l'air chaud, a-t-on dit, point de chaleur perdue pour la transformation d'un corps liquide en un gaz permanent, point de limite à l'élévation de la température, point de chances d'explosion, point de difficultés semblables à celles que présente la recherche de l'eau de bonne qualité.

Jamais cependant les faits n'ont répondu à ces espérances, et les machines à air successivement proposées disparaissent devant les machines à vapeur d'eau.

Parmi les avantages que nous venons d'énumérer, il y en a un pourtant dont la théorie mécanique de la chaleur accuse la valeur incontestable : nous voulons parler de la possibilité d'élever la température et d'augmenter l'écart entre les températures initiale et finale. On ne peut porter la température de l'eau à plus de 180°, parce que l'on arrive à des pressions de 10 ou 11 atmosphères que la nature des enveloppes employées ne permet pas de dépasser.

Avec l'air, on peut atteindre 275° et on n'a que deux atmosphères de pression dans le cylindre; on a donc un approvisionnement de chaleur considérable, sans être forcé d'arriver à des pressions qui exigent des enveloppes extraordinairement résistantes.

Tout cela est vrai, mais on n'a pas tenu compte d'un fait matériel qui est venu mettre obstacle à l'emploi de l'air à ces températures élevées. Tandis que la vapeur d'eau n'exerce aucune action sur le métal, tandis que, par son mélange avec la vapeur condensée dans les cylindres, elle semble lubrifier

la surface de ces derniers, l'air chaud brûle les garnitures,
oxyde et détruit toutes les surfaces métalliques dès qu'on veut
l'employer à une température élevée.

Nous rencontrons donc déjà un de ces phénomènes secondaires
en apparence, mais dont l'influence est décisive. Il y a plus ; et,
dans une machine à air chaud, les choses ne se passent pas
aussi simplement que le supposent les partisans de ces appareils.
S'il n'y a pas de perte de chaleur pour faire passer la vapeur à
l'état d'eau, il y a perte de chaleur pour ramener l'air dilaté à
son volume primitif. C'est ce que Verdet, dans ses deux admirables leçons professées en 1862 devant la Société chimique de
Paris, a démontré dans des termes que nous ne pouvons que
reproduire :

« Sans doute, dit cet illustre physicien, dans une machine à
air on peut convertir la totalité d'une quantité déterminée de
chaleur en travail, s'il ne s'agit que de soulever une fois pour
toutes un piston chargé de poids et de l'abandonner ensuite
dans la position où on l'a amené. Mais c'est d'une tout autre
fonction de la machine que l'industrie a besoin. Il lui faut une
action continue, un mouvement périodique se reproduisant
sans cesse dans la machine aussi longtemps qu'est appliquée
l'action de la chaleur. Il faut, par exemple, que, dans une
machine à air, le piston, après s'être soulevé à une hauteur
déterminée, retourne à sa position primitive et que la succession de ces deux mouvements alternatifs soit indéfiniment
répétée. Mais l'air situé au-dessous du piston oppose au mouvement descendant une résistance qui ne peut être surmontée
que par la dépense d'une certaine quantité de travail ; il
s'échauffe en même temps qu'il se comprime, et la chaleur
qu'il dégage doit lui être soustraite pour rétablir entièrement
l'état primitif. Donc, si dans la première période du jeu de la
machine la totalité de la chaleur qui lui est communiquée peut
se transformer en travail, dans la seconde période une partie
du travail ainsi développé est consommée en reproduisant de

la chaleur dans la machine elle-même; le reste seulement est disponible à l'extérieur. »

Poursuivant son analyse pour apprécier ce que peut être cette différence entre la chaleur qui existe au commencement d'une période, et la chaleur qui demeure à la fin de cette période, et reprenant les procédés d'analyse indiqués pour la première fois par Clapeyron, Verdet arrive à trouver pour coefficient de rendement de la machine à air de Robert Stirling, qui peut servir de type pour toutes les machines de ce genre, un chiffre de $2,7^{es}$, c'est-à-dire un chiffre qui n'a pas sur ceux de M. Hirn pour la machine à vapeur un avantage tel qu'il en faille conclure que l'une des machines possède sur l'autre un avantage marqué.

Nous venons de considérer comme un avantage des machines à air de n'avoir, pour des températures de 275°, qu'une atmosphère effective de pression ; mais, au point de vue pratique, sera-t-il indifférent, pour les machines fixes et surtout pour les machines locomotives, d'avoir par centimètre carré de surface de piston des efforts de 1 kilogr. ou de 10 kilogr. ? Avec le premier chiffre, il faudra décupler la surface des pistons, c'est-à-dire mettre en œuvre des masses métalliques de dimensions énormes, dont les frottements, dont les réactions absorberont certainement des quantités de travail et de chaleur supérieures à celles dont l'emploi de l'air chaud faisait espérer la réalisation.

Procédés pour conserver la chaleur employée à échauffer une masse de gaz. — Dans toute les machines à air, il faut, pour chaque course du piston, dilater une masse déterminée de gaz, et employer pour cela une certaine quantité de chaleur. On s'est beaucoup préoccupé des moyens de conserver cette chaleur, de façon à la faire servir une seconde fois, une troisième fois, indéfiniment même à la dilatation, soit de la même masse d'air, soit d'une masse équivalente. On a un instant considéré ce problème comme résolu. En faisant passer un courant d'air chaud à travers une succession de toiles métalliques ou à travers une caisse remplie de grenaille de plomb, l'air abandonnait presque complétement sa chaleur à ces substances ; et, si on faisait ensuite passer en sens inverse un courant d'air froid à travers ces toiles métalliques ou cette grenaille, cet air s'échauffait et atteignait presque la température du premier courant d'air chaud.

Tous les ingénieurs qui se sont occupés des machines à air chaud ont attaché une grande importance à cet abandon et à cette reprise de la chaleur. Ericson, notamment, a construit aux États-Unis une grande machine dans laquelle la chaleur était successivement déposée et reprise dans un massif composé de plusieurs épaisseurs de toiles métalliques, désigné sous le nom de *régénérateur*. Mais aujourd'hui, on semble ne pas attacher à cet emmagasinement de la chaleur la même importance qu'autrefois ; le passage des gaz à travers les toiles métalliques donne lieu à des contre-pressions importantes, et, dans ces dernières machines, Ericson rejette dans l'atmosphère l'air qui a servi à une oscillation du piston, comme on le fait dans les machines à vapeur sans condenseur. Nous décrirons très-sommairement la dernière machine proposée par Ericson.

Dernière machine d'Ericson. — La machine se compose d'un large cylindre horizontal. Une partie, la moitié environ, forme avec un autre cylindre concentrique intérieur et un fond annulaire une capacité que fermera d'autre part un piston : c'est dans cet espace fermé que s'échauffera l'air, le foyer étant dans le cylindre intérieur ; une soupape, ouverte par la machine même, peut mettre cet espace fermé en communication avec l'air extérieur. L'autre partie du cylindre est alésée et ouverte à son extrémité ; deux pistons s'y meuvent : l'un, le plus rapproché de la partie ouverte, que nous appelerons *piston moteur*, met en mouvement un arbre horizontal par l'intermédiaire de deux glissières et de manivelles ; il est traversé à frottement doux par une tige, mue par l'arbre de la machine, une manivelle et une bielle, et qui entraîne dans son mouvement un second piston, *piston alimentaire*, se mouvant entre le foyer et le piston moteur. Ces deux pistons sont percés d'ouvertures fermées par des soupapes s'ouvrant de dehors en dedans; mais les soupapes du piston alimentaire ne sont que très-faiblement appliquées contre les ouvertures, tandis que celles du piston moteur sont maintenues avec une certaine force au moyen de contre-poids et de leviers. Les deux pistons marchent avec des vitesses très-différentes et très-variées. Nous allons supposer la machine en mouvement et nous allons indiquer, en même temps, la marche des pistons et leur effet.

Partons de l'instant où le piston moteur se trouve au point le plus rapproché de l'extrémité ouverte, le piston alimentaire en est alors éloigné de $0^m,065$: la marche ayant lieu, les deux pistons se rapprocheront du foyer, mais le piston alimentaire beaucoup plus rapidement, en sorte que la distance des deux pistons augmente jusqu'à atteindre $0^m,345$; l'air étant raréfié entre les deux pistons, l'air extérieur soulèvera les soupapes du piston moteur et s'introduira entre les deux pistons. Les pistons continuent à se rapprocher du foyer, mais alors le piston moteur a la plus grande vitesse; la capacité entre les pistons diminue, la pression de l'air augmente; l'air soulève avec facilité les soupapes du piston alimentaire, et se répand dans la partie qui entoure le foyer, où il s'échauffe rapidement par suite des nombreuses surfaces chaudes qu'il y trouve. Cet air se dilate et est capable d'exercer une pression sur les pistons; il n'agit pas sur le piston alimentaire, dont la soupape reste ouverte, à cause de la pression qui existe sur ses deux faces. Le piston alimentaire, puis le piston moteur, arrivent à l'extrémité de leur course près du foyer; l'air échauffé repousse le piston moteur, *qui alors seulement agit comme moteur*; le piston alimentaire, entraîné par la machine, se meut dans le mên e sens, et après la période motrice de la course, les pistons ont repris les positions respectives que nous avons supposées au commencement. Le moindre mouvement en arrière du piston alimentaire ferme sa soupape ; à ce moment aussi, le mouvement de la machine ouvre la soupape placée au-dessus du foyer, qui laisse échapper l'air ayant travaillé et qui se referme bientôt ; la marche continue de la même façon. Pour éviter que la chaleur du foyer n'échauffe par transmission l'air comprimé entre les deux pistons pendant l'aspiration, le piston alimentaire est formé de plaques de tôle entre lesquelles on a tassé du charbon pilé.

On voit que la machine n'est motrice que pendant la moitié de son mouvement tant que le piston moteur s'éloigne du foyer ; les mouvements des pistons, pendant l'autre moitié, sont entretenus par le volant, et ce sont les dispositions particulières des bielles et des manivelles qui procurent les mouvements variés que nous avons signalés. Il résulte aussi de ces dispositions que, pour mettre la machine en train, il faut mettre directement à la main le volant en mouvement.

On a expérimenté une machine de ce système au Conservatoire des arts et métiers. Le rendement était faible, $0^m,50$ environ ; elle consommait 5 à 6 kilogr. de houille par force de cheval et par heure.

Machine dite gazomoteur de M. Belou. — Une autre machine, dite gazomoteur, a été proposée par M. Belou. Elle a été expérimentée par M. Tresca. Nous ne saurions mieux faire que de reproduire la note publiée à cette occasion par cet habile ingénieur ; elle nous paraît résumer, d'une manière très-nette, la situation actuelle des machines à air.

Le brevet de M. Belou date du 30 mars 1860, et, au moment des expériences, le système se composait essentiellement :

1° D'un cylindre moteur d'un diamètre de $0^m,50$, dans lequel se mouvait un piston ayant une course de $0^m,85$: ce piston était mis en mouvement par l'action de l'air insufflé par un appareil spécial, et en partie chauffé par son passage au travers d'une grille chargée de combustible en ignition.

Le cylindre était entouré d'un matelas d'air emprisonné dans une enveloppe de tôle, non garnie de douves en bois. L'admission dans le cylindre s'opérait au moyen de clapets soulevés par des cames, en s'aidant de l'avance à l'échappement pour leur levée ; ces clapets étaient formés de surfaces planes reposant sur des siéges en couteau. L'échappement se faisait dans des conditions identiques, avec cette différence cependant que les plans de contact étaient verticaux ;

2° D'un cylindre soufflant à double effet, dont le diamètre était le même que celui du cylindre moteur, mais dont la course était limitée à 0^m,475.

L'arbre, portant les deux manivelles calées l'une par rapport à l'autre sous un angle de 80°, était muni d'un volant, et c'est par son intermédiaire qu'une partie de la puissance motrice développée dans le cylindre moteur était transmise au piston de la machine soufflante, chargée d'aspirer et de comprimer l'air nécessaire à l'alimentation du cylindre moteur ;

3° D'un foyer clos, muni d'une trémie rotative servant à l'introduction du combustible.

L'air, préalablement comprimé dans la machine soufflante, ne passait que partiellement dans ce foyer. Un modérateur à force centrifuge, dans le genre des modérateurs Farcot, était destiné à fractionner l'air insufflé, de manière qu'après la réunion de celui-ci avec les produits de la combustion, la température fût encore maintenue dans des limites convenables ;

4° D'un réservoir à air comprimé pouvant être mis en communication, soit avec le cylindre moteur, soit avec le cylindre soufflant, et formant magasin d'air comprimé pour la mise en marche de l'appareil après chaque arrêt.

Un des inconvénients les plus notables de cette machine réside dans la haute température des gaz. Le plomb des joints fondant à 320°, les différents organes de la machine se trouvent soumis, pendant son fonctionnement, à une température excessive. L'emploi de cordes métalliques dans les joints n'obvie que partiellement à cet inconvénient grave, auquel il nous paraît difficile d'échapper dans les machines analogues. Le bleuissage de la tige du piston indique assez quelle peut être l'influence de cet échauffement.

D'après les calculs qui ont été faits sur cette machine, le travail total peut être ainsi réparti :

Travail d'alimentation. 0.333
Effet utile. 0.225
Résistances passives (par différence). 0.442
                                                         ———
                                                        1.000

Ces chiffres résument à peu près les conditions de fonctionnement des machines à air chaud alimentées par des machines soufflantes. On pourrait encore, bien qu'avec moins de certitude, formuler quelques indications sur l'utilisation du combustible, en admettant que tout l'air s'échappe à une température voisine de 250°, ce qui est certainement au-dessous de la vérité. A raison de 48 tours par minute, la perte par l'échappement seul s'élèverait à la moitié de toute la chaleur produite par la combustion.

Machine Laubereau. — La machine à air chaud présentée par M. Laubereau est, comme la machine Ericson, une machine à simple effet. Une masse d'air chaud est introduite sous un piston et soulève ce piston; dès que l'air se refroidit, le piston redescend, et un volant entretient la régularité du mouvement. Pour obtenir l'échauffement et le refroidissement alternatifs d'une même masse d'air, M. Laubereau fait passer cette masse d'air dans les deux parties d'un cylindre vertical dont la partie inférieure est directement échauffée par un foyer, et la partie supérieure constamment refroidie par un courant d'eau froide. Ces deux parties sont séparées par un piston dont les oscillations sont en rapport avec les oscillations du piston du cylindre moteur.

Machines à air dilaté par la combustion du gaz d'éclairage.
— Le principe de ces machines est fort simple : c'est l'application de la dilatation de l'air par la chaleur qui se dégage dans la combustion d'un mélange d'air et de gaz d'éclairage. On fait arriver successivement, de chaque côté d'un piston se mouvant dans un corps de pompe fermé, des mélanges, en proportion convenable, d'air et de gaz d'éclairage, et l'on enflamme ces mélanges par l'étincelle d'induction provenant d'une bobine de Ruhmkorff; le piston prend, sous l'action de ces explosions successives, un mouvement alternatif que l'on transmet, et que l'on transforme en mouvement de rotation continu par une tige, une bielle et une manivelle, comme dans toutes les machines à vapeur; un volant régularise le mouvement ainsi obtenu.

Travaux de Lebon. — La machine à gaz, telle que nous venons de la décrire, a été conçue par Lebon, ingénieur des ponts et chaussées, mort à l'âge de trente-six ans d'une mort mystérieuse.

Après avoir pris un brevet, en 1799, pour un moyen nouveau d'employer les combustibles à la production de la chaleur et de la lumière, Lebon indiquait la possibilité de construire des machines analogues aux machines à vapeur et qui seraient mues par la force expansive des gaz permanents. Ainsi que le fait observer la Compagnie parisienne de chauffage et d'éclairage par le gaz, la description donnée par Lebon d'une machine marchant par le gaz peut s'appliquer à toutes les machines qui ont été créées après lui.

Le gaz est produit dans un réservoir spécial; un cylindre dans lequel se meut un piston reçoit successivement, à l'avant et à l'arrière, un mélange d'air et de gaz ; ce mélange enflammé produit une force d'expansion qui fait mouvoir le piston.

Lebon indique les pompes à air et à gaz mues par la machine elle-même ; il suppose enfin l'inflammation du gaz produite par l'étincelle électrique, qui peut, dit-il, s'effectuer dans des vaisseaux fermés.

Cette description n'est-elle pas celle des machines à gaz que nous voyons aujourd'hui travailler dans toutes les rues de Paris? Lebon n'y ajoutait qu'une chose : il conseillait de produire le mélange et la détonation dans un vase autre que le corps de pompe, de manière à éviter l'échauffement qui se produit dans cette pièce importante de la machine. On verra probablement se produire comme un perfectionnement breveté la réalisation d'une combinaison annoncée par l'ingénieur qui, en découvrant l'éclairage au gaz, annonçait le moyen de transformer la lumière en chaleur et en force.

Moteur Lenoir. — Le moteur Lenoir est la machine à gaz la plus connue : elle ressemble extérieurement à une machine à vapeur ; le cylindre est relativement plus gros, et il y a deux tiroirs au lieu d'un. Dans le cylindre s'introduit, par un des tiroirs, le mélange explosif, composé de 90 parties d'air et 10 de gaz d'éclairage ; le second tiroir est destiné à l'échappement des produits de la combustion. L'inflammation du mélange explosif est produite par l'étincelle provenant d'une bobine d'induction de Ruhmkorff agissant sous l'influence de deux éléments Bunsen. L'étincelle jaillit entre le piston et un fil de platine aboutissant sur le fond du cylindre qu'il traverse dans une tige de porcelaine qui l'isole ; le courant doit passer successivement dans chacun des fils aboutissant aux extrémités du cylindre : c'est à quoi l'on arrive facilement par un commutateur mis en marche par la machine même.

La machine Lenoir peut s'installer partout où existe le gaz, sans enquête préalable ; elle n'est soumise à aucun règlement ; elle n'occupe que peu de place ; elle est légère et n'exige point de cheminée spéciale. Malheureusement, elle coûte cher : elle consomme 2,500 à 3,000 litres de gaz par force de cheval et par heure, et elle exige en outre une grande dépense d'eau pour refroidir le cylindre et le piston moteur.

Moteur Hugon. — Dans le moteur Hugon, on ajoute au mélange de gaz et d'air atmosphérique une petite quantité d'eau qui est vaporisée instantanément. Cette addition a pour but de prévenir l'élévation de température que nous venons de signaler ; en outre, l'inflammation du mélange explosible, au lieu de se faire à l'aide d'une étincelle électrique, se fait à l'aide d'un bec de gaz placé au point où se fait dans le cylindre l'introduction de ce mélange.

Machine Otto et Langen. — La dernière Exposition universelle de Paris renfermait une machine à gaz à simple effet, qui ne dépensait que 1,200 litres de gaz par force de cheval et par heure, et qui ne s'échauffait pour ainsi dire pas.

Le cylindre est vertical. On introduit sous le piston un mélange d'air et de gaz qui s'enflamme en passant près d'un bec allumé ; l'air situé sous le piston se dilate : le piston est soulevé et pour ainsi dire projeté avec violence jusqu'à l'extrémité de sa course ; en redescendant, il communique le mouvement à un arbre moteur. Dans la période ascendante, le mouvement est entretenu par un volant.

Le modèle exposé ne marchait qu'avec un bruit extrême ; mais cet inconvénient peut disparaître, et la machine Otto et Langen nous paraît appelée à rendre des services à la petite industrie.

§ 5. — Machines diverses.

Machines à vapeur combinées. — Les machines à vapeurs combinées, désignées quelquefois sous le nom de *machines à vapeur mixtes*, de *machines binaires*, ont pour point de départ l'idée d'utiliser la chaleur provenant de la condensation de la vapeur d'eau pour vaporiser un corps qui abandonne l'état liquide à une température inférieure à $100°$. On a ainsi, sans dépense nouvelle de combustible, une seconde force élastique dont l'action vient s'ajouter à celle de la vapeur d'eau.

Les divers liquides dont l'emploi a été proposé sont :

L'éther sulfurique, qui bout à 37°;

Le chloroforme, qui bout à 61°;

Le sulfure de carbone, qui bout à 45°.

Les deux premiers liquides seuls ont été employés.

Les appareils à vapeur combinées se composent essentiellement d'une chaudière tubulaire produisant la vapeur d'eau, d'un corps de pompe dans lequel cette vapeur d'eau agit sur un piston et qui communique avec un condenseur dont le liquide réfrigérant est l'éther ou le chloroforme. Ce condenseur, dont la température est maintenue un peu supérieure au point d'ébullition du liquide volatil, fournit de l'eau tiède et de la vapeur d'éther ou de chloroforme. Cette vapeur est dirigée dans un second corps de pompe et elle fait mouvoir un piston dont le travail s'ajoute à celui du piston à vapeur; amenée dans un condenseur hermétiquement fermé, elle se liquéfie et est reprise par des pompes alimentaires qui la ramènent dans le premier condenseur. Théoriquement, la chaleur perdue dans cette machine n'est plus que celle absorbée par l'éther ou le chloroforme au moment de la condensation, quantité de chaleur moindre que celle qui est nécessaire à la vapeur d'eau. La partie du condenseur à eau qui contient l'éther, le cylindre à vapeur d'éther et le condenseur à éther forment un système entièrement clos. Théoriquement aussi, la même quantité d'éther peut servir indéfiniment.

Machines du Trembley. — M. du Trembley fit expérimenter, dès 1840, des machines à vapeurs d'eau et d'éther combinées : les plus connues sont :

Une machine fixe construite à Lyon pour la cristallerie de la Guillotière ;

Une machine de bateau, de 70 chevaux, installée sur le navire *le Du Trembley*, faisant le service entre Marseille et Alger;

Une machine de bateau, sur *le Galilée*, construite à Lorient par l'État.

Pour ces trois machines, les résultats furent les mêmes : malgré les plus grandes précautions, l'éther fuyait par les joints ; il semblait même, au dire des personnes qui avaient suivi la marche de la machine, qu'il suintait par les pores de la fonte ; la perte s'élevait, en moyenne, à un demi-litre par heure ; aussi, malgré la ventilation la plus énergique, on ne pouvait débarrasser complétement l'atmosphère de la vapeur d'éther ; il en résultait de fréquentes explosions. On dut donc abandonner toutes les machines de ce système, quel que pût être d'ailleurs l'avantage qu'elles présentaient au point de vue de l'économie dans la dépense du combustible.

Machine du Galilée. Emploi du chloroforme. — M. Lafond, lieutenant de vaisseau, proposa de substituer le chloroforme à l'éther, les vapeurs de chloroforme n'étant pas inflammables. Les essais furent faits sur la machine du *Galilée*, où, sauf de légères modifications, on se borna à remplacer un liquide par l'autre. Mais, d'une part, on reconnut que le chloroforme détériorait les garnitures, et, d'autre part, que les vapeurs qui se répandaient toujours dans l'atmosphère avaient de propriétés asphyxiantes : on dut renoncer à l'emploi du chloroforme.

L'emploi des vapeurs combinées a donc échoué d'une manière complète : mais, si nous sommes entrés dans les détails qui précèdent, c'est que nous ne croyons pas cet échec irrévocable. L'emploi des liquides se vaporisant à des températures différentes est un moyen trop ingénieux d'employer une quantité de chaleur déterminée, pour que cette idée ne soit pas reprise un jour ; et l'insuccès de l'éther, dû seulement à sa grande fluidité, n'est pas une cause suffisante pour abandonner cette invention que l'on ne peut, en aucune façon, classer parmi les rêveries que chaque jour voit éclore.

Machine à ammoniaque. — M. Frot, ingénieur de la marine, a proposé une machine motrice qui emploie l'ammoniaque comme corps intermédiaire, mais dans des conditions toutes particulières. Tandis que les machines à air fonctionnent à l'aide d'un gaz permanent dont le volume change avec la température, tandis que les machines à vapeur d'eau, d'éther, de chloroforme, sont fondées sur la transformation en vapeur d'un liquide enfermé dans un vase clos, la machine à ammoniaque est fondée sur l'emploi de gaz introduits dans la chaudière à l'état de dissolution et dégagés de leur dissolution par l'intermédiaire de la chaleur.

Il y a là une dissociation de deux corps différents, et cette séparation s'effectue avec moins de dépense de chaleur que lorsqu'il faut vaincre la cohésion et faire passer un corps de l'état liquide à l'état gazeux.

Toutes les machines destinées à l'emploi de la vapeur d'eau peuvent, d'après M. Frot, marcher avec une dissolution ammoniacale ; la transformation n'est ni difficile ni chère : il faut principalement remplacer toutes les pièces de bronze par des pièces de fer forgé.

M. Frot a publié dans les *Mémoires de la Société des ingénieurs civils* un travail très-étendu sur les machines à ammoniaque ; nous empruntons à ce travail les renseignements suivants :

La chaudière est remplie d'une dissolution ammoniacale à 19° du pèse-liqueurs : on chauffe. Après un temps inférieur de moitié au temps nécessaire pour mettre en pression une chaudière pleine d'eau, on obtient une pression de 6 atmosphères à une température de 110° environ.

Les gaz, composés de 1 6 de vapeur d'eau et de 5/6 de gaz ammoniac, sont introduits dans le cylindre, où ils fonctionnent comme le fait la vapeur d'eau.

Après avoir transformé une partie de leur chaleur en travail, ces gaz sont dirigés dans les tubes d'un condenseur par surface, tubes autour desquels circule un courant d'eau froide ; au sortir de ces tubes, les gaz déjà refroidis arrivent dans un réservoir désigné sous le nom de *dissoluteur tubulaire*, où ils sont dissous de nouveau ; une pompe alimentaire refoule dans la chaudière le liquide saturé de gaz, et le cercle est terminé.

M. Frot estime que de grands avantages seront réalisés par ces combinaisons, et il espère obtenir à la fois :

Économie de combustible ;

Mise en pression rapide ;

Conservation des chaudières ;

Absence de dépôts salins.

Il faut attendre les enseignements de l'expérience. Pour notre part, nous redoutons l'emploi, sur une grande échelle, d'une substance qui agit avec tant d'énergie sur les organes respiratoires de l'homme : qu'une fuite se manifeste, il sera impossible de demeurer auprès d'une machine à ammoniaque.

Nous ajouterons, et M. Tresca a fait de suite à la Société des ingénieurs civils cette objection, que rien ne démontre que le liquide, qui pour se vaporiser exige le moins de chaleur, soit celui qui dans une période complète laisse disponible et transformée en travail la plus grande quantité de chaleur.

Acide carbonique. — Poudre à canon. — En songeant à la force considérable que donne soit la dilatation de l'acide carbonique liquéfié et ramené à l'état gazeux, soit la dilatation des gaz produits lors de l'inflammation de la poudre à canon et des autres substances explosibles, on s'est demandé si ces divers corps ne pourraient pas être employés industriellement comme moteurs et agents de la transformation de la chaleur en force.

Jusqu'ici il n'a rien été proposé de sérieux, et la soudaineté, la violence des phénomènes explosifs, ont été des obstacles insurmontables. Il ne faut pas cependant désespérer du succès. L'homme, qui a su discipliner les explosions du gaz et les produire à volonté de chaque côté d'un piston, parviendra peut-être à tirer parti de la force expansive que recèle chaque grain de poudre.

Moteurs électriques. — Verdet a démontré la relation qui existe entre les moteurs thermiques et les moteurs électriques ou magnéto-électriques. Scientifiquement, l'analogie, nous dirons même l'identité, est complète. Pratiquement, il n'a pas encore été possible d'utiliser la chaleur produite dans les réactions chimiques et d'en transformer une partie appréciable en force.

On a proposé plusieurs appareils extraordinairement ingénieux, mais qui ne pouvaient avoir aucun emploi industriel. Le cheval-électricité, dit M. Dumas, coûte 20 ou 30 fois plus cher que le cheval-vapeur, et, dans de pareilles conditions, un moteur est impossible. On ne peut, jusqu'à ce jour, que demander à l'électricité d'accomplir une tâche secondaire, mais néanmoins fort utile. Nous avons cité l'inflammation de masses gazeuses enfermées dans des vases clos; nous ajouterons encore l'inflammation de la poudre à distance, l'embrayage ou le débrayage d'organes dans les sonneries électriques et dans d'autres appareils mécaniques.

On a exprimé la pensée d'emprunter l'électricité aux courants qui existent dans le globe terrestre; on créerait des accumulateurs ou des réservoirs d'électricité comme on a des accumulateurs d'eau comprimée. Nous ne pouvons dire si cet emmagasinement d'une force naturelle pourra se réaliser d'une manière pratique.

Résumé général. — En résumé, aucune des substances que nous venons de passer rapidement en revue, air chaud, vapeurs combinées, ammoniaque, matières explosibles, n'a répondu aux espérances conçues. Aucune machine, fondée sur l'emploi de ces corps intermédiaires, n'a pu entrer en lutte de quelque durée avec la machine à vapeur d'eau.

Plusieurs de ces substances ont dû être et seront probablement longtemps encore écartées, à cause des dangers que présente leur emploi. D'autres attaquent les parois des vases ou des conduites qui servent à les recevoir. Pour d'autres enfin, l'insuccès est dû à l'ignorance dans laquelle sont beaucoup de personnes au sujet des relations qui existent entre la chaleur et la force. Avec d'assez faibles quantités de chaleur on obtenait des dilatations considérables, rapides, et on s'étonnait de ne recueillir, en définitive, qu'un travail assez faible. On peut le comprendre aujourd'hui : chaleur et force sont deux choses identiques ; si on n'emploie pas de chaleur, on ne recueillera pas de force ; si on n'emploie que peu de chaleur, on ne recueillera que peu de force. S'il en était autrement, de rien on ferait quelque chose, et la recherche du mouvement perpétuel ne serait plus une chimère.

La recherche d'un corps intermédiaire autre que l'eau n'a donc pas jusqu'ici conduit à des résultats pratiques appréciables, et nous ne pensons pas que de nouvelles recherches soient couronnées d'un plus grand succès. Comme abondance, on peut dire que l'eau se trouve à peu près partout ; son prix est insignifiant ; comme substance chimique, elle est d'une innocuité parfaite ; si elle a une chaleur latente de vaporisation plus grande que celle de beaucoup d'autres substances, ce désavantage est racheté par tant de qualités qu'il nous paraît difficile de trouver un corps qui la remplace.

Dans toutes les machines thermiques, il faut envisager une période complète de transformation du corps sous l'action de la chaleur, parcourir un cycle, comme l'ont dit Carnot et Clapeyron, compter la quantité de chaleur au départ et à l'arrivée, en tenant, bien entendu, compte de tous les phénomènes produits ; la quantité de chaleur qu'on ne retrouve pas est celle qui a été convertie en travail. Or, dans ce cercle, dans cette évolution complète, les quantités de chaleur qu'absorbent les corps intermédiaires, soit pour changer d'état moléculaire comme les liquides qui passent à l'état gazeux et réciproquement, soit pour reprendre un volume initial comme les gaz permanents une première fois dilatés, sont très-comparables, et il n'y a pas d'avantage radical à tirer de la substitution d'un corps à un autre. Lorsque l'on dispose d'une quantité de chaleur déterminée, produite par la combustion d'un poids connu de charbon, la source pratique de la chaleur, il faut combattre toutes les causes de déperdition qui se présentent en quelque sorte à la fois :

Le rayonnement des surfaces métalliques ;

L'entraînement dans la cheminée de gaz à une haute température ;

L'échauffement des enveloppes ;

Les condensations entre la chaudière et le cylindre ; les fuites de vapeur ;

L'échappement de la vapeur lorsqu'elle est encore capable de se dilater.

On est arrivé, nous ne dirons pas à annuler, mais à atténuer toutes ces causes de perte de chaleur dans des proportions considérables, et la dépense du combustible, dans une période de moins de 50 années, a été diminuée de 50 et même de 75 p. 100. Les constructeurs ont donc marché dans une voie excellente et la plupart des procédés qu'ils ont su mettre en usage répondaient, instinctivement peut-être, mais ils n'en répondaient pas moins aux indications de la théorie.

Nous ne voulons pas formuler une conclusion radicale et dire que jamais l'acide carbonique, l'ammoniaque, les gaz liquéfiés, les matières explosibles, ne donneront naissance à un moteur avantageux. Dans des conditions exceptionnelles de production, de facilités d'installation, d'utilisation ou de mode d'emploi, des machines fondées sur l'emploi des substances que nous venons d'indiquer pourront avoir sur la machine à vapeur d'eau une supériorité bien définie. Nous en citerons immédiatement un exemple : les machines à gaz pour la petite industrie, n'ayant besoin que d'un travail intermittent, peuvent être plus économiques que des machines à vapeur d'eau ; mais on commettrait une grave erreur en voulant appliquer le même système pour des forces considérables agissant d'une manière continue.

Vapeur d'eau surchauffée. — Une conclusion toutefois nous semble ressortir de toutes les considérations que nous avons présentées, c'est l'avenir de la vapeur surchauffée, c'est-à-dire de la vapeur isolée du liquide qui lui a donné naissance et transformée en gaz permanent.

Nous avons dit que l'air pouvait être porté à une température très-élevée, ce qui donnait, pour l'intervalle entre les températures initiale et finale, un écart beaucoup plus grand que celui qui pouvait être obtenu avec les autres substances. Nous avons immédiatement ajouté que cet avantage était annulé par l'action exercée par l'air chaud sur les surfaces métalliques avec lesquelles il était en contact. Rien de semblable n'est à redouter avec la vapeur surchauffée : sous l'action de la chaleur, elle se dilatera comme l'air sans exercer aucune action sur les métaux ; en même temps, isolée de son liquide, elle n'atteindra pas les pressions énormes qui correspondent aux hautes températures pour la vapeur saturée. Nous verrons dans le chapitre suivant des expériences faites par M. Hirn, qui confirmeront toutes les espérances que nous concevons pour l'emploi de la vapeur surchauffée.

Réserves formulées par Sadi-Carnot sur la question du choix du corps intermédiaire. — L'importance de la question que nous avons posée au commencement de ce chapitre n'avait point échappé à Sadi-Carnot, et nous la trouvons, dans son ouvrage publié en 1824, posée dans les termes suivants :

« La puissance motrice de la chaleur est-elle immuable en quantité, ou varie-t-elle avec l'agent dont on fait usage pour la réaliser, avec la substance intermédiaire choisie comme sujet d'action de la chaleur ?

« En d'autres termes, la puissance motrice varie-t-elle avec la substance employée à la réaliser ? la vapeur d'eau offre-t-elle plus ou moins d'avantage que la vapeur d'alcool, de mercure, qu'un gaz permanent ou que toute autre substance ? »

Nous ne pouvons reproduire toutes les considérations présentées par Sadi-Carnot pour la discussion des problèmes qu'il venaît de poser. Toutes ces considérations ont été confirmées par les expériences récentes et elles ont été développées d'une manière très-nette par M. Combes dans un des derniers bulletins de la Société d'encouragement. On peut donc considérer comme acquise à la science la conclusion formulée par Sadi-Carnot :

« La puissance motrice de la chaleur est indépendante des agents mis en œuvre pour la réaliser ; la quantité est fixée uniquement par les températures des corps entre lesquels se fait, en dernier résultat, le transport du calorique. »

Il faut sous-entendre, ajoutait Carnot, que chacune des méthodes de développer la puissance motrice atteint la perfection dont elle est susceptible. Reprenant alors l'étude approfondie de la manière dont se comportent les gaz mis en présence de la chaleur, Carnot constatait qu'il ne suffisait pas que la différence entre les températures initiale et finale fût aussi grande que possible, mais qu'il fallait encore que la vapeur pût, par l'extension de son volume, arriver à une température assez basse, et il concluait en ces termes :

« Le caractère d'une bonne machine à vapeur doit donc être, non-seulement d'employer la vapeur sous une forte pression, mais de l'employer sous des pressions successives très-variables, très-différentes les unes des autres et progressivement décroissantes. »

Tous les grands perfectionnements apportés à la machine à vapeur, la détente prolongée dans un seul cylindre, l'emploi des cylindres conjugués, sont la réalisation de la loi que nous venons d'indiquer.

En dernière analyse, si l'expérience n'a pas confirmé les vues exprimées par Sadi-Carnot sur l'indestructibilité de la chaleur, etc., si au contraire on sait aujourd'hui qu'il ne peut y avoir de travail produit sans anéantissement d'une quantité de chaleur déterminée, on doit reconnaître que les grands principes des machines thermiques ont été posés par Sadi-Carnot à une époque où les machines à vapeur étaient presque inconnues en France, et on doit regretter la mort prématurée d'un homme qui eût été, à coup sûr, un grand physicien.

DEUXIÈME PARTIE

DESCRIPTION DES MACHINES A VAPEUR D'EAU

CHAPITRE V

MACHINES FIXES A VAPEUR D'EAU

Observations générales.

Historique des machines à vapeur. — Les faits relatifs à l'histoire des machines à vapeur sont présentés dans les divers traités de physique et nous ne pensons pas qu'il y ait lieu de les rappeler ici ; ces études rétrospectives ne nous paraissent point d'ailleurs comporter un grand intérêt industriel, ni même scientifique. On ne saurait évidemment attribuer à une seule personne l'invention des machines à vapeur, et, si nous avions à faire l'histoire de cette grande découverte, nous ne pourrions l'essayer qu'en divisant en trois groupes les hommes dont le nom se rattache d'une manière quelconque à l'emploi de cette force nouvelle.

Dans le premier groupe, on comprendrait les hommes qui ont signalé quelques faits relatifs à la vapeur d'eau et à sa force expansive, mais sans indiquer les moyens d'en tirer

parti, ou sans laisser de traces sur les moyens qu'ils avaient
pu imaginer. Dans ce groupe on inscrirait les noms de :

Héron d'Alexandrie (20 ans avant Jésus-Christ) ;
Blasco de Garay, capitaine catalan (1543) ;
Salomon de Caus (1615) ;
Brama (1629) ;
Marquis de Worcester (1665).

Le second groupe réunirait les hommes qui ont tenté de
faire passer dans le domaine des faits des idées jusqu'alors
spéculatives. En tête de ce groupe figureraient :

Denis Papin ;
Sébastien Cugnot ;
Savery ;
Newcomen ;
Fulton.

Quelle que soit la part que l'on veuille attribuer à chacun
de ces hommes, nous pensons qu'ils auraient de la peine à
reconnaître leur œuvre dans les grandes machines qui donnent
la vie à nos ateliers, dans les machines des paquebots transatlantiques et dans nos puissantes locomotives.

Le troisième groupe enfin comprendrait les hommes qui ont
fait de la machine à vapeur le premier serviteur de l'homme.
En tête de la liste, et bien en avant de tous, on lirait les noms
de Watt et de Stephenson, et, s'il fallait absolument joindre le
nom d'un homme à celui de la machine à vapeur, nous n'hé-
siterions pas à prononcer le nom de Watt. La machine fixe et
la machine de bateau sont sorties tout entières des mains de
ce grand homme. Après avoir essayé bien des modifications,
on considère aujourd'hui comme un véritable progrès le retour aux machines simples, proposées par Watt, mais exécutées
avec les moyens mécaniques si puissants que nous possédons
et que Watt n'avait pas à sa disposition.

Opinion exprimée par Sadi-Carnot. — En 1824, Sadi-Carnot écrivait :

« La découverte des machines à feu a dû, comme la plupart des inventions humaines, sa naissance à des essais presque informes, essais qui ont été attribués à diverses personnes et dont on ne connaît pas bien le véritable auteur. C'est, au reste, moins dans ces premiers essais que consiste la véritable découverte, que dans les perfectionnements successifs qui ont amené les machines à feu à l'état où nous les voyons aujourd'hui. Il y a à peu près autant de distance entre les premiers appareils où l'on a développé la force expansive de la vapeur et les machines actuelles, qu'entre le premier radeau que les hommes aient formé et le vaisseau de haut-bord. »

Appliquées aux machines que l'on connaissait en 1824, ces paroles caractérisent une situation toujours vraie. Avec le développement de l'instruction professionnelle, la machine à vapeur est devenue une œuvre collective, et les améliorations dues à la patiente observation des ouvriers qui font mouvoir ces machines, aussi bien qu'à l'étude des ingénieurs et des constructeurs, iront sans cesse croissant, sans qu'on puisse, sauf de rares exceptions, associer un nom propre à chacun de ces perfectionnements.

Ordre à suivre dans l'étude des machines à vapeur. — L'étude de la machine à vapeur ne saurait consister aujourd'hui dans la description successive des modèles proposés par les constructeurs : adopter une telle marche, ce serait s'engager dans un labyrinthe sans issue, et il est indispensable de choisir un ordre, en quelque sorte philosophique.

Nous proposons l'ordre suivant, basé sur la marche de la vapeur dans les appareils qui utilisent sa force expansive :

1° Génération de la vapeur ;

2° Distribution, marche et échappement de la vapeur : condenseurs, réchauffeurs ;

3° Transmission du mouvement.

§ 1er. — Génération de la vapeur.

Indications théoriques sur la forme à donner aux chaudières. Équilibre stable et équilibre instable. — Le problème à résoudre pour toute machine à vapeur d'eau est celui-ci :

Produire en un temps donné, et avec la moindre dépense possible en charbon, la quantité de vapeur nécessaire au travail demandé à la machine.

Les conditions de la solution à chercher sont très-différentes, selon qu'il s'agit de machines fixes, de machines de bateaux, de machines locomotives.

Dans les machines fixes, on a de grandes surfaces disponibles, la possibilité d'établir des fondations, et d'employer comme matériaux la pierre de taille, la brique, le pisé, etc. On peut enfin obtenir, au moyen de grandes cheminées, un tirage naturel.

Dans les machines de bateaux et les machines locomotives, au contraire, on ne dispose que d'un espace restreint ; les fondations sont impossibles, et on doit avoir recours à des moyens artificiels pour activer le tirage.

Malgré ces différences considérables, il reste un certain nombre de questions communes à toutes les chaudières ; nous les traiterons dans ce chapitre. Les détails concernant les chaudières de bateaux et les chaudières de machines locomotives seront donnés dans les chapitres consacrés à ces machines.

Les questions relatives à la qualité de l'eau, ainsi que celles qui concernent la nature des métaux employés pour enveloppes, seront également traitées séparément.

Il ne nous paraît pas utile de chercher à donner une définition de la chaudière ; l'idée que comporte ce mot est comprise par tout le monde. Il en est de même des diverses parties de la chaudière et de son foyer, et chacun sait aujourd'hui ce qu'il faut entendre par *chambre de vapeur, foyer, surface de chauffe directe ou indirecte, carneau, grille, cheminée.*

Le but qu'on doit se proposer, dans le choix de la forme à donner à une chaudière, c'est d'obtenir, à égalité de poids de métal, la plus grande résistance possible.

Le nombre des formes données aux chaudières est considérable, et la description des divers modèles ne présenterait qu'un intérêt très-secondaire.

Nous ne parlerons pas non plus des chaudières à basse pression ; chaudières dans lesquelles la vapeur travaille à des pressions peu supérieures à celles de l'atmosphère, et dans lesquelles, par conséquent, les déformations de l'enveloppe sont peu à redouter.

Pour les chaudières à haute pression, l'appréciation des causes qui tendent à déformer une chaudière a conduit à l'emploi presque général des chaudières cylindriques.

Ces causes sont au nombre de trois :

Le poids du métal formant la chaudière ;

Le poids de l'eau qu'elle contient ;

La force élastique de la vapeur.

Les deux premières causes sont très-faibles comparativement à la troisième, et la résistance à la pression causée par l'expansion de la vapeur reste la seule à obtenir. Mais dans cet équilibre entre la résistance de l'enveloppe et la pression de la vapeur, il importe de faire une première distinction entre l'équilibre stable et l'équilibre instable. Si la forme donnée à l'enveloppe est telle que la moindre déformation causée par la pression de la vapeur entraîne la destruction de cette enveloppe, on se trouve évidemment placé dans les plus mauvaises conditions. Il faut, au contraire, chercher des combinaisons dans lesquelles les déformations accidentelles que peut subir l'enveloppe soient combattues par la pression même de la vapeur. Les pressions qui s'exercent de l'extérieur vers l'intérieur d'un vase fermé répondent au premier cas, celui de l'équilibre instable ; tandis que les pressions inverses, c'est-à-dire celles qui s'exercent de l'intérieur vers l'extérieur, répondent au second cas, celui de l'équilibre stable.

Le maximum de résistance serait donc donné par une sphère contenant de la vapeur, toutes les tendances à la déformation étant combattues par la pression même de la vapeur. Malheureusement, et malgré de nombreuses tentatives, le problème d'exécuter industriellement de grandes chaudières métalliques de forme sphérique doit être considéré comme non encore résolu.

A défaut de forme sphérique, la forme cylindrique répond, pour toutes ses parties curvilignes, à la condition que nous venons de décrire pour l'équilibre instable, et elle est adoptée aujourd'hui d'une manière à peu près générale. Les bases du cylindre seules doivent être consolidées, mais dans beaucoup de cas on est arrivé à les remplacer par des calottes hémisphériques.

Division des chaudières par rapport à la position du foyer. — Les chaudières se divisent naturellement en deux catégories : les chaudières à foyer extérieur, et les chaudières à foyer intérieur.

L'emploi du foyer intérieur se rattache à l'étude des perfectionnements apportés aux machines : on a évidemment commencé par mettre *sur le feu* le vase contenant l'eau à vaporiser.

Chaudières à foyer extérieur. — Toute chaudière à foyer extérieur se compose essentiellement d'un vase métallique posé sur un fourneau en maçonnerie de briques ; des grilles fixes reposant sur la maçonnerie supportent le combustible, et des carneaux permettent à la flamme de longer les parois latérales de la chaudière ; enfin, une grande cheminée active le tirage et porte les gaz de la combustion à une hauteur suffisante pour que leur diffusion dans l'air n'ait point d'influences nuisibles.

Des soins tout particuliers doivent être apportés à la construction des fourneaux, et l'on ne doit pas songer à réaliser, sur la qualité des matériaux, des économies presque toujours insignifiantes et susceptibles d'entrainer des chômages fréquents par la nécessité des réparations. Les parties exposées à l'action de la flamme sont établies en briques réfractaires.

Chaudière de Watt. — La chaudière de Watt, désignée quelquefois à cause de sa forme sous le nom de *chaudière à chariot* ou *à tombeau*, se compose d'une partie cylindrique supérieure, de deux faces latérales concaves et d'une partie inférieure également concave.

Cette chaudière, suffisante pour produire de la vapeur à basse pression, se prête beaucoup moins bien à la production de vapeur sous les pressions élevées, les faces planes des extrémités, ainsi que les faces latérales concaves tendant à se déformer très-rapidement.

De nombreuses explosions constatées dans les mines munies de ces chaudières ont fait abandonner ce système presque complétement en France; il n'est conservé en Angleterre que pour les machines de Cornouailles, qui emploient la vapeur à basse pression.

Chaudière cylindrique de Woolf avec ou sans bouilleurs. — Les chaudières de Woolf consistent en un seul cylindre, terminé par deux calottes hémisphériques : elles répondent par conséquent, aussi bien que possible, aux conditions que nous avons indiquées pour la meilleure forme à réaliser au point de vue de la résistance : mais malheureusement la surface de chauffe disponible est faible, et ces chaudières vaporisent moins bien que les chaudières à tombeau. On a pu remédier à cet inconvénient par l'emploi des bouilleurs.

Les bouilleurs sont des cylindres analogues au cylindre primitif de Woolf, mais d'un diamètre moindre et réunis au cylindre principal par des tubes de communication ; ces cylindres sont entièrement plongés dans la flamme, et leur surface totale est utilisée comme surface de chauffe.

On dispose ainsi, au-dessous du cylindre principal, un, deux ou trois bouilleurs. La possibilité de les remplacer dans un temps très-court et pour ainsi dire sans chômage de l'usine, facilite l'enlèvement des dépôts, et la chaudière, préservée des coups de feu, se conserve pendant un temps plus long.

L'expérience ne s'est pas prononcée en faveur de l'emploi de trois bouilleurs; cette disposition oblige à donner à la grille une grande largeur, et elle permet l'introduction d'une trop grande quantité d'air, ce qui refroidit le foyer. Les chaudières à deux bouilleurs doivent être préférées, et elles sont, en France, d'un usage presque universel.

Les dimensions les plus ordinaires sont les suivantes :

Diamètre de la chaudière principale. . . . $1^m,00$ à $1^m,20$;
Diamètre des bouilleurs. . . . . $0^m,40$ à $0^m,60$;
Longueur commune. . . . . $6^m,00$ à $8^m,00$.

Enfin les bouilleurs ont été parfois disposés latéralement à la chaudière : les axes des divers bouilleurs sont alors situés dans un même plan vertical, et des tubes verticaux les mettent en communication les uns avec les autres; la flamme et la fumée circulent le long de ces bouilleurs. L'eau arrive froide au bouilleur inférieur, s'échauffe en traversant la série des bouilleurs ainsi étagés et arrive dans la chaudière à une température déjà très-élevée. Dans les chaudières ordinaires, au contraire, l'eau d'alimentation refroidit toujours la chaudière principale.

Le nombre des bouilleurs latéraux a été réduit à trois et à deux. L'avantage principal de cette disposition est l'enlèvement facile des incrustations; mais la chaudière reste exposée à un coup de feu.

Au point de vue de la capacité de vaporisation et de l'économie de combustible, les bouilleurs latéraux ne paraissent pas présenter d'avantages sur les bouilleurs inférieurs.

Réchauffeurs. — Les bouilleurs latéraux, dont nous venons de parler et dans lesquels circule l'eau froide, sont quelquefois désignés sous le nom de *réchauffeurs*, et on les multiplie de façon que la fumée se dépouille le plus possible de sa chaleur avant d'être lancée dans l'atmosphère.

M. Hirn a construit, au Logelbach, des réchauffeurs qui se composent de 56 tuyaux droits, réunis par des coudes demi-circulaires; la longueur de chacun de ces tuyaux est de 2 mètres, leur diamètre intérieur $0^m,155$, leur diamètre extérieur $0^m,19$; l'eau effectue ainsi un parcours d'environ 100 mètres avant d'arriver à la chaudière. La surface de chauffe de cet appareil s'élève à 69 mètres. Toutefois la valeur de cette surface, au point de vue calorifique, n'est évidemment pas la même que celle des bouilleurs et du corps principal de la chaudière, et il y a lieu de faire à son égard une réduction dont l'expérience seule peut indiquer l'importance.

Des observations très-minutieuses ont montré que l'eau d'alimentation gagnait 40 à 50° dans son passage à travers le réchauffeur; elle entrait à 17 ou 20° et sortait à 65 ou 65°. La température de la fumée, par contre, s'abaissait de 90 à 100° de l'entrée à la sortie de l'appareil réchauffeur.

On désigne aussi sous le nom de *réchauffeur*, de *régénérateur*, de *multiplicateur*, des appareils ayant pour objet de vaporiser l'eau entraînée par la vapeur; ils consistent tous dans des tubes que l'on fait revenir soit dans le foyer, soit dans les gaz à leur sortie de ce dernier.

Chaudières à foyer intérieur. — Les massifs de maçonnerie employés dans la construction des chaudières à foyer extérieur absorbent évidemment une partie de la chaleur dégagée dans la combustion des gaz, et cette chaleur est perdue pour la vaporisation. On a cherché à faire disparaître cette perte, en plaçant le foyer dans une enveloppe métallique plongée au milieu même du liquide. Cette idée a donné lieu aux chaudières cylindriques à un ou deux bouilleurs intérieurs. Le bouilleur ainsi placé au milieu de la chaudière est soumis à l'action de la vapeur agissant de l'extérieur vers l'intérieur et se trouve dans les conditions d'équilibre instable que nous avons définies. Aussi a-t-on eu d'assez nombreux accidents causés par l'écrasement de ce tube intérieur, l'affaissement ou *collapse*, comme disent les ingénieurs anglais. On a diminué ces chances de destruction en diminuant le diamètre du bouilleur, et c'est pour ce motif que M. Fairbairn a conseillé l'emploi de deux bouilleurs d'un plus petit diamètre. Cet ingénieur éminent considère la chaudière ainsi disposée comme une des plus résistantes qui aient été construites.

La chaudière à foyer intérieur, portant ainsi sa grille et tous ses accessoires, est très-facile à transporter d'un point à un autre dans un chantier; elle roule sur elle-même sans subir aucune avarie, tandis que les autres chaudières ne peuvent être déplacées qu'à grand renfort de bras et de leviers. Pour l'installation, il suffit de la poser sur deux appuis et d'y ajouter une cheminée pour la mettre en service ; à cet égard, elle peut être extrêmement utile dans les travaux publics qui ne comportent que des installations provisoires.

Chaudières mixtes à foyer intérieur et à carneaux extérieurs. — Dans les chaudières que nous venons de décrire, les gaz de la combustion sont perdus dans l'atmosphère après un parcours très-faible, puisque ce parcours est égal à la longueur du bouilleur : ils ont donc encore une température très-élevée et on perd une partie de la chaleur produite. On a diminué cet inconvénient en dirigeant ces gaz dans des carneaux latéraux à la chaudière, de manière à échauffer les parois de cette dernière. Nous ne décrirons pas toutes les combinaisons qui ont été proposées à cet égard et qui reposent toutes sur le même principe. Dans les chaudières destinées à faire mouvoir des manéges à mortier, des machines de puits, de souterrain, nous avons employé avec succès des carneaux formés d'une chemise de briques réfractaires noyée dans un massif de terre à pisé bien battue. Nous avons eu ainsi des massifs compactes très-économiques et dont la construction n'exigeait qu'une précaution, celle d'employer de la terre bien sèche.

Chaudières mixtes à foyer extérieur et à bouilleurs intérieurs. —M. Fairbairn, dans ses lectures à l'Association de Manchester, a recommandé l'emploi de chaudières mixtes connues sous le nom de *chaudières de Butterley* et qui se composent d'une partie antérieure assez semblable à une chaudière à tombeau, et d'une partie postérieure comprenant deux bouilleurs intérieurs. La grille est posée sous la partie antérieure et les gaz de la combustion traversent les bouilleurs. Ces chaudières ont les inconvénients des chaudières à tombeau : la partie située au-dessus du foyer est exposée à recevoir un coup de feu, et on a dû donner à la tôle employée à sa construction une épaisseur exceptionnelle. Nous pensons que le maintien du foyer à l'intérieur donne plus de sécurité.

Chaudières de Galloway. — Les chaudières de Galloway répondent à la dernière pensée que nous venons d'indiquer ; elles sont cylindriques, à double foyer intérieur ; mais au delà de la grille, les deux bouilleurs sont remplacés par un bouilleur unique, traversé de part en part par une vingtaine de tubes tronconiques, faisant communiquer les parties supérieure et inférieure de la chaudière. Ces tubes répondent à un triple but : ils servent d'entre-toises pour raidir le bouilleur intérieur et prévenir son affaissement ; ils forcent les gaz à tourbillonner et à se mélanger, de manière à activer la combustion ; enfin, ils augmentent la surface de chauffe dans une proportion très-notable, et cela dans la partie de la chaudière la plus exposée à la chaleur.

La fabrication de ces tubes tronconiques, avec des rebords destinés à être rivés sur des surfaces cylindriques, présente d'assez nombreuses sujétions ; mais MM. Galloway et fils sont arrivés à une fabrication courante, et, à l'Exposition universelle de 1867, ils ont déclaré avoir déjà vendu 55,000 tubes. Trois chaudières de ce système ont été employées pour la fourniture de la vapeur nécessaire à la section anglaise dans l'Exposition.

Chaudières verticales. — Les chaudières verticales, comme les chaudières horizontales, sont à foyer extérieur ou à foyer intérieur.

Les chaudières à foyer extérieur sont les plus simples de toutes : c'est le vase posé sur le feu et léché par la flamme de tous côtés ; mais pour éviter les déperditions de chaleur, on n'a pas tardé à reconnaître qu'il valait mieux placer la flamme à l'intérieur d'une enveloppe et la diriger soit dans un espace annulaire, soit dans une série de tubes traversant la masse liquide. La première disposition est généralement employée dans les chaudières chauffées à l'aide des gaz des hauts fourneaux ; la seconde, dans les machines locomobiles ou demi-fixes.

Il convient d'éviter l'emploi des cornières extérieures qui sont facilement détruites par la flamme.

Chaudières à retour de flamme et chaudières tubulaires. — Dans les chaudières mixtes dont nous avons parlé ci-dessus, nous avons vu les gaz de la combustion dirigés à la sortie des bouilleurs dans des carneaux extérieurs de manière à lécher la surface extérieure de la chaudière. On a proposé d'autres combinaisons : les gaz, au sortir des bouilleurs, sont dirigés dans des tuyaux qui traversent une seconde fois la chaudière ; de sorte que la cheminée est placée au-dessus du foyer, et les flammes effectuent ainsi un mouvement de retour dont le nom est resté à la chaudière. Les chaudières tubulaires qui seront décrites dans les chapitres relatifs aux appareils de navigation et aux locomotives ont été conçues dans le même ordre d'idées : augmenter la surface de chauffe et dépouiller les gaz de toute la chaleur qu'ils possèdent.

Les avantages réalisés par les chaudières tubulaires, au point de vue de la facilité et de la rapidité de la vaporisation, du faible volume qu'elles occupent, ont conduit plusieurs ingénieurs à proposer la chaudière tubulaire comme le type définitif de l'appareil de vaporisation. Il est incontestable que l'application des chaudières tubulaires aux machines fixes a fait, dans ces derniers temps, de grands progrès. MM. Farcot notamment ont construit d'excellentes chaudières tubulaires à foyer amovible, qui ont été adoptées par les ingénieurs du service de la ville de Paris dans plusieurs de leurs installations. Sans contester le mérite de ces chaudières, nous pensons que les dispositions tubulaires entraînent des sujétions d'entretien et de nettoyage très-importantes, et que, s'il faut subir ces sujétions là où l'on manque d'espace, comme dans un bateau ou sur une locomotive, il y a lieu de les éviter dans les machines fixes ; et nous présentons la chaudière ordinaire de Woolf avec deux bouilleurs inférieurs, comme réunissant toutes les conditions désirables de puissance, d'économie, de construction et de simplicité dans l'entretien. Si on a besoin d'une grande quantité de vapeur, on réunit parallèlement deux ou trois chaudières, et cette disposition permet de faire des réparations partielles sans interrompre le travail ; tandis qu'avec une chaudière unique le moindre incident entraîne l'arrêt de l'atelier tout entier.

Chaudières à foyer amovible. — La chaudière Farcot, dont nous venons de parler, est à foyer amovible, c'est-à-dire que le faisceau tubulaire peut être retiré et nettoyé sans que cette opération exige le démontage de la chaudière. Cette division facultative de la chaudière n'est pas spéciale à M. Farcot ; elle a été proposée et réalisée par divers autres constructeurs, notamment par MM. Thomas et Laurens et par M. Chevalier (de Lyon).

Dans tous les appareils de ce genre, il importe que la partie mobile de la chaudière puisse s'enlever facilement, et que cependant le mode d'attache ne nuise pas à la libre dilatation des parties exposées à la flamme. On remplit cette dernière condition en n'opérant qu'une seule liaison entre la partie fixe et la partie mobile de la chaudière, partie mobile qui comprend habituellement le foyer et un faisceau tubulaire. La liaison s'effectue à l'aide d'un joint boulonné ; une garniture métallique ou une garniture au minium suffisent pour réaliser une étanchéité parfaite.

Pour diminuer le poids de la partie mobile, on a imaginé de placer un foyer et un faisceau tubulaire à chaque extrémité du corps cylindrique. On a comme deux chaudières opposées bout à bout, les flammes circulent séparément dans les foyers intérieurs et se réunissent dans les carneaux qui longent le corps cylindrique.

Chaudières à circulation rapide. — Dans toutes les chaudières que nous venons de décrire, la vapeur reste en communication avec l'eau, et comme, ainsi que nous l'avons dit, le phénomène de l'ébullition est toujours tumultueux, les bulles de vapeur qui viennent crever à la surface du liquide entraînent avec elles une certaine quantité d'eau. Cette eau reste en suspension au milieu de la vapeur, dans un état physique peu connu, intermédiaire en quelque sorte entre l'état liquide et l'état gazeux, mais dont la présence nuit singulièrement au développement des forces expansives de la vapeur sèche considérée comme un gaz permanent.

Pour remédier à cet inconvénient, plusieurs constructeurs ont songé à ne vaporiser qu'une faible quantité d'eau, en n'en faisant arriver dans la chaudière un second volume que lorsque le premier a été vaporisé : l'eau passe ou circule ainsi dans la chaudière en s'y transformant en vapeur. De là le nom générique de *chaudière à circulation* donné à tous les appareils que nous allons faire connaître.

Chaudières à tubes. — Toutes les chaudières à circulation reposent sur l'emploi de tubes, dans lesquels on fait passer l'eau ; ces tubes sont soumis à l'action de la chaleur et l'eau se vaporise en circulant dans ces tubes. Nous ne saurions décrire toutes les combinaisons qui ont été proposées ; nous citerons en France les chaudières Isoard, Belleville, Clavières ; en Angleterre les chaudières Howard, Hayward, Tyler et Field.

La chaudière Isoard consiste en un serpentin métallique contourné suivant la surface d'un cône ; le foyer est placé dans l'intérieur du cône.

Les autres chaudières sont composées de tubes droits, horizontaux ou verticaux, dans l'intérieur desquels circule l'eau à vaporiser et autour desquels passent les gaz de la combustion.

Le système Belleville est celui qui, en France, a reçu les plus nombreuses applications.

Chaudières à boules sphériques de Harrison. — M. Harrison (de Philadelphie) construit depuis quelques années des chaudières qui se composent de boules sphériques en fonte de 0^m,20 de diamètre extérieur et de 0^m,009 d'épaisseur. Ces boules sont fondues par groupes de quatre, et mises en communication les unes avec les autres par des tubes de 0^m,084 de diamètre. Chacun de ces groupes constitue une unité ; la chaudière est formée d'un nombre de groupes proportionnel à l'importance du moteur. Des expériences faites en Amérique et en Angleterre ont montré que ces boules résistent à des pressions considérables, 50 à 60 atmosphères. Les dépôts que l'eau laisse dans toutes les chaudières n'auraient aucune adhérence dans les chaudières Harrison, et il suffirait de les vider sous la pression de la vapeur pour déterminer le fendillement et le départ de ces sédiments. L'emploi de la fonte pour les chaudières a cependant donné lieu, jusqu'ici, à trop de mécomptes pour qu'il ne convienne point d'attendre une plus longue expérience des appareils Harrison.

Chaudières mixtes à circulation et à réservoir d'eau. — Si l'eau venait à manquer dans les chaudières à circulation, les tubes soumis à l'action de la chaleur recevraient, en termes d'atelier, un coup de feu, et de semblables altérations amèneraient leur rapide destruction. On s'est efforcé de joindre à ces chaudières un réservoir d'eau destiné à prévenir les irrégularités de l'alimentation.

Chaudière Larmanjat. — La chaudière Larmanjat peut être représentée comme le type de toute la série de chaudières mixtes ; elle se compose d'un vase supérieur surmontant un serpentin en fer, dont la partie inférieure communique avec l'eau, et la partie supérieure avec la chambre de vapeur.

Le foyer est au-dessous du serpentin, dont les spires sont serrées de manière à former un mur circulaire vertical plein.

Les gaz de la combustion montent à l'intérieur de cette enveloppe cylindrique, puis ils viennent frapper le fond de la chaudière, et redescendent à l'extérieur des spires pour aboutir à la cheminée. Échauffée par les gaz et par la chaleur du foyer l'eau tend à s'élever en parcourant toutes les spires, et se rend ainsi dans le réservoir de vapeur qu'elle alimente, tandis que l'eau surabondante rejoint celle qui n'est pas encore vaporisée.

Chaudière Joly (d'Argenteuil). — La chaudière primitive de M. Joly (d'Argenteuil), ne diffère de celle de M. Belleville que par les détails et par la présence d'un grand réservoir d'eau et de vapeur. Des tubes transversaux sont placés au-dessus de la grille, au-delà de laquelle la flamme est complétement entourée d'un système de tubes horizontaux et verticaux, entre lesquels elle est obligée de faire plusieurs circuits; dans leur dernier parcours, les gaz brûlés réchauffent encore la vapeur produite, avant qu'elle se rende dans le réservoir destiné à la recueillir. Un tuyau général d'alimentation amène l'eau simultanément dans tous les bouilleurs transversaux qui, plongés dans la flamme, déterminent, par mètre carré de surface chauffée, une vaporisation considérable. Tous ces appareils sont fondés sur le même principe :

La flamme du foyer et la fumée enveloppent un nombre considérable de tubes, de façon à produire rapidement la vapeur, et à maintenir celle-ci aussi sèche que possible.

Chaudière Hédiard et Joly. — L'appareil de MM. Hédiard et Joly se compose :

De bouilleurs ou générateurs de vapeur ;

De sécheurs ou surchauffeurs de vapeur ;

D'un réservoir d'eau et de vapeur.

Les bouilleurs, inclinés de l'avant à l'arrière à $0^m,20$ par mètre, sont placés longitudinalement au-dessus du foyer, et non plus transversalement comme dans la chaudière précédente.

Les générateurs communiquent entre eux, à la partie inférieure, par un tuyau d'alimentation garni de trois tubulures et réuni au refoulement de la pompe alimentaire, de façon que l'injection se fasse simultanément dans les trois bouilleurs.

La vapeur formée dans chaque bouilleur s'en échappe par sa partie supérieure pour se rendre au réservoir par une série de tubes sécheurs placés au-dessus des bouilleurs, et est séparée de ceux-ci seulement par une voûte établissant le retour de flamme. En sortant du réservoir, la vapeur traverse encore une série de tubes sécheurs et elle arrive ainsi aux cylindres complétement sèche. Ces chaudières font marcher un certain nombre d'ateliers, notamment les ateliers de MM. Joly (d'Argenteuil), et l'atelier de précision de l'artillerie, au musée de Saint-Thomas-d'Aquin On a reproché, avec raison, à ces chaudières la situation isolée du réservoir de vapeur. Il est incontestablement bon de réchauffer la vapeur ; mais il est mauvais de la placer dans une situation où elle est exposée à se refroidir. M. Hédiard se propose de faire disparaître cet inconvénient en plaçant le réservoir de vapeur au milieu de la flamme à l'extrémité des carneaux.

Même sans ce perfectionnement, la chaudière de MM. Hédiard et Joly doit être considérée comme un appareil réalisant heureusement les notions théoriques que l'on possède sur la formation de la vapeur d'eau et sur les moyens de la séparer de l'eau. Cette chaudière possède en outre un avantage très-appréciable, celui d'entrer rapidement en pression. Des expériences faites à Argenteuil ont démontré que vingt minutes suffisaient pour que la chaudière fût en pleine vapeur.

Chaudière Field. — La chaudière Field présente sur toutes les chaudières connues un avantage extraordinaire : elle entre en pression avec une excessive rapidité ; huit à dix minutes suffisent pour obtenir une pression de 6 à 7 atmosphères.

La chaudière Field est une chaudière verticale à foyer intérieur. Le ciel de ce foyer est traversé par une série de tubes verticaux fortement assujettis à la paroi et dont l'extrémité inférieure est fermée. Ces tubes forment ainsi une série de petits bouilleurs verticaux plongeant dans la flamme du foyer, ce qui constitue déjà une grande surface de chauffe directe. Mais ils remplissent un autre but bien plus important : chacun d'eux contient un tube vertical qui s'arrête à quelques centimètres du fond et dont la partie supérieure est évasée en entonnoir ; dès que l'action du feu se fait sentir, l'eau renfermée dans l'espace annulaire qui existe dans chacun des tubes bouilleurs est vaporisée et s'élève dans la chaudière ; mais elle est immédiatement remplacée par de l'eau qui descend par le tube intérieur. Il se forme ainsi un courant d'une énergie telle qu'aucun dépôt n'a le temps de se former dans les bouilleurs, qui restent parfaitement propres.

De la grenaille de plomb mise à dessein dans des tubes d'une chaudière Field a été enlevée dans la partie supérieure.

La création de ces courants intérieurs dans une chaudière nous paraît constituer un progrès très-sérieux, et nous pensons que l'emploi des tubes concentriques se généralisera. Nous ajouterons que, n'étant fixés que par une extrémité, ces tubes se dilatent librement, et ils ne subissent pas les détériorations auxquelles sont exposés des tubes semblables, mais fixés à chacune de leurs extrémités.

Chaudière Boutigny. — M. Boutigny a construit une chaudière dans laquelle il a cherché à produire la vapeur dans des conditions analogues à celles qu'il a, le premier, constatées dans le phénomène de l'état sphéroïdal des liquides. La chaudière de M. Boutigny se compose essentiellement d'une enveloppe métallique verticale plongée dans la flamme d'un foyer. A l'intérieur de cette enveloppe métallique se trouve une série de vasques superposées et percées de trous ; l'eau amenée à la partie supérieure passe en pluie d'une vasque à l'autre, et les gouttes se vaporisent en roulant sur ces plaques échauffées. Nous verrons cette disposition utilisée à un point de vue tout autre que celui de la circulation, celui du dépôt des matières sédimentaires sur des parties de la chaudière faciles à nettoyer et à remplacer.

Avantages comparatifs des chaudières à circulation et des chaudières ordinaires. — MM. Morin et Tresca ont résumé d'une manière très-nette, et que nous ne pouvons que reproduire, les avantages comparatifs des chaudières à circulation et des chaudières ordinaires :

a. — Les chaudières à circulation sont moins encombrantes ;

Elles coûtent moins cher d'installation ;

Elles peuvent être mises en vapeur très-promptement ;

Elles sont peu sujettes aux explosions.

b. — D'un autre côté, les chaudières ordinaires à grand volume donnent avec plus de facilité et moins de soins une production de vapeur parfaitement régulière ;

Elles coûtent moins de frais d'entretien ;

Elles sont d'une manœuvre plus simple et plus commode ;

Elles peuvent être plus facilement débarrassées des incrustations.

Ajoutons que les chaudières à grand volume ont pour elles une expérience de cinquante années, et qu'à ce point de vue un industriel qui ne dispose que d'un capital restreint agira sagement en leur donnant la préférence.

Ajoutons encore qu'avec la diminution considérable qui se produit chaque jour dans le prix de revient de la tôle, l'écart qui existait entre les chaudières qui n'exigent que des formes simples et celles qui exigent des pièces difficiles à travailler, tend à augmenter de plus en plus.

Quand les chaudières coûtaient 100 ou 125 fr. les 100 kilog., une plus-value de 10 à 12 fr., causée par l'excès de main-d'œuvre, n'avait pas une grande importance. Il n'en est plus de même quand le prix des chaudières simples s'abaisse à 55 ou 60 fr., et que les chaudières compliquées coûtent toujours environ 100 fr. les 100 kilogrammes.

La grande industrie n'hésite point du reste dans le choix à faire entre les deux types de chaudières ; si l'on parcourt les districts manufacturiers, on trouve partout les grandes chaudières sans autre addition qu'un appareil destiné à chauffer l'eau d'alimentation.

Appareils de surchauffe dans les machines fixes. — Nous donnons la préférence, on vient de le voir, aux grandes chaudières cylindriques avec un ou deux bouilleurs, sur les chaudières de forme plus compliquée. Toutefois nous reconnaissons que, parmi ces dernières, plusieurs présentent l'avantage incontestable de donner de la vapeur sèche, tandis que dans les chaudières ordinaires il est à peu près impossible d'éviter l'entraînement d'une certaine quantité d'eau. Quelques constructeurs ont cherché à concilier tous les avantages en ajoutant aux chaudières ordinaires un appareil de surchauffe destiné à vaporiser l'eau entraînée par la vapeur produite dans le générateur principal.

On a contesté la valeur de ces dispositions. Plusieurs personnes les ont préconisées avec ardeur ; d'autres, au contraire, les considèrent comme constituant une complication inutile, et les ont abandonnées après quelques mois d'essai. Ces deux opinions si contradictoires peuvent cependant se concilier : la valeur d'un surchauffeur n'est pas absolue, elle dépend surtout de celle de la chaudière à laquelle cet appareil est ajouté. Si la chaudière principale est bien construite, si la chambre de vapeur est grande, l'appareil surchauffeur ne modifie que dans de faibles limites les conditions de la vaporisation. Si, au contraire, la chaudière principale est de dimensions restreintes, si la chambre de vapeur est petite, l'appareil surchauffeur agit comme une chaudière supplémentaire : il vaporise l'eau entraînée par la vapeur, et si le niveau de l'eau se maintient très-haut dans la chaudière, le surchauffeur est indispensable. On conçoit dès lors très-bien comment des appareils de vaporisation défectueux ont été transformés par l'addition d'un sur chauffeur, tandis que cette addition a été sans résultat dans d'autres conditions.

Les appareils surchauffeurs peuvent toutefois rendre un second service très-appréciable, celui de dilater la vapeur sèche, d'en augmenter le volume, et par conséquent d'en diminuer la consommation.

M. Hirn, qui a fait faire à la théorie mécanique de la chaleur de si grands progrès, s'est beaucoup occupé de la question de la surchauffe de la vapeur, et il a installé sur plusieurs machines en Alsace des appareils qui ont donné d'excellents résultats. Nous extrayons d'un rapport présenté par M. Leloutre à la Société industrielle de Mulhouse les renseignements ci-après :

L'appareil de surchauffe de M. Hirn se compose de seize tuyaux droits en fonte, placés horizontalement sur quatre rangs parallèles, et reliés entre eux par des coudes demi-circulaires. Ces tuyaux ont 2 mètres de longueur ; leur diamètre intérieur et extérieur est de $0^m,155$ et $0^m,190$; ils sont en tout semblables aux tubes de l'appareil de réchauffe dont il a été parlé précédemment, pages 104 et 105.

L'appareil surchauffeur pèse environ 4,000 kilog.; placé à la suite du carneau inférieur de la chaudière, il est environné par les gaz qui sortent de ce carneau avant d'arriver au générateur principal.

La vapeur sortant du dôme du générateur est dirigée dans les tuyaux de la surchauffe qui ont un développement de 47 mètres environ de longueur et, à la sortie de ces tuyaux, elle arrive aux boîtes de distribution du cylindre, non-seulement parfaitement sèche, mais encore ayant subi sous la même pression un accroissement de volume.

De nombreuses expériences ont conduit M. Hirn à ne pas dépasser 220 à 240° pour la température de la vapeur surchauffée ; au delà de cette limite, les garnitures de la machine s'altèrent, et pour qu'elle ne soit pas dépassée, la chambre de la surchauffe est munie de registres qui permettent de diminuer l'introduction des gaz du carneau de la chaudière. On a pu mesurer la dépense de chaleur faite par la fumée pendant son passage dans la chambre de la surchauffe. La fumée, qui entre avec une température de 575 à 600°, en sort avec une température de 550 à 575°, en perdant par conséquent en moyenne 225°.

La pression de la vapeur dans ces expériences restait à $4^{atm},489$; dans la chaudière, la température qui correspond à cette pression est de 149° ; à l'issue de la chambre de surchauffe, la vapeur atteignait 220°, et, entre ces deux limites, se comportait comme un gaz permanent. De nombreux diagrammes relevés par M. Leloutre ont montré que la vapeur surchauffée se détendait dans le cylindre conformément à la loi de Mariotte, et qu'à égalité de *volume de vapeur* « dépensé sous des détentes identiques, la machine de M. Hirn fournissait un travail disponible sur le piston au moins égal à celui que donnent les meilleures machines alimentées par de la vapeur saturée, et que *de plus elle conservait tout l'avantage provenant de la dilatation de la vapeur par la surchauffe.* » (Leloutre, *Recherches expérimentales sur les machines à vapeur*, p. 81.)

Il reste à fixer quel est l'accroissement de volume dû à la surchauffe. En appliquant les formules établies par M. Hirn et par M. Zeuner, on trouve que cet accroissement est d'environ 25 p. 100 du volume de la vapeur saturée, en restant, bien entendu, dans les conditions que nous avons citées et qui sont celles des machines du Logelbach.

En voyant la perte de chaleur subie par la fumée dans son passage à travers la chambre de la surchauffe, on s'est demandé s'il n'y aurait pas avantage à conserver cette chaleur pour produire une plus grande quantité de vapeur humide ; mais l'expérience n'a pas justifié cette opinion. Restituée à la chaudière, la chaleur de la fumée n'a exercé qu'une faible influence sur le rendement de la chaudière en vapeur humide. En calculant d'ailleurs le nombre de calories nécessaire pour porter 1 kilogramme de vapeur sèche de 149 à 222°, on trouve que ce nombre ne ferait passer de l'état liquide à l'état de vapeur à 149° qu'un très-faible poids d'eau, et qu'il vaut mieux dès lors employer la chaleur dont on dispose à dilater la vapeur déjà produite qu'à augmenter la production de cette vapeur.

Au point de vue de la consommation du combustible, les machines du Logelbach, qui sont des machines de 100 chevaux chacune, et qui sont munies des appareils réchauffeurs et des appareils de surchauffe que nous avons décrits, ne dépensent que 1 kil. 265 de houille de Ronchamps contenant 10 à 12 p. 100 de schistes. Tous ces appareils sont installés depuis six ou huit ans; ils sont confiés à des chauffeurs ordinaires et ils n'ont jamais donné lieu à des chômages résultant de la surchauffe.

Les mêmes résultats ont été constatés sur un appareil de surchauffe établi depuis onze ans par M. Hirn sur une machine de 200 chevaux chez MM. Dollfus, Mieg et Cⁱᵉ, à Mulhouse; l'appareil n'a donné lieu à aucune fuite, à aucun entretien. On n'a point fait d'expériences directes sur l'économie que l'installation de cet appareil a permis de réaliser; on sait seulement que *l'arrêt de la surchauffe entraîne toujours une augmentation très-sensible dans la consommation*, et qu'on n'arrive à maintenir une bonne marche de la machine qu'en employant la meilleure qualité de houille.

Notons, pour réunir dans un seul paragraphe les renseignements relatifs à l'emploi de la vapeur surchauffée, que cette vapeur paraît constituer un gaz plus subtil que la vapeur saturée. Les plus petites imperfections dans le piston du cylindre donnent lieu à des pertes de vapeur très-appréciables, et des appareils surchauffeurs n'ont pas réussi avec des machines à cylindres horizontaux dont les parois sont usées inégalement par le frottement des pistons.

Groupement des chaudières et canalisation de la vapeur. —

Nous avons dit qu'il ne convenait pas d'exagérer les dimensions des chaudières et qu'il était préférable d'avoir pour une machine faisant une grande consommation de vapeur, deux, trois ou quatre chaudières de dimensions ordinaires.

Le développement pris par la grande industrie a donné lieu à une autre combinaison : au lieu d'accoler à chaque machine motrice les générateurs nécessaires à la consommation de vapeur faite par cette machine; on a calculé quelle était la quantité de vapeur que devait consommer l'ensemble des machines employées dans un même établissement, et on a demandé cette vapeur à un ou plusieurs groupes de chaudières placés dans des conditions spéciales d'alimentation et de surveillance.

La vapeur produite est distribuée aux diverses machines motrices. On conçoit les avantages de cette disposition. Il est rare que dans un grand atelier, dans une forge par exemple, tous les outils travaillent ensemble ; en accolant un générateur à chaque moteur, on dépenserait du combustible que le moteur fonctionnât ou non, tandis qu'avec la combinaison nouvelle le moteur ne consomme de la vapeur que pendant la durée de sa marche.

Ces dispositions ont été mises en pratique, sur la plus large échelle, dans la grande fabrique d'acier de M. Krupp à Essen, en Westphalie. Dans cet immense établissement que nous aurons l'occasion de citer quelquefois, le nombre des chaudières successivement mises en activité s'élève à 500 ; non-seulement on y a renoncé aux chaudières isolées et on est arrivé à les constituer par groupes (un seul de ces groupes présente une batterie de 50 chaudières en acier) ; mais on a fait communiquer toutes les chaudières ensemble par une seule canalisation qui règne dans toutes les parties de l'établissement. Toutes les chaudières se prêtent ainsi un mutuel concours, et les outils les plus puissants, lorsqu'ils sont mis en marche, trouvent la quantité de vapeur nécessaire à leur bon fonctionnement.

Les 50 chaudières réunies dans un seul groupe sont cylindriques ; elles ont 7 pieds prussiens (environ 2^m,25) de diamètre, et 25 pieds (environ 7^m,80) de longueur.

La pression moyenne de la vapeur varie entre 4 et 5 atmosphères.

Les conduites de vapeur sont protégées contre le refroidissement par de simples enveloppes de paille et de plâtre.

Les usines du Creusot (Saône-et-Loire) présentent une disposition semblable : deux groupes de 12 chaudières chacun alimentent une machine soufflante gigantesque ; une seule cheminée suffit au tirage de ces 24 chaudières qui ont ensemble une surface de chauffe de 1,152 mètres.

Enfin, on a pu voir à l'Exposition universelle de 1867 un spécimen de ces canalisations de vapeur : dans la section anglaise il n'y avait qu'un groupe de chaudières, et la vapeur était conduite à 6 ou 7 moteurs placés dans l'intérieur du palais, à proximité des outils qu'ils devaient actionner.

La seule précaution à prendre est de donner écoulement à l'eau de condensation qui se forme toujours dans les tuyaux de distribution. On a peu à redouter des dilatations dues aux variations de température de la vapeur ; du reste, on peut faire disparaître toute chance d'accident à cet égard, en plaçant, de distance en distance sur le parcours des tubes, deux disques en tôle présentant la forme de segments sphériques très-plats et rivés l'un à l'autre à la circonférence. Les dilatations produites par les variations de température se transmettent à ces surfaces sphériques qui, grâce à l'élasticité de la tôle, peuvent se rapprocher ou s'éloigner l'une de l'autre et obéir aux petits mouvements que la chaleur détermine dans les conduites ordinaires.

Cheminées. — Les dimensions à donner aux cheminées sont excessivement variables, et il nous paraît difficile de formuler une règle à cet égard. Mathématiquement, le problème est indéterminé, puisque pour un même volume de gaz à écouler ou peut faire varier la hauteur et la section de la cheminée.

Une chose est indispensable dans l'établissement d'une cheminée, c'est de la faire assez haute pour que la fumée ne gêne point les habitations voisines. Telle cheminée qui, en pleine campagne, répondrait à tous les besoins de la chaudière avec une hauteur de 15 à 20 mètres, devra en avoir 30 ou 40 si l'usine est placée au milieu des maisons.

Le volume des gaz qui s'échappent par la cheminée peut être évalué à 30 mètres cubes par kilogramme de houille consommé, en supposant une température d'environ 400° à la base de la cheminée.

Si dans un grand établissement on a plusieurs chaudières, on peut se contenter d'une seule cheminée ; mais il importe de donner à celle-ci des dimensions en rapport avec l'énorme volume des gaz qu'elle doit recevoir. Les cheminées de 60 à 80 mètres de hauteur ne sont pas rares dans les grands établissements métallurgiques de l'Angleterre et du continent. Il existe à Manchester une cheminée qui a 125 mètres de hauteur, 7^m,50 de diamètre à la base et 2^m,70 au sommet.

Pour les petites machines, un tube en tôle, la question des inconvénients de la fumée étant écartée, suffit parfaitement. Il convient de le haubanner avec des fils de fer.

Pour les moyennes et grandes machines, on emploie exclusivement la brique. Des briques réfractaires ou demi-réfractaires doivent constituer la paroi intérieure du bas de la cheminée.

Quelquefois on a décoré soit le socle, soit le couronnement des cheminées avec de la pierre de taille. Nous pensons qu'il n'y a pas lieu de suivre cet exemple. La brique disposée avec goût se prête à une ornementation simple et très-suffisante, et l'emploi de matériaux de même dimension et de même nature donne à la construction une homogénéité très-préférable à tout effet décoratif. Si on attache une grande importance à l'ornementation d'une cheminée, on peut se servir de briques diversement colorées et obtenir des lignes ondulées blanches ou jaunes qui tranchent sur le ton rouge habituel de la brique. Le plus souvent les cheminées se construisent sans échafaudages; des ouvriers habitués à ce genre de travail s'élèvent, en laissant à l'intérieur de la cheminée des briques saillantes que l'on coupe une fois le travail achevé.

Quelquefois on ménage à l'intérieur de la cheminée une échelle formée de barreaux de fer; mais l'encastrement de ces barreaux doit être l'objet de précautions particulières; car si on ne laisse pas au métal la possibilité de se dilater, on s'expose à des déchirures qui peuvent entraîner la chute de la cheminée.

§ 2. — Marche et distribution de la vapeur.

Précautions à prendre pour éviter les pertes de chaleur dans la chaudière. — La relation qui existe entre la température de la vapeur saturée et sa pression prouve l'indispensable nécessité de conserver à son maximum la température obtenue par la vapeur, et montre la valeur des dispositions nombreuses qui ont été proposées pour empêcher le refroidissement des enveloppes dans lesquelles la vapeur a été produite ou dans lesquelles elle circule.

Dans les machines fixes, les parties latérales du fourneau et de la chaudière sont protégées contre le refroidissement par un massif assez épais de maçonnerie de briques. Nous avons indiqué l'emploi du pisé pour les chaudières dont l'installation n'est que temporaire. Ce revêtement étant interdit pour la partie supérieure de la chaudière (on cherche à diminuer en cas d'explosion la quantité de matériaux que la vapeur peut transformer en projectiles), on remplit de cendres ou de briques pilées l'espace laissé libre entre les murs formant les parties latérales du massif.

Plusieurs constructeurs, pour atténuer les pertes de chaleur dues à l'émission, ont revêtu d'une couleur noire tous les massifs des chaudières.

Dans les machines isolées, locomotives, locomobiles, et dans la plupart des machines de navigation, il n'est pas possible de recourir à l'emploi des maçonneries, et on a dû chercher d'autres modes de préservation qui ont été également appliqués aux chaudières de machines fixes.

On a successivement proposé les chemises en bois, les feutres, les enduits, les revêtements métalliques, la paille et le plâtre. Nous examinerons rapidement ces divers procédés.

a. — *Chemises en bois.* Le bois est peu conducteur de la chaleur, mais il ne saurait sans inconvénient être posé contre les parois métalliques des chaudières ; il est placé à 2 ou 3 centimètres de ces parois, de manière à laisser autour de la chaudière un matelas d'air. Toutes les essences de bois conviennent à peu près indifféremment pour cet emploi; on a souvent fait usage de chêne ou d'acajou posé avec soin, ce qui donne aux machines ainsi revêtues un bel aspect.

b. — *Feutres.* Les feutres et tissus feutrés ont été combinés avec l'emploi des chemises en bois ; mais ces substances sous l'action de la chaleur humide s'altèrent et perdent leurs propriétés isolantes, et elles ne peuvent être conservées que dans des cas particuliers et pour de faibles surfaces.

c. — *Enduits.* On a proposé, soit en France, soit en Angleterre, un nombre assez considérable de substances préservatrices. En France, nous citerons l'enduit Pimont, qui se compose de terre argileuse, de poils d'animaux et de farine de graine de colza; ces substances forment un mastic gâché et étendu à la truelle sur une épaisseur de 5 à 6 centimètres. Cet enduit peut être placé sur la chaudière elle-même ou conserver un matelas d'air : dans ce dernier cas, on commence par placer un lattis mince. L'enduit Pimont peut être indéfiniment employé, et il présente à cet égard un avantage sur les autres mastics, qui, après une première prise, ne peuvent être ramenés à l'état pâteux. L'enduit Pimont est très-employé en France; son inventeur déclare en avoir livré les quantités nécessaires au revêtement de 50,000 mètres carrés de chaudières. Des expériences nombreuses ont constaté l'efficacité de cette composition. Ainsi sur cinq chaudières employées dans une usine à Puteaux, deux ont été enduites de mastics; à la reprise des travaux du matin, les manomètres de ces deux chaudières indiquaient encore 4 atmosphères de pression, tandis que ceux des autres n'en indiquaient que 2.

Dans les chaudières employées sur les bateaux, les enduits ont produit un résultat très-important : en diminuant le rayonnement des surfaces métalliques, ils ont abaissé, dans une proportion notable, la température de la chambre des chaudières et diminué la gêne que cette température impose aux chauffeurs.

d. — Revêtements en tôle, en cuivre jaune. L'emploi de ces substances se combine avec celui du bois : il repose sur le faible pouvoir émissif des surfaces lisses. Le chemin de fer du Nord a couvert d'un revêtement de feuilles de cuivre jaune presque toutes ses machines locomotives.

e. — Paille et plâtre. On obtient un enduit très-simple et d'une efficacité incontestable avec une couche de paille recouverte de plâtre lissé avec soin.

Refroidissement des tuyaux de conduite. — Les substances employées pour le revêtement des chaudières peuvent également servir au revêtement des tuyaux; les feutres, les lisières de drap, la paille tordue sont utilisés dans un grand nombre d'usines.

Dans les ateliers de M. Krupp, où il existe l'énorme canalisation de vapeur dont nous avons parlé, presque toutes les conduites sont revêtues de paille et de plâtre; une chemise en tôle mince est placée sur le revêtement de quelques conduites d'un grand diamètre.

Les conduites enterrées doivent être revêtues avec autant de soin que les conduites exposées à l'air; il y aurait même, dans les conduites enterrées, une déperdition énorme causée par la conductibilité du sol. On place souvent les conduites de vapeur dans des gaines en bois remplies de cendres et de sciure de bois.

Pertes par les joints et les garnitures. — Les chiffres que nous avons donnés pour la vitesse d'écoulement des gaz et des vapeurs nous dispensent d'insister sur la gravité des pertes occasionnées par les fuites; celles-ci se produisent souvent aux joints des tuyaux ou aux garnitures, et ces derniers doivent être l'objet d'une surveillance incessante.

Chemise de vapeur autour des cylindres. — En parlant des divisions à suivre dans l'étude des machines, nous avons dit que les lois constatées dans les laboratoires des physiciens ne se vérifiaient pas toujours dans les machines, parce que l'on ne tenait pas compte des réactions considérables que les substances dont se composent ces machines pouvaient exercer. C'est ainsi que dans la machine à vapeur il n'y a peut-être pas de cause de perte de pression plus grande que celle due au refroidissement causé par le cylindre lui-même. La pression peut diminuer de 1 ou de 2 atmosphères parce que la masse métallique du cylindre absorbe une partie de la chaleur. Aussi, depuis quelques années, on a attaché une extrême importance à placer autour du cylindre une seconde enveloppe métallique, et à faire circuler de la vapeur dans l'espace annulaire ainsi formé. On a ainsi autour du cylindre une chemise complète de vapeur, *steam jacket*, qui maintient à l'intérieur la pression de la vapeur.

Après avoir préservé la paroi circulaire des cylindres par une enveloppe de vapeur, on a étendu cette protection aux deux fonds du cylindre, de manière à avoir un isolement complet de l'air extérieur.

M. l'inspecteur général des mines Combes n'évalue pas à moins de 20 à 25 p. 100 l'augmentation de travail due à la présence des enveloppes de vapeur autour des cylindres.

Entrainement mécanique de l'eau. — L'eau de condensation n'est pas la seule dont la présence soit à redouter dans les machines ; la vapeur en se produisant par ébullition entraine avec elle de l'eau qui se trouve dans un état vésiculaire assez mal connu, mais qui, dans tous les cas, ne tarde pas à se retrouver à l'état liquide. La quantité d'eau enlevée à la chaudière par la vapeur est souvent considérable et elle conduit à des indications très-fausses sur le pouvoir vaporisateur d'un appareil. La chaudière pourra, par kilogramme de combustible, consommer beaucoup d'eau, 8 à 10 kilogrammes peut-être ; mais toute cette eau n'aura pas été convertie en vapeur, et la production de vapeur se limitera à 7, 6 et même 5 kilogrammes. Divers procédés ont été proposés pour mesurer la quantité d'eau entrainée par la vapeur : ces procédés sont tous d'une exécution assez difficile. On a pu, toutefois, s'assurer qu'un kilogramme de vapeur pouvait enlever 250 grammes d'eau ; mais 25 calories par kilogramme d'eau vaporisée étaient ainsi perdus.

Chambres de vapeur. — On a proposé plusieurs combinaisons pour éviter l'entrainement de l'eau ; les plus employées sont les *dômes* ou *chambres de vapeur*.

La vapeur s'accumule dans une chambre ou capacité surmontant la chaudière proprement dite : l'eau entrainée retombe par l'action de la pesanteur, et la vapeur se dirige dans les tuyaux de distribution.

Souvent aussi le tuyau de prise de vapeur est établi de telle sorte qu'il vient traverser la chaudière ; l'eau entrainée se vaporise. Tous les réchauffeurs ou surchauffeurs sont fondés sur ce principe.

En somme, les dispositions proposées pour assécher la vapeur se rapportent toutes à deux idées distinctes : 1° avoir au-dessus de l'eau un espace suffisant pour que l'eau entrainée puisse retomber ; 2° vaporiser l'eau entrainée. La première disposition est souvent la plus simple, elle a permis dans les machines locomotives de supprimer soit le dôme de vapeur, soit les tubes longitudinaux qui ont été proposés, notamment dans les machines Crampton.

Moyens d'évacuation des eaux de condensation. — Les eaux qui circulent dans une machine, soit qu'elles proviennent de la condensation de la vapeur, soit qu'elles aient été entraînées mécaniquement hors de la chaudière, doivent être expulsées aussi rapidement que possible. Pour les cylindres dans lesquels leur présence donnerait lieu à des chocs capables d'amener la rupture des plaques de fond, il est fait usage des *robinets purgeurs* que le mécanicien doit manœuvrer fréquemment. Pour les conduites, on a des chambres d'évacuation garnies de robinets que l'on manœuvre à la main. Il a été proposé plusieurs robinets purgeurs automatiques ; nous citerons l'appareil Pongault qui semble répondre complétement aux données du problème.

Cet appareil se compose d'un réservoir attaché à un ressort, et dans lequel se rend l'eau de condensation. Quand celle-ci a acquis un certain poids, le réservoir s'incline en faisant fléchir le ressort auquel il est suspendu ; cette flexion détermine l'ouverture d'une petite soupape par laquelle s'échappe l'eau de condensation refoulée par la pression qui existe dans la conduite. Dès que l'eau est partie, le réservoir reprend sa position primitive.

Plusieurs constructeurs ont attaché à l'évacuation de l'eau de condensation au dehors du cylindre assez d'importance pour avoir placé ce dernier presque en porte-à-faux, en ne le soutenant que par un tuyau par lequel s'échappe l'eau condensée à chaque cylindrée.

Introduction de la vapeur dans le cylindre. Régulateur. — Le mot de *régulateur*, appliqué à tous les appareils qui servent à mettre en communication la vapeur avec le cylindre, est une désignation vicieuse. Le mot de *régulateur* comporte une idée de surveillance, de modération, de mouvement, qui ne s'applique pas à tous les organes désignés sous ce nom.

Il existe deux catégories distinctes de régulateurs :

1° *Appareils de prise de vapeur et de mise en marche*, c'est-à-dire appareils n'ayant pas d'autre but que d'ouvrir une communication entre le générateur de vapeur et le cylindre. Ils sont manœuvrés à la main par le mécanicien. Ils peuvent augmenter ou diminuer la quantité de vapeur envoyée au cylindre, mais ils ne comportent aucune mesure précise de cette quantité.

2° *Appareils de régularisation de marche ou modérateurs*. Ils sont destinés à faire affluer la vapeur en proportion des résistances que la machine doit vaincre. Ces appareils doivent, par suite, être essentiellement automoteurs ; presque tous ont pour point de départ le modérateur à boules à force centrifuge imaginé par Watt.

Appareils de prise de vapeur et de mise en marche. — Les dispositions proposées pour les appareils de mise en marche sont extrêmement nombreuses ; elles comprennent des valves ou registres, des disques analogues à des clefs de poêle, des disques à ailettes démasquant des ouvertures triangulaires formant les secteurs d'un cercle, des tiroirs glissant sur des orifices rectangulaires.

L'expérience a prononcé sur la valeur de ces diverses dispositions, et nous pensons qu'il convient de rejeter celles qui déterminent des étranglements dans la marche de la vapeur. Il faut que les orifices par lesquels doit passer la vapeur soient démasqués ou masqués rapidement avec une grande netteté et une grande précision.

Dans un grand nombre de cas, la vapeur exerce sur les organes d'admission une forte pression qui ne peut être vaincue qu'à l'aide de leviers ou de crémaillères. Nous indiquerons ces dispositions dans les machines locomotives.

Appareils de régularisation de marche. Modérateurs. Modérateurs à boules de Watt. — Le modérateur type est l'appareil de Watt à force centrifuge. Il se compose de deux sphères métalliques fixées à des tiges articulées avec un arbre métallique vertical qui est mis en mouvement au moyen d'une poulie, sur laquelle s'enroule une corde mue par l'arbre de couche. Les boules sont reliées à l'aide de tringles à un anneau ou douille glissant le long de l'axe et portant extérieurement une gorge. Cette gorge est embrassée par un levier à fourchette qui conduit une tringle agissant sur une valve de prise à vapeur; cette valve règle l'introduction de la vapeur dans le tiroir.

Si la vitesse de l'arbre augmente, les boules s'enlèvent en vertu de la force centrifuge, et, par l'intermédiaire des pièces que nous avons sommairement décrites, elles diminuent l'admission de la vapeur dans le cylindre. Le contraire a lieu quand la vitesse diminue et quand les boules s'abaissent.

Le modérateur à boules s'adapte à un grand nombre de systèmes de détente, dont l'étude est assez compliquée; mais on arrivera à comprendre le jeu de chacun d'eux en établissant les quatre divisions ci-après :

1° Mode de mise en marche du modérateur au moyen de l'arbre de couche.

2° Manière dont le modérateur fonctionne (enlèvement des douilles par le pendule conique).

3° Communication du modérateur avec les organes d'admission et de détente.

4° Enfin, dans certains cas, des dispositions sont prises pour que le mécanicien puisse à volonté modifier sa détente sans arrêter la marche du régulateur. Le modérateur Farcot offre très-nettement cette division dans la succession des pièces qui le composent.

Recherches sur les modérateurs à boules. — Nous ne saurions entrer dans le détail des recherches qui ont été faites pour obtenir l'isochronisme des régulateurs, et la rapidité de leur action sur les organes de distribution. On a réalisé d'une manière suffisante l'isochronisme soit en contre-balançant l'effet des boules du régulateur de Watt par des boules opposées, soit en reliant les boules par un ressort à boudin. MM. Farcot ont construit, pour les machines fixes, et surtout pour les machines marines, des régulateurs qui, malgré leur complication d'aspect, rendent les meilleurs services.

Dans les dernières années, nous pourrions dire dans les derniers mois de sa vie, Foucault s'était beaucoup occupé de la question des régulateurs. L'appareil qu'il avait placé sur une des machines motrices de l'Exposition de 1867 a paru aux praticiens comporter une assez grande complication ; nous ne pensons pas que, dans son état actuel, le régulateur Foucault soit adopté par l'industrie.

Limite de la confiance à accorder aux modérateurs. — Les modérateurs, quelque perfectionnés qu'ils soient, ne doivent pas dispenser le mécanicien de suivre attentivement la marche de sa machine.

Il peut, en effet, se produire dans le travail des résistances telles que la seule chose à faire soit d'arrêter la machine le plus rapidement possible. Inversement, la résistance peut diminuer brusquement et alors la machine s'emporte ou s'affole.

Nous en citerons un double exemple : dans les machines destinées à l'alimentation des villes, l'eau est refoulée dans des tuyaux d'une très-grande longueur, souvent de 2 à 3 kilomètres; ces tuyaux sont traversés de distance en distance par des robinets. Si, par inadvertance, un de ces robinets vient à être fermé pendant que la machine marche, la résistance deviendra énorme; le régulateur augmentera l'admission de la vapeur, et la machine donnera tout l'effort dont elle est capable, sans cependant pouvoir vaincre l'obstacle inattendu qui se présente. Une telle situation entraîne presque toujours la rupture des principaux organes de la machine, organes qui atteignent souvent des dimensions et un poids considérables. Inversement, si le tuyau de refoulement vient à crever, la résistance deviendra presque nulle, la machine s'affolera, et les pièces les plus importantes seront brisées si le mécanicien ne se hâte d'arrêter l'introduction de la vapeur.

Action générale de la vapeur dans le cylindre. — Si S désigne la surface du piston, p la pression par centimètre carré de la vapeur au moment où elle arrive dans le cylindre V, p' la pression dans le condenseur, l'action de la vapeur sera représentée par $S\,(p-p')$.

l désignant la longueur du cylindre, le travail sera :

$$T = Sl\,(p - p'),$$

Sl représentant d'ailleurs le volume du cylindre V.

$T = V\,(p - p')$ sera le travail pendant une cylindrée. Le travail pour une course du piston sera égal au produit du volume d'une cylindrée par la différence des pressions.

Distinction entre les machines à simple effet et à double effet. — *Machines atmosphériques.* — Les machines *à simple effet* sont celles dans lesquelles la vapeur n'agit que sur une face du piston. Elle produit alors un travail intermittent. Ces machines s'emploient spécialement pour l'épuisement des mines ou pour l'alimentation des villes.

La *machine atmosphérique* est une machine à simple effet dans laquelle la partie supérieure du cylindre communique constamment avec l'atmosphère, tandis que la partie inférieure communique successivement avec le générateur et le condenseur. La surface supérieure du piston est constamment en communication avec l'atmosphère; la partie inférieure du corps du cylindre communique également avec l'air, pendant la descente du piston; de là un contact trop fréquent avec l'extérieur et un refroidissement énergique. Cette machine n'est, pour ainsi dire, plus employée.

Les machines *à double effet* sont celles dans lesquelles la vapeur agit successivement sur chacune des faces du piston, la face opposée étant en communication avec le condenseur. Ces machines sont dues à Watt. Elles sont aujourd'hui universellement employées.

Détente : ses avantages. — Nous avons, en parlant des gaz et des vapeurs, fait ressortir les avantages de la détente et montré comment, après avoir fait travailler la vapeur à pleine pression pendant une certaine partie de la course du piston, on pouvait utiliser la force expansive de la vapeur pour l'achèvement de la course du piston. La nature du mouvement alternatif imprimé à cet organe, qui à chaque extrémité de sa course doit s'arrêter et changer de direction, se prête merveilleusement à l'utilisation d'une force décroissante et explique les nombreux avantages que l'application de la détente a réalisés. C'est à l'aide du tiroir, ainsi que nous l'indiquerons au paragraphe suivant, que l'on modifie l'admission de la vapeur et que l'on détermine la détente.

Machines à deux cylindres. — La détente se produit, comme nous l'avons dit, au moyen d'une seconde combinaison qui consiste dans l'emploi de *deux cylindres*. La vapeur, après avoir agi à pleine pression pendant toute la durée de la course du piston dans un premier cylindre, est conduite dans un second cylindre, où elle n'agit que par son expansion. Cette combinaison a été réalisée par Woolf, il y a déjà longtemps ; mais il semble que pendant de longues années on ait méconnu les avantages qu'elle comporte, et ce n'est que depuis peu de temps que l'on revient à un système qui, dans des conditions déterminées, permet de réaliser une économie considérable dans la dépense de vapeur, et, par suite, dans la dépense de combustible.

L'emploi des dispositions imaginées par Woolf paraît plus avantageux que celui de la détente dans un seul cylindre, du moins au point de vue des pertes de pression par refroidissement. Dans ce dernier système, en effet, la vapeur en se détendant se refroidit, et retourne alors en partie à l'état liquide. Au lieu d'avoir de la vapeur sèche, on a un mélange de vapeur et d'eau qui détermine, dans les organes de la machine, des résistances et par suite des pertes de travail très-appréciables. Dans le système de Woolf, au contraire, la vapeur ne change de pression qu'en passant d'un cylindre à l'autre, et, dans chacun de ces cylindres, elle agit sur les pistons avec la même pression pendant toute la durée de la course. Nous verrons d'ailleurs, dans les nombreuses tentatives qui ont été faites pour introduire dans les machines marines les doubles cylindres de Woolf, combien on s'est préoccupé des moyens de conserver la vapeur sèche dans son passage d'un cylindre à l'autre.

Cette différence entre le travail continu dans un même cylindre et le travail à pression variable a été constatée dans les machines marines à quatre cylindres. On a reconnu qu'on obtenait de meilleurs résultats en marchant à pleine pression dans deux cylindres qu'en marchant avec détente dans les quatre.

On a cependant cherché à combiner les deux systèmes de détente : ainsi la vapeur est détendue dans le petit cylindre à moitié de la course par exemple, et au moment où elle arrive dans le second cylindre, son volume a doublé ; si les diamètres des deux cylindres sont dans le rapport de 1 à 5, la détente dans le second cylindre arrivera au dixième de la pression initiale. On est arrivé à détendre au vingtième.

Il existe aujourd'hui un nombre considérable de machines fixes du système de Woolf. Ces machines ont été surtout adoptées dans un grand nombre de filatures, et elles marchent avec la parfaite régularité qui est nécessaire à ces établissements.

Nous citerons les dimensions principales d'une machine motrice de filature qui fonctionne depuis plusieurs années.

Puissance nominale..	70 chevaux.	
Nombre de tours de l'arbre par minute..	22	
Pression de la vapeur dans la chaudière..	$2^{atm},5$	
Diamètre du petit piston..	$0^m,500$	
Course du petit piston..	$1^m,500$	
Diamètre du grand piston.	$0^m,968$	
Course du grand piston..	$2^m,000$	
Superficie et volume du grand piston.	$75^{dq},594$	$(1471^{dc},878)$
Superficie et volume du petit piston	$19^{dq},63$	$(294^{dc},480)$
Rapport des volumes engendrés par les deux pistons..	5	

Deux de ces machines, livrées pour 140 chevaux, peuvent

arriver à en produire chacune près de 500. — Les machines de Woolf sont quelquefois désignées sous le nom de *machines Edwards*.

Distribution de la vapeur. — Les constructeurs ont imaginé de très-nombreuses dispositions pour la distribution de la vapeur ; problème que complique encore l'emploi de la détente et qui se présente ainsi sous trois aspects différents :

1° *Admission à pleine vapeur, sans aucune détente* ;

2° *Admission avec détente fixe*, c'est à-dire cessation de l'admission, à un moment déterminé de la course du piston, au quart, à la moitié, etc. ;

3° *Admission avec détente variable*, c'est-à-dire cessation de l'admission, à un moment quelconque de la course du piston.

La dernière combinaison est évidemment celle qui répond le mieux aux nécessités du travail, parce qu'elle permet de faire varier la puissance de la machine dans des limites très-étendues.

Distribution sans détente. — Tiroir ordinaire : avance et recouvrement. — La distribution *sans détente* se fait au moyen du tiroir ordinaire, boîte renversée dont les bords recouvrent les orifices rectangulaires d'admission et d'échappement, et qui est menée par un excentrique calé sur l'arbre principal.

Le piston fait mouvoir l'arbre principal au moyen d'une manivelle : l'excentrique, qui conduit le tiroir, équivaut à une seconde manivelle ; il doit être calé de façon que les deux manivelles soient à angle droit : quand le piston est à l'extrémité de sa course, le tiroir est au milieu de la sienne.

En fait, les choses ne se passent pas ainsi : au bout d'un certain temps toutes les pièces prennent du jeu, et il est prudent de donner aux bandes du tiroir une largeur un peu plus grande que celle des orifices du tiroir ; on dit alors que celui-ci *a du recouvrement extérieur*. Cette disposition prévient la communication qui pourrait s'établir, pendant un court espace de temps, entre la boîte de distribution (en communication elle-même avec le générateur) et le milieu d'échappement. En second lieu, si le calage était fait de façon que le milieu de la course du tiroir correspondît exactement à l'extrémité de celle du piston, et que les deux orifices fussent simultanément bouchés, le piston se mettant en marche effectuerait une petite portion de sa course sans recevoir l'action de la vapeur et sans qu'aucune issue fût ouverte à l'échappement de la vapeur. On s'arrange alors pour que le tiroir ait déjà découvert l'orifice de l'admission et celui de l'échappement, avant le départ du piston de chacune des extrémités de sa course ; on obtient ce résultat en modifiant l'angle de calage de l'excentrique, et cette opération est celle que l'on caractérise par ces mots : *donner de l'avance à l'échappement, de l'avance à l'admission.* L'avance est *angulaire*, lorsque l'on considère l'angle des deux manivelles de l'arbre et du tiroir ; elle est *linéaire*, lorsqu'on la compte sur la surface de glissement du tiroir. Soit linéaire, soit angulaire, l'avance est une seule et même opération.

L'existence du recouvrement extérieur, dont nous avons parlé, et celle de l'avance conduisent à la formule suivante qui résume les conditions de marche du tiroir et limite sa course :

« La course du tiroir est égale à la largeur d'une bande, plus celle d'un orifice, plus l'avance absolue à l'échappement, et moins l'avance à l'admission. »

Quant à la valeur de l'avance soit à l'échappement, soit à l'admission, elle résulte de tâtonnements dont la description ne présenterait pas d'intérêt.

Outre le recouvrement extérieur du tiroir, on modifie la largeur des bandes à l'intérieur, pour remédier à des irrégularités de fabrication ou de pose ; on donne alors du *recouvrement intérieur.* Quelquefois on est forcé de diminuer la largeur de ces bandes ; on dit alors que le *recouvrement est négatif.*

L'excentrique ordinaire a été remplacé par une came triangulaire, inscrite dans un rectangle que porte la tige du tiroir. Cette disposition, qui se trouve dans les machines de Woolf, a pour but de démasquer rapidement les orifices d'échappement et d'admission.

Distribution avec détente fixe. — Si l'on veut avoir une *détente fixe*, un recouvrement ajouté aux bandes du tiroir suffit pour arrêter l'admission à un instant déterminé. Cet appareil simple, efficace, très-facile à appliquer, est dû à Clapeyron qui l'a proposé dès 1839.

Tiroir avec recouvrement. avec glissière. — La détente fixe peut être opérée également par une *glissière*. Cette glissière est superposée au tiroir et est mue par un excentrique indépendant de celui du tiroir. Le mouvement est calculé de façon que les lumières de la masse formant tiroir soient bouchées et cessent, à un moment donné, de livrer passage à la vapeur.

Distribution avec détente variable. — Les explications données pour les divers systèmes de détente fixe font pressentir les dispositions proposées pour la détente variable.

a. — *Détente Meyer*. La *détente Meyer* consiste en une vis à double filet, ou plutôt en une côte hélicoïdale saillante, écartant ou rapprochant deux écrous en bronze, qui tantôt meuvent une tige qui elle-même ouvre ou ferme une soupape d'admission, tantôt couvrent et découvrent les lumières tracées dans le tiroir.

b. — *Détente par un manchon à bosse*. Le tiroir est fermé par une soupape. Cette soupape est commandée par un arbre à cames formant manchon et vissé sur la tige du modérateur à boules. Quand la machine marche trop vite, le modérateur s'élève, le manchon présente sa partie inférieure et étroite aux tiges qui commandent la soupape, et celle-ci ne reste ouverte que très-peu de temps. Lorsque, au contraire, la machine marche lentement, le manchon descend, et les cames produites par les bosses du manchon agissent plus longtemps sur la tige de la soupape qui, par suite, demeure plus longtemps ouverte. Cette disposition très-ingénieuse est fréquemment employée.

c. — *Détente Farcot*. Dans la détente Farcot, on emploie une glissière qui se meut au-dessus du tiroir proprement dit. La glissière est divisée en deux parties qui sont ramenées à chaque oscillation du tiroir par des butées intérieures. Une came intérieure permet également le rapprochement ou l'écartement de ces deux parties. La came peut être manœuvrée à la main ou par le régulateur à force centrifuge.

d. — Détente par soupapes équilibrées. La détente peut enfin se produire au moyen de soupapes. Les soupapes ordinairement employées dans ce cas sont des *soupapes équilibrées* ; leur forme est telle que la pression incombante, qui tend à maintenir la soupape appuyée sur son siége, se fait presque complétement équilibre à elle-même ; l'effort à exercer dépend alors uniquement de la superficie des surfaces de contact mesurées suivant leur projection dans un plan perpendiculaire à l'axe, lequel est aussi celui du mouvement, et cet effort peut devenir infiniment faible. Quant au moyen d'obtenir la détente avec ces soupapes, le mécanisme adopté est tel que les soupapes peuvent rester fermées pendant un temps plus ou moins long, tandis que le piston accomplit sa course. La durée de fermeture ou d'ouverture de ces soupapes produit la détente.

Nous ne parlerons pas ici de la détente variable usitée sur les machines locomotives, et fondée sur l'emploi de la coulisse de Stephenson. Ce mode, peu employé dans les machines fixes, tend cependant à s'introduire dans les machines de bateau.

Tiroirs équilibrés. — Les tiroirs équilibrés sont fondés sur le principe dont nous venons de parler pour les soupapes équilibrées : on s'efforce de diminuer la pression produite par la vapeur qui enveloppe le tiroir et détermine ainsi des frottements énergiques des rebords du tiroir sur la table du cylindre. Dans ce but on a proposé d'introduire la vapeur à l'intérieur de la coquille du tiroir, de façon que la pression maxima de la vapeur s'exerçât sur la plus faible surface possible, la vapeur à la sortie du cylindre agit sur toute la surface du tiroir, mais comme à ce moment sa pression est beaucoup moindre, cette diminution de pression compense l'effet résultant de l'augmentation de surface, et l'équilibre peut s'établir[1].

Condensation. — Travaux de Watt. — Newcomen, le premier, inventa la condensation en faisant agir un jet d'eau froide sous le piston pour condenser la vapeur et faire agir la pression atmosphérique comme force motrice.

Ce système avait le grave inconvénient de refroidir l'enveloppe du piston, et, par suite, de causer une perte notable de pression.

Watt eut l'idée de mettre le condenseur à part et de fermer le cylindre, et cette seule modification transformait la machine à vapeur. Vérifions qu'à chaque nouveau pas dans l'étude de la machine, nous retrouvons le nom de Watt; on peut dire que la machine à moyenne pression, à balancier, à double effet, à condensation, et à détente, est sortie tout entière des mains de cet ingénieur à jamais illustre, et que peu de perfectionnements sérieux ont été apportés à ce type de machine.

Condenseurs par contact. — Pompes à air. — Les condenseurs par contact consistent en un vase clos mis en communication constante avec le conduit d'échappement du cylindre. Un jet d'eau froide, divisé autant que possible par des pommes d'arrosoir, arrive continuellement dans ce vase et détermine la condensation. Le vide ainsi obtenu n'est pas parfait, mais la pression à l'intérieur du condenseur peut n'être plus que 1/10 d'atmosphère ; le vide est donc fait aux 9/10.

Ces condenseurs ou *condenseurs par contact direct* sont toujours accompagnés d'une pompe élévatoire. La destination de cette pompe est d'enlever l'eau de condensation et l'air qui afflue dans le condenseur, soit par suite de dissolution dans l'eau, soit par suite de fuites dans l'appareil. Cette pompe est désignée sous le nom de *pompe à air*.

---

[1] Réalisées de diverses manières, ces idées n'ont point donné de bons résultats: en diminuant la pression des divers organes entre eux, on s'expose à des fuites ; et pour combattre les fuites, on a recours à des ressorts ou à des organes secondaires dont l'action se traduit toujours par l'emploi d'une partie de la force disponible.

Condenseurs à sec. — Divers types. — Dans les condenseurs par surfaces réfrigérantes ou à sec, la vapeur, au lieu d'être mise en contact avec l'eau, circule dans des conduits nombreux, constamment refroidis par de l'eau courante. La vapeur condensée donne de l'eau distillée.

Condenseurs à air libre. — Dans les deux types que nous venons d'indiquer, la condensation de la vapeur est opérée soit par sa mise en contact direct avec l'eau froide, soit par sa circulation dans des vases plongés dans l'eau froide. L'eau du condenseur peut même être totalement supprimée. Un constructeur distingué, M. Flaud, a récemment imaginé plusieurs appareils dans lesquels la condensation s'opère par l'air atmosphérique lui-même. Au lieu d'être simplement lancée dans l'atmosphère, la vapeur est dirigée soit dans une suite de vases cloisonnés méplats disposés à côté les uns des autres, comme les éléments des piles à auges, soit dans une série de tuyaux ; elle passe ensuite d'un de ces vases ou d'un de ces tuyaux à l'autre, et l'air circule en léchant la surface extérieure. En disposant une quantité de ces vases ou de ces tuyaux proportionnelle à la quantité de vapeur employée, on arrive à une condensation complète, et le dernier vase méplat ou le dernier tuyau envoie à la chaudière de l'eau distillée, gardant une température de 70° à 80°.

Diverses dispositions de détail sont encore à l'étude ; mais nous pensons que, dans toutes les localités où l'on ne peut trouver d'eau de bonne qualité, l'appareil de M. Flaud rendra de grands services. On peut cependant craindre qu'il ne soit d'un prix élevé.

Température de l'eau de condensation. — Nous avons indiqué la formule des mélanges à l'aide de laquelle on détermine la quantité d'eau nécessaire à la condensation de 1 kilog. de vapeur. Cette quantité varie de 20 à 30 kilog., selon la température de l'eau dont on peut disposer et la pression de la vapeur à condenser. En supposant de l'eau de condensation à 12°, on l'amène généralement à 40°.

Le travail des pompes à air est considérable. Le volume d'air est 4 ou 5 fois celui de l'eau.

La bâche dans laquelle on amène l'eau de condensation n'a pas de forme déterminée. On emploie même les supports de la machine, toutes les fois que l'on est à court d'espace comme dans les bateaux.

On s'est naturellement préoccupé des moyens de profiter de la chaleur emmagasinée dans l'eau de condensation, en l'utilisant pour l'alimentation de la chaudière. Nous verrons, en traitant la question de l'eau consommée par les machines, qu'il importe de prendre quelques précautions à l'égard de l'eau de condensation proprement dite ; celle-ci n'a pu être employée sans danger à cause des matières grasses qu'elle entraîne dans la circulation à travers les organes de la machine.

Dans tous les cas, en supposant que pour une cause quelconque de l'eau échauffée ne puisse pas être employée directement, on peut faire passer à d'autre eau la presque totalité de la chaleur emmagasinée ; dans l'industrie de la teinturerie, l'écoulement des eaux chaudes sales est dirigé de façon à échauffer, au passage, des eaux froides propres.

Machines à haute ou à basse pression. — Les machines peuvent travailler à haute ou à basse pression.

La basse pression s'étend jusqu'à 2 atmosphères environ.

La haute pression comprend les pressions supérieures à 2 atmosphères.

On a répandu dans le public des craintes sans fondement au sujet des machines qui emploient la vapeur à haute pression.

Les chaudières à face plane qui doivent employer la vapeur à basse pression, à 1 atmosphère 1/2, sont exemptes de tout essai. Les chaudières qui doivent employer la vapeur à haute pression sont essayées sous une pression triple : à 4 atmosphères, elles sont essayées à 12 atmosphères. Si un accident élève la pression de 2 ou 3 atmosphères, et rien n'est plus facile, la chaudière à basse pression travaille à des pressions pour lesquelles elle n'a pas été faite, et elle devient infiniment dangereuse ; la chaudière à haute pression, au contraire, avec une surcharge de 2 à 3 atmosphères, reste fort éloignée de la limite à laquelle elle a été essayée.

Les chaudières dites *à sous-basse pression* sont des chaudières ordinaires à basse pression. Ce n'est qu'un nom destiné à augmenter les préjugés du public contre l'emploi des hautes pressions.

Opinion de M. Fairbairn. — Dans ses lectures à Manchester, M. Fairbairn s'élève contre ce préjugé et déclare qu'il est très-désireux d'augmenter la confiance du public dans l'emploi de pressions plus fortes. Les progrès réalisés dans la métallurgie, dans l'art de construire les chaudières, doivent rassurer sur les craintes formulées il y a quelques années.

L'emploi des hautes pressions entraînera la suppression du condenseur, au moins dans les petites machines, et permettra de réaliser ainsi une grande simplification.

Rappelons d'ailleurs que les considérations qui précèdent ne s'appliquent qu'aux machines fixes et aux machines locomotives. Pour les machines marines, l'emploi de l'eau salée, les nombreuses causes de destruction des chaudières par l'humidité, par les actions galvaniques, sont des obstacles considérables à l'utilisation des hautes pressions, et nous verrons les ingénieurs les plus compétents déclarer que, pour les chaudières marines, il ne convient pas de dépasser les pressions effectives de $1^{atm},5$ à $1^{atm},75$.

§ 3. — Transmission du mouvement.

Mouvement alternatif du piston, transporté au mouvement alternatif d'une pompe. — Le piston de la machine à vapeur ayant pris son mouvement alternatif, il faut étudier les moyens d'appliquer ce mouvement simple à la production de tel ou tel travail, c'est-à-dire la transmission.

a. — *Balancier primitif.* Le premier mode de transmission était indiqué par la nature du travail demandé aux premières machines à vapeur, l'épuisement des mines. On avait à transmettre à la tige des machines à élever l'eau un mouvement de va-et-vient analogue à celui du piston de la machine à vapeur ; un balancier oscillant autour d'un point fixe était l'appareil le plus simple pour opérer cette transmission ; à l'une de ses extrémités pendait la tige de la pompe, tandis que l'autre extrémité était soulevée par la tige du piston à vapeur.

b. — *Parallélogramme.* Le moyen d'attache de la tige du piston au balancier reçut bientôt un perfectionnement important. Aux arcs de cercle qui terminaient les extrémités du balancier et qui n'évitaient pas une certaine torsion des tiges, Watt substitua le *parallélogramme articulé*, si fréquemment décrit dans tous les traités de mécanique, et qui a continué à être appliqué dans un nombre considérable de machines.

Description sommaire des machines de Cornouailles. — Les premières machines à épuisement furent installées dans le comté de Cornouailles, d'où elles prirent le nom de *machines de Cornouailles*. Nous les décrirons sommairement.

Le piston moteur s'articule à l'une des extrémités du balancier, à l'aide du parallélogramme de Watt ; et le mouvement d'oscillation de ce balancier est transmis à la tige qui descend dans le puits de mine. L'action de la vapeur n'a d'autre effet que de soulever cette tige qui, en retombant, refoule l'eau dans les tuyaux d'ascension.

a. — *Soupapes et pompes.* Il y a trois soupapes : la soupape d'*exhaustion*, la soupape d'*admission* et la soupape d'*équilibre*. La première fait communiquer le cylindre avec le condenseur ; la deuxième avec le générateur de vapeur ; on ferme celle-ci à tel ou tel moment, suivant la détente à donner. La soupape d'équilibre remplit le rôle suivant : quand le piston est au bas de sa course, on ferme les deux premières soupapes et on ouvre la soupape d'équilibre qui fait communiquer ensemble les deux parties du corps de pompe que sépare le piston. Le poids de la tige de la mine, dans sa course descendante, suffit pour faire remonter le piston.

Deux pompes, une pompe à air et une pompe alimentaire mues par la machine, servent : la première, à épuiser l'eau et l'air du condenseur ; la deuxième, à envoyer dans la chaudière une partie de l'eau chaude retirée du condenseur.

b. — Cataracte. Le balancier et la tige de mine constituent une masse énorme. Pour éviter des chocs qui seraient capables de tout briser, on adopte une vitesse très-lente (7 à 8 oscillations à la minute), et pour donner à ces masses le temps de changer de sens de mouvement après chaque oscillation, on arrête tout le système pendant quelques instants au moment où le piston du corps de pompe est à la partie supérieure de sa course. Outre la question de choc à éviter, une autre considération a conduit les constructeurs à produire cette intermittence : c'est la nature du travail opéré ; il faut quelque temps pour que l'eau se rende des fissures du terrain dans le puisard.

L'arrêt momentané est produit par un appareil désigné sous le nom de *cataracte* et qui se compose principalement d'une petite pompe à eau établie dans une bâche pleine d'eau. Le piston de la machine à vapeur, en arrivant au bas de sa course, soulève le piston de la petite pompe à eau ; une soupape s'ouvre, et l'eau de la bâche s'introduit dans le corps de pompe. En ce moment, le piston de la machine à vapeur remontant, les soupapes d'admission et d'exhaustion sont fermées. En remontant, ce piston laisse au petit piston de la cataracte la liberté de descendre ; mais l'eau qui s'est introduite au-dessous rend ce mouvement plus lent, car elle ne peut s'échapper que par une ouverture dont on peut régler à volonté la section. Or c'est l'abaissement du petit piston qui commande la réou-

verture des soupapes d'admission et d'exhaustion. On peut donc
tout disposer pour que le petit piston, dont la marche est réglée
par l'écoulement de l'eau, n'arrive à l'extrémité de sa course
que quelques secondes après le moment où le piston de la machine à vapeur a atteint le sommet de sa course et s'est par
conséquent arrêté.

Recherches relatives aux machines rotatives. — Le mouvement de va-et-vient de la tige du piston demande, pour être
transformé en un mouvement continu de rotation autour d'un
arbre, l'intermédiaire d'une bielle et d'une manivelle entre cet
arbre et le balancier.

Beaucoup de constructeurs, s'exagérant la perte de puissance
vive résultant de l'emploi d'un intermédiaire, ont fait de nombreuses recherches pour obtenir une machine dans laquelle la
vapeur agirait d'une manière continue, et ont proposé les machines désignées sous le nom de *machines rotatives*. On se
fondait surtout dans ces recherches sur une analogie à réaliser
entre les roues hydrauliques et les machines à vapeur, et l'on
cherchait à obtenir pour ces dernières la continuité d'action
qui caractérise les machines à eau.

Les machines rotatives se divisent en quatre groupes :

1° Machines à réaction directe comme l'éolipyle, sphère à
ajustages inverses placés à l'extrémité d'un diamètre : l'intérieur est rempli d'eau que l'on vaporise et qui en s'écoulant
détermine par réaction la rotation de la sphère.

2° Machines fondées sur l'emploi d'un jet de vapeur contre
les palettes d'une roue semblable à une roue hydraulique. On
a oublié complétement dans ces roues qu'il fallait, comme dans
les roues hydrauliques, éviter les chocs.

3° Machines rotatives, dans lesquelles la vapeur agit par pression, ainsi que dans les moteurs à vapeur usuels. — M. J. Armengaud a décrit, dans le deuxième volume de son excellent
Traité sur les machines à vapeur, ce type de machine rotative.
Il comprend : 1° un récipient annulaire avec un arbre creux

central par lequel arrive la vapeur : une palette C peut tourner autour de cet arbre ; elle a une longueur égale au rayon du cylindre ; 2° un obturateur à tiroirs D, D'. L'obturateur D' étant amené dans la position où il ferme toute communication avec la vapeur, on a une portion de récipient qu'on peut considérer comme close par l'obturateur D', la paroi du cylindre et la palette C. De ces parois, une seule est mobile, la palette C ; alors si l'on fait arriver la vapeur par l'axe B creux, la pression de la vapeur fera mouvoir la palette C qui communiquera ce mouvement à un arbre. Quand la palette aura dépassé l'obturateur D, on effacera D' et on opérera la fermeture par D, etc.

4° Machines rotatives à cylindres tournants, c'est-à-dire à cylindres emportés dans le mouvement de rotation que les pistons communiquent à l'arbre moteur.

Tels sont les quatre systèmes ; aucun n'est arrivé à des résultats pratiques sérieux. Ils conduisent à des pertes de puissance bien supérieures à celles de la bielle et de la manivelle.

Transmission du mouvement alternatif du piston à un mouvement de rotation autour d'un axe. — La transformation du mouvement alternatif en mouvement circulaire continu est un des problèmes les plus importants de la mécanique ; des cours spéciaux ont fait connaître toutes les solutions données de ce problème.

Deux solutions principales sont en usage dans les machines à vapeur : 1° bielle et manivelle mues par un balancier intermédiaire ; 2° bielle et manivelle commandées directement par le piston.

Il y a un moment délicat dans ces deux modes de transmission, c'est celui où le mouvement du balancier ou celui du piston change de sens. Ce moment d'incertitude ou d'hésitation est désigné par l'expression *point mort* ; pour les franchir, on emploie le volant qui, en vertu de sa masse, régularise le mouvement. Il agit comme emmagasinant la force

vive ; en en cédant un peu au moment où la bielle arrive au
point mort, il permet à la manivelle de franchir ce point et à
l'arbre de continuer le mouvement. La théorie du volant a été
si souvent donnée que nous n'avons pas à la répéter ici.

Cylindres conjugués. — Le volant avec ses grandes dimensions ne peut être employé ni dans les machines locomotives,
ni dans les machines de bateau ; si, dans ces dernières, les
roues à aubes peuvent remplacer le volant, il n'en est pas de
même quand la machine fait marcher directement une hélice,
et il faut recourir à d'autres dispositions pour assurer la continuité du mouvement. La disposition la plus usuelle consiste
à remplacer le volant par deux cylindres à vapeur dits *cylindres
conjugués*, dont les pistons agissent sur deux bielles réunies à
des manivelles calées à angle droit sur l'arbre moteur, de façon
que, lorsqu'une bielle est à son point mort, l'autre exerce son
maximum d'action.

Il y a trois dispositions de cylindres conjugués :

1° Cylindres parallèles, usités sur les machines locomotives
et sur quelques machines fixes ;

2° Cylindres obliques, faisant un angle dont le sommet se
trouve sur l'arbre de rotation, employés sur les machines de
bateau et sur quelques machines fixes à grande vitesse ;

3° Cylindres placés bout à bout, ayant un axe commun, et
agissant sur la même manivelle, usités sur les machines de
bateau et sur quelques machines fixes des souffleries.

L'emploi des cylindres conjugués présente d'autres avantages
que ceux inhérents à la suppression des volants ; ils permettent
l'emploi de pièces de dimensions moyennes plus faciles à construire et à monter que les pièces de grandes dimensions, et
dont la rupture entraîne moins de conséquences fâcheuses.
Dans les machines à un seul cylindre, la moindre réparation
entraîne le chômage de toute l'usine ; dans les machines à deux
cylindres, au contraire, on peut momentanément suspendre
l'emploi d'un cylindre, et obtenir cependant avec l'autre un

travail suffisant. Enfin, quand une machine à vapeur est destinée à suppléer à l'insuffisance d'un cours d'eau, il est très-désirable de pouvoir ne demander à la machine que juste ce qu'il faut pour suppléer à cette insuffisance ; l'emploi d'un seul cylindre répond très-fréquemment aux besoins du travail.

Division des machines au point de vue du mode de transmission du mouvement du piston. — Le nombre des types de machines est, nous l'avons dit, très-considérable ; mais, au point de vue du mode de transmission du mouvement du piston, on peut comprendre toutes les machines en quatre groupes, savoir :

1° Machines à cylindres *verticaux* et à *balancier ;*

2° Machines à cylindres *verticaux* ou *inclinés*, et à action directe ;

3° Machines à cylindres *oscillants ;*

4° Machines à cylindres *horizontaux.*

Machines à cylindres verticaux et à balancier. — Les premières machines à vapeur exécutées par Watt avaient pour objet l'épuisement des mines, et la transformation du mouvement était celle qui convenait le plus à ce genre de travail. En appliquant la machine à vapeur à d'autres usages, on prit la machine de Watt telle qu'elle était ; et en considérant même l'emploi du balancier comme une partie intégrante et indispensable du système, on se contentait de remplacer la tige de la pompe à épuisement par une bielle et une manivelle faisant mouvoir un arbre de couche.

Les machines à balancier ont de grands avantages ; la régularité de marche est parfaite, leur puissance est considérable, elles exigent très-peu d'entretien, et il existe des machines de ce type en service depuis quarante ans. Enfin, leur aspect est monumental, et cette considération ne saurait être négligée dans certaines circonstances.

Par contre, elles présentent plusieurs inconvénients :

Le poids de la machine est considérable et les fondations

doivent être exécutées avec un soin minutieux. Il est difficile
de réunir sur une seule plaque de fondation les trois parties
principales de la machine : le cylindre, le support du balancier
et le support de l'arbre de couche. Ces trois parties sont souvent établies séparément, et si l'une d'elles vient à tasser, la
machine tout entière est compromise. Enfin, le montage de
ces machines ne peut se faire à l'avance à l'atelier ; une partie
doit être ajustée sur place, et cette sujétion se traduit par une
augmentation de dépense.

En second lieu, le balancier ne peut supporter des oscillations
rapides, et il est impossible d'avoir la vitesse de rotation qui
convient à la plupart des usines sans employer un engrenage
qui consomme toujours une certaine quantité de force.

Enfin, les machines à un seul cylindre se prêtent moins bien
que les machines à deux cylindres à l'emploi de la détente :
dans un seul cylindre, en effet, la pression variant pendant la
course du piston, celui-ci transmet au balancier des efforts
très-inégaux pendant la durée de la course, et il faut donner à
cette pièce, toujours difficile à fabriquer et à poser, des dimensions suffisantes pour résister au maximum d'effort.

Dans les machines à deux cylindres de Woolf, ce dernier inconvénient disparaît, et le balancier, soutenu d'ailleurs en deux
points, peut être moins volumineux que dans les machines à
un seul cylindre.

Les machines à balancier exigent l'emploi, soit du parallélogramme de Watt, soit des combinaisons dérivées du parallélogramme, et cet accessoire du mode de transmission est assez
coûteux.

Malgré ces inconvénients, le nombre des machines à balancier est considérable, et l'on peut dire que l'on en construit
chaque jour de nouvelles. Pour les travaux qui, comme ceux
des pompes, exigent un mouvement alternatif, on ne saurait
trouver une combinaison supérieure à celle du balancier. En
faisant varier la longueur des bras de levier, on modifie sans

engrenage la vitesse des pompes et l'on peut adopter l'allure qui convient le mieux à ces sortes de machines.

Machines à cylindres verticaux ou inclinés et à action directe.

a. — *Machines à cylindres inclinés.* Le nombre des machines fixes dans lesquelles on emploie les cylindres inclinés est peu considérable; nous ne les mentionnons que pour mémoire. Elles sont à action directe et disposées à cet égard comme une partie des machines à cylindre vertical dont nous allons parler. Les ateliers du chemin de fer de Paris à Lyon, à Bercy, sont mus par une belle machine fixe à cylindres inclinés.

b. — *Machines à cylindres verticaux.* Le balancier étant supprimé, la tige du piston est articulée de façon à former bielle agissant directement sur la manivelle; le piston, dans les machines d'une certaine dimension, doit être guidé dans la partie qui doit rester verticale; nous ne décrirons pas les dispositions nombreuses proposées pour ce détail de construction.

Le volant dans les machines à action directe est une pièce indispensable; d'une part, il doit entraîner la manivelle dans ses deux positions verticales; en second lieu, il doit combattre une seconde action perturbatrice. Le poids du piston et de la tige n'est en effet équilibré par rien; ce poids s'ajoute à l'action de la vapeur quand le piston descend, il s'en retranche quand le piston remonte. Il en résulte des actions accélératrices ou retardatrices que doit vaincre le volant.

Les machines à action directe réunissent plusieurs avantages : grande simplicité dans la construction, montage facile, fondations peu dispendieuses.

Les machines de ce type sont habituellement employées sans condenseur, ce qui en simplifie extrêmement la construction.

Ce type est très-employé pour les machines de force moyenne, et il en existe de très-nombreux spécimens dans toutes les industries. Nous citerons, comme objet d'études, une machine à colonne évidée, construite par M. Fairbairn et qui fait mouvoir à Paris, au Conservatoire des arts et métiers, les pompes et appareils divers exposés au public. Cette machine a son cylindre en partie enterré : la tige du piston, la bielle et la manivelle sont contenues dans une colonne évidée ; de sorte que la machine se réduit pour ainsi dire à une colonne surmontée d'un volant. On peut cependant critiquer le trop grand nombre de pièces cachées à l'œil du mécanicien, et la difficulté que présente leur graissage.

Machines à cylindres oscillants. — Nous avons dit que, dans la machine à action directe, la tige du piston est articulée à la bielle et que, tandis que le piston conserve un simple mouvement de va-et-vient, la bielle ajoute à ce va-et-vient un mouvement d'oscillation. M. Cavé a eu l'idée de supprimer la bielle et d'imprimer à la tige du piston le double mouvement de va-et-vient et d'oscillation : le cylindre est alors entraîné par la tige du piston et il prend le mouvement d'oscillation de la bielle ; la vapeur est introduite et s'échappe par les tourillons.

Il y a eu, au début de ces machines, hésitation sur la position à prendre pour le centre d'oscillation, et l'on s'est demandé s'il convenait de le placer à la partie inférieure du cylindre, ou au centre de gravité.

On avait cru obtenir plus de fixité en plaçant l'axe à la partie inférieure, sur le support même de tout l'appareil, mais il en résultait de nombreux inconvénients : 1° la machine était mal équilibrée ; 2° la course angulaire du piston restant la même, les arcs parcourus par un point quelconque doublaient de longueur ; 3° enfin, l'exécution du tiroir placé ainsi extérieurement à une extrémité du cylindre laissait beaucoup à désirer.

En plaçant au contraire le centre d'oscillation au centre de gravité :

1° L'équilibre est obtenu ;

2° Les oscillations du piston sont moindres ;

3° Enfin, l'admission et l'échappement se font avec facilité par les tourillons, dont il suffit d'augmenter les dimensions.

Toutefois la suppression de la bielle n'est pas un avantage considérable lorsque l'on peut disposer d'une place suffisante, et la machine oscillante n'a pas de raison d'être à terre ; mais elle continue à être employée avec succès dans les machines marines, pour lesquelles la question de place disponible est capitale.

Machines à cylindres horizontaux. — La machine à cylindres horizontaux, aux yeux de plusieurs constructeurs, doit être considérée comme le type définitif de la machine à vapeur. Sa faible hauteur permet l'accès, la surveillance et le graissage de toutes les parties de l'appareil ; les fondations sont peu dispendieuses. Toute la machine peut tenir sur une plaque de fondation ; elle peut dès lors être complétement ajustée à l'atelier et transportée presque toute montée.

On peut enfin imprimer à l'arbre une grande vitesse sans transmission intermédiaire et sans perte de force.

Tous ces avantages sont incontestables, et, pour les machines employées dans les travaux publics notamment, la simplicité dans l'installation est une considération de premier ordre ; mais nous ne pensons pas qu'il y ait lieu de formuler un jugement aussi absolu et qu'il convienne de condamner définitivement les machines à cylindres verticaux. Ces dernières ont pour elles une expérience presque demi-séculaire, tandis que les machines horizontales ne datent que de quelques années.

Ovalisation des cylindres. — On a fait à ces dernières machines un reproche qu'il importe de mentionner, parce qu'on ne saurait le considérer comme tout à fait écarté : nous voulons parler de l'ovalisation du cylindre sous l'action du piston. Il est certain que le piston et sa tige portent sur les génératrices inférieures du cylindre, que celles-ci doivent s'user plus rapidement que les génératrices supérieures, et qu'il en résulte une ovalisation de la surface du cylindre, ovalisation permettant le passage de la vapeur d'un côté à l'autre du piston.

On a proposé divers procédés pour prévenir cette usure inégale du cylindre. Le plus répandu consiste dans le prolongement de la tige du piston à travers la base du cylindre ; le piston suspendu sur cette tige ne porte plus sur les génératrices inférieures. Cette disposition n'offre pas une entière efficacité : à moins de donner des dimensions exceptionnelles à la tige du piston, ce dernier fléchira toujours dans les cylindres de grande longueur, et les garnitures des deux tiges du piston pourront donner passage à la vapeur ; en outre, la tige additionnelle du piston augmente l'étendue des surfaces refroidissantes introduites dans le cylindre.

MM. Farcot rejettent l'emploi de la tige prolongée et ils donnent au piston une grande longueur, de manière à répartir sa pression sur la plus grande surface possible.

Ces diverses combinaisons ne préviendront pas l'inégalité de l'usure du cylindre, et nous avons vu M. Hirn déclarer que la vapeur surchauffée ne pouvait être employée dans les machines horizontales, ce fluide subtil passant dans ces machines d'un côté à l'autre du piston. Il est certain, à ce point de vue, que les machines verticales conserveront une incontestable supériorité.

Paliers des machines horizontales. — La construction des paliers de manivelles des machines horizontales de grande dimension présente de sérieuses difficultés ; ces paliers sont divisés en plusieurs morceaux qui, en cas d'usure, se rapprochent les uns des autres, de manière que l'ensemble conserve une même force de surface flottante. On a beaucoup discuté sur la position à donner aux joints de ces blocs : il n'y a pas d'inconvénient à placer un joint verticalement, la résultante des pressions n'étant verticale qu'au moment du repos.

Les machines horizontales étant à action directe ne peuvent se passer de volant ; pour diminuer la fatigue que cet organe fait supporter au bâtis de la machine, on rabat le volant vers le cylindre.

Disposition du condenseur. — Beaucoup de machines horizontales, construites sans détente ni condenseur, sont réduites à une extrême simplicité.

On peut cependant y joindre un condenseur. Le mouvement de la pompe à air est commandé par une bielle liée au piston; celui-ci porte une traverse assujettie à se mouvoir entre deux glissières horizontales, et qui assure son mouvement rectiligne. A cette traverse viennent s'articuler la grande bielle qui fait mouvoir l'arbre, et deux petites bielles qui commandent la pompe à air.

La pompe à air et le condenseur, dans quelques machines horizontales, étant placés sous ces machines, l'accès en était difficile : en articulant des leviers sur les bielles dont nous venons de parler, on a pu placer le condenseur et la pompe à air en quelque sorte en dehors de la machine, et dès lors dans une position qui permet de les visiter à tout instant.

Question de la mode dans le choix des machines. — Le choix des machines est souvent influencé par une circonstance qui ne devrait pas cependant avoir d'importance en pareille matière; nous voulons parler de la mode ou de l'engouement pour tel ou tel type. C'est ainsi que l'on a vu des machines oscillantes employées à terre dans des circonstances où rien ne commandait une concentration exceptionnelle; c'est ainsi que l'on a préconisé l'emploi des chaudières tubulaires en remplacement des chaudières à deux bouilleurs, si simples de construction et d'entretien. Il faut, dans le choix d'une machine, se préoccuper avant toutes choses de l'expérience acquise et des déterminations prises par les ingénieurs placés dans des conditions semblables à celles qui se présentent à nouveau.

Cette question de l'influence de la mode dans des matières en quelque sorte purement scientifiques, se représente trop souvent; une manie d'imitation peu raisonnée conduit les constructeurs à reproduire des dispositions spéciales sans se rendre compte des nécessités qui ont conduit à ces dispositions. A Liverpool et à Manchester, le terrain est très-cher ; on a, pour les filatures, adopté des bâtiments très-élevés, à cinq ou six étages. Pendant cinquante années, on a copié dans toute l'Europe ce mode de construction, malgré les inconvénients sans nombre qui résultent de cette superposition des métiers : montage des matières brutes, perte de temps pour les ouvriers qui montent et descendent sans cesse les escaliers, assiette difficile des métiers sur les planchers et au milieu des supports des étages, destruction certaine de l'édifice quand un incendie se déclare, etc., etc. On abandonne aujourd'hui ces dispositions, et les filatures s'étendent dans de vastes espaces partout où le prix des terrains n'est pas un obstacle insurmontable.

Il est difficile de préciser des règles absolues. Nous croyons cependant que l'on peut, dans les établissements que les ingénieurs des ponts et chaussées ont le plus souvent à construire, adopter les modèles ci-après :

Alimentation d'eau pour les grandes villes : machines verticales à deux cylindres (Woolf), avec balancier et condensation.

Ateliers de construction fixes : machines à cylindres horizontaux, bielle directe et condensation.

Ateliers de construction temporaires : machines à cylindres horizontaux, bielle directe, sans condensation.

Machines américaines à 4 cylindres, de Hicks. — L'Exposition universelle de 1867 renfermait une machine américaine à cylindres qui attirait l'attention par son faible volume et la concentration de ses organes ; elle se composait de 4 cylindres horizontaux à simple effet, opposés deux à deux de chaque côté de l'arbre de transmission.

Chaque piston sert de tiroir au cylindre voisin.

La simplicité de cette disposition n'est qu'apparente, et deux cylindres à double effet feraient probablement le même travail que ces quatre cylindres à simple effet.

La vapeur passe par des circuits multipliés, et il nous paraît difficile qu'elle ne perde pas une partie de sa pression en subissant ces étranglements.

La machine est à échappement libre sans condensation.

La détente est fixe ; elle était réglée à moitié dans la machine exposée.

Nous n'avons pu avoir de renseignements sur la consommation. Nous pensons que cette consommation doit être assez importante, mais la simplicité exceptionnelle d'installation de cette machine doit la rendre précieuse dans un certain nombre de circonstances.

Vitesse du piston dans les machines de divers modèles. — La détermination de la vitesse du piston est un problème très-complexe et dont mathématiquement la solution est indéterminée, puisqu'il s'agit de résoudre une équation du premier degré à plusieurs inconnues. On peut, en effet, pour dépenser en un temps donné un volume de vapeur déterminé, faire varier :

soit le nombre des cylindrées ;

soit le volume de chacune de ces cylindrées.

La cylindrée elle-même conservera un volume constant, en faisant varier à l'infini le diamètre et la hauteur du cylindre et, par suite, l'amplitude de la course du piston.

C'est donc à l'expérience seule qu'il y a lieu de demander des renseignements. On peut, à cet égard, noter les chiffres suivants :

a. — *Vitesse par seconde :*

1^m,00 à 1^m,50, machines à balancier, machines oscillantes ;

1^m,50 à 2^m,00, machines à action directe, navire à hélices ;

2^m,00 à 5^m,50, machines locomotives, machines rapides.

b. — *Course du piston :*

Machines de moins de 10 chevaux. . . .   0^m,70 ;

   —   de 10 à 50   — . . . . .   1^m,00 ;

   —   de 50 à 150   — . . . . .   1^m,40 ;

   —   au-dessus de 150   — . . . .   2^m,00 à 5^m,00 ;

Locomotives. . . . . $0^m,60$ à $0^m,70$;
Machines à hélices. . . . . $0^m,70$ à $1^m,50$.

c. — Nombre de coups de piston par minute :

L'expérience laisse à cet égard une trop grande latitude : le nombre de coups de piston varie entre 6 et 600 par minute. Nous avons parlé des grandes machines d'épuisement de Cornouailles, qui ne donnent que 6 à 7 coups de piston par minute. Les machines industrielles ne sauraient se contenter de cette marche lente et l'on est arrivé rapidement à 30 ou 40 oscillations par minute, en se servant d'un volant denté pour réaliser la vitesse nécessaire à chaque nature de travail; puis on a cherché à supprimer cet intermédiaire et l'on a construit des machines qui donnent 100, 200, 300 et même 600 tours par minute. Nous croyons que ces dernières vitesses sont exagérées ; elles comportent des chances d'usure rapide, de destruction même des organes, et se prêtent mal à l'emploi de la détente. Nous admettons, au contraire, pour des cas déterminés, des vitesses de 100 à 200 tours, et, si l'on nous demande une conclusion, nous dirons : Pour les grandes machines destinées à faire marcher les ateliers de premier ordre, à assurer l'approvisionnement d'eau d'une ville ou l'exploitation des mines, il est préférable d'employer les grands cylindres à longue course de piston et à rotation lente.

Pour les petits ateliers, au contraire, pour les machines commandant des outils isolés, pour les organisations provisoires sur les chantiers, les machines légères à rotation rapide sont destinées, selon nous, à rendre les plus grands services.

§ 4. — Détermination de la force des machines.

Détermination de la force nécessaire à la marche des usines. — La détermination de la force nécessaire à la marche d'une usine est un problème très-compliqué, et la seule règle à suivre peut-être consiste à forcer les évaluations obtenues par le calcul, de manière à avoir une machine capable de fournir un travail plus considérable que celui que l'on prévoit au moment de la mise en marche.

En effet, sans se transformer, une usine peut se développer un jour ; les dépenses d'installation, de bâtis, les frais généraux sont identiques pour une machine de 80 chevaux et une de 100, et la différence de prix entre deux machines de cette nature est généralement faible. A un jour donné, enfin, il peut être d'une importance capitale d'augmenter de 25 à 30 p. 100 la puissance du moteur, sans avoir autre chose à faire que de modifier ou de supprimer la détente ou d'augmenter la pression dans les chaudières.

Des considérations semblables doivent guider dans le choix à faire d'une chaudière.

Nous venons de parler de la détente ; c'est elle qui permet aussi de proportionner la puissance de la machine aux variations souvent journalières de la résistance, et cela dans des limites très-étendues. Avec des machines dans lesquelles on peut cesser l'admission de la vapeur après $1/20^e$ de la course du piston, on peut faire varier la puissance de la machine dans le rapport de 1 à 3 et obtenir 20, 40 ou 60 chevaux.

Difficulté d'indiquer la force des machines. Insuffisance de la notion du cheval-vapeur. — La force des machines s'évalue habituellement en chevaux-vapeur de 75 kilogrammètres. Cette unité, représentant un poids de 75 kilog. élevé à 1 mètre en une seconde, a en quelque sorte une valeur légale, car elle est plusieurs fois mentionnée dans les lois et ordonnances. En cas de contestation sur la puissance d'une machine, la valeur du cheval serait celle que nous venons d'indiquer. Mais on doit considérer aujourd'hui ce mode d'évaluation de la force d'une machine comme complétement insuffisant et incertain.

La possibilité de faire varier la pression de la vapeur dans la chaudière, l'emploi de la détente variable, changent si complétement les conditions de travail d'une machine, qu'il devient difficile de l'assimiler à une pompe ayant à élever dans un temps donné une quantité d'eau déterminée.

Absolument inusitée pour les machines locomotives, l'appréciation de la force en chevaux-vapeur est déjà abandonnée par un grand nombre de constructeurs. Et de plusieurs côtés on s'est efforcé de définir le travail demandé à une machine en le spécialisant et en indiquant, par exemple, le nombre de broches, de meules, de cylindres, à faire mouvoir dans un temps donné avec une consommation de combustible aussi donnée.

Pour les appareils de navigation, on définit le poids du navire et la vitesse à obtenir par un temps calme.

Enfin, si l'on veut employer l'ancienne dénomination de chevaux-vapeur, il importe de compléter cette désignation par celle de la valeur de chaque cheval, et préciser s'il s'agit de chevaux de 75 kilogrammètres, de 100, de 200 et même de 300 kilogrammètres.

En Angleterre, l'unité prise par Watt était le poids de 33,000 livres élevé à 1 pied en une minute. Il équivaut à 76 kilogrammètres. La même incertitude règne en Angleterre sur la valeur du cheval, et plusieurs appareils anglais ont une puissance dont l'indication en chevaux, pour être exacte, exigerait une unité de 300 kilogrammètres.

Dans le département du Nord, les constructeurs et les industriels admettent qu'un cheval-vapeur correspond à la pression exercée par la vapeur à 5 atmosphères, agissant sur un piston de 55 centimètres carrés de surface et marchant de 1 mètre par seconde.

Cette force représente 110 kilogrammètres.

Désignations employées dans la marine. — Dans la marine, rien de plus confus que les désignations employées. M. Ledieu cite neuf formules :

1° Formule de Watt ;

2° Formule du gouvernement ;

3° Formule de l'amirauté ;

4° Force nominale réalisée ;

5° Force en chevaux de 75 kilogrammètres sur les pistons ;

6°   —   de 75 kilogrammètres sur l'arbre de couche ;

7°   —   de 200, 225 ou 250 kilogrammètres sur les pistons ;

8°   —   de 200, 225 ou 250 kilogrammètres sur l'arbre de couche ;

9°   —   de basse pression.

Les formules dites de Watt, du gouvernement, de l'amirauté, contiennent des coefficients très-différents et qui varient encore avec chaque grande usine.

Dans l'énumération qui précède, la force la plus facile à apprécier est celle qui est développée dans le cylindre, parce qu'on peut, à l'aide de l'indicateur de Watt, constater la valeur des pressions pendant la course du piston. On pourrait en déduire la force de la machine, si l'on connaissait le coefficient de réduction par lequel il convient de multiplier la valeur du travail indiqué par les courbes pour obtenir le travail utile transmis au premier arbre moteur ; ce coefficient de réduction représente la force consommée en frottements par les organes de la machine.

M. Leloutre, ingénieur à Mulhouse, a cherché à découvrir la valeur de ce coefficient dans des machines construites par M. Hirn, en comparant les résultats indiqués par les indicateurs de Watt avec les résultats directs donnés par les essais au frein.

Tandis que le calcul de la surface des diagrammes donnait pour la force de la machine. . . . . 120^{ch},72,
les essais dynamométriques n'indiquaient que. .   109 ,65 ;
les frottements de la machine absorbaient donc. .   11 ,07,
et le coefficient de réduction s'élevait à. . . . . .   0 ,908,
près de 10 p. 100.

Nous pensons que l'on peut, dans un grand nombre de cas, adopter ce chiffre de 10 p. 100 comme coefficient de réduction de la force développée dans les cylindres.

Dans les expériences que nous venons d'indiquer, on a cherché quelle était la force qui correspondait à la pression de la vapeur dans la chaudière; cette force était de. . . . . . . $154^{ch},85$; les essais dynamométriques donnant. . . . . $109\ ,65,$

la perte totale s'élevait à. . . . . $45^{ch},20,$ soit $29^{ch},2$ p. 100 au lieu de $9^{ch},1$ indiqué ci-dessus.

Cette différence représente la perte due à la différence de pression entre la chaudière et le cylindre. Le coefficient d'effet utile final ressort donc à 70,8 p. 100. Pour les machines ordinaires, nous considérons ce rendement comme élevé, et, dans be au coup de cas, on doit se contenter de 60 à 62 p. 100.

Pour les machines dans lesquelles on ne prend point de précautions pour conserver à la vapeur de la chaudière sa température et sa pression, l'effet utile doit tomber au-dessous de 50 p. 100.

Du nombre et de l'incertitude des formules indiquées ci-dessus, on ne peut conclure qu'une chose : c'est que l'appréciation en chevaux-vapeur est un problème presque impossible, et que, ainsi qu'on le fait depuis longtemps pour les locomotives, il faut pour les autres machines chercher de nouveaux termes de comparaison.

CHAPITRE VI

§ 1er. — Considérations générales sur les appareils de navigation.

Historique des machines à vapeur de navigation. — L'historique des machines à vapeur de navigation est sans grand intérêt et, comme pour les machines fixes, il est impossible de dire à quel ingénieur on peut attribuer la conception et la réalisation d'une machine de bateau complète.

Le nombre des modèles adoptés pour les appareils de navigation est plus considérable peut-être que celui des modèles adoptés pour les machines fixes, et il semble, dans bien des circonstances, qu'un constructeur n'a pas eu, pour changer une disposition, d'autre motif à invoquer que celui de ne pas imiter ses prédécesseurs ou ses concurrents.

L'étude des appareils de navigation ne peut donc être entreprise qu'à la condition de les ramener d'abord à un aussi petit nombre de groupes que possible.

M. Ledieu, dans le livre le plus récent et le plus complet qui ait été publié sur les appareils de navigation à vapeur, propose de classer ces appareils sous trois points de vue principaux :

1° D'après le mode de travail de la vapeur ;

2° D'après le mode de transmission du mouvement du piston à l'arbre de couche ;

3° D'après l'espèce du propulseur.

Nous adopterons cette distinction aussi simple que rationnelle.

Classification des appareils de navigation d'après le mode de travail de la vapeur. — La classification des appareils de navigation d'après le mode de travail de la vapeur comprend :

Les machines à basse, à moyenne, à haute pression ;

—   avec ou sans condenseur ;

—   avec ou sans détente.

Dans les machines à basse pression, la tension absolue de la vapeur est inférieure à 1 atmosphère 5 dixièmes.

Dans les machines à moyenne pression, la tension absolue est comprise entre 1 atmosphère 5 dixièmes et 3 atmosphères.

Enfin, dans les machines à haute pression, la tension absolue est supérieure à 3 atmosphères.

Les machines à basse pression ne peuvent marcher économiquement sans condenseur, ni employer avec succès la détente.

Les machines à moyenne pression sont habituellement avec condenseur et avec détente.

Les machines à haute pression sont souvent sans condenseur, mais elles marchent toujours avec détente.

Jusqu'en 1840 environ, tous les appareils de navigation ont été à basse pression. On redoutait l'emploi de la haute pression sans se rendre un compte exact des conditions dans lesquelles résistent les chaudières. Nous ne répéterons pas les arguments que nous avons donnés pour montrer combien les chaudières destinées aux hautes pressions résistent mieux, et combien, en somme, elles présentent plus de sécurité. Constatons toutefois les efforts faits par les constructeurs pour employer la vapeur à des pressions de plus en plus élevées dans les machines marines aussi bien que dans les machines fixes ; cependant les progrès ont été plus lents, et, dans l'espace de cinquante années, on s'est à peine élevé de 18 centim. à 155 centim. de mercure pour l'ensemble des machines marines.

Dans quelques cas exceptionnels, pour des machines de rivière, pour quelques canonnières, on a atteint des pressions de 5 atmosphères. Sur les paquebots des grands fleuves de l'Amérique du Nord, la pression s'élève à 9 ou 10 atmosphères.

Inconvénients de la haute pression dans les machines marines. — Sur les fleuves et sur les lacs, dans les ports situés à l'embouchure de grands fleuves, aucun sinistre grave n'a fait regretter l'emploi de la haute pression dans les machines de navigation ; mais la question est beaucoup moins avancée dans les machines marines proprement dites, et pour ces dernières un grand nombre d'ingénieurs et de constructeurs expérimentés repoussent l'emploi de la haute pression.

a.—Les dépôts salins augmentent dans une grande proportion avec l'élévation de la température, et l'évacuation des eaux, dès qu'elles deviennent trop chargées, ne suffit plus pour empêcher la précipitation des sels ; il faut recourir aux nettoyages, aux grattages, opérations toujours difficiles et qui ne peuvent être efficacement surveillées.

b. — On peut tirer un excellent parti de l'eau de condensation, qui est à peu près pure. Il suffit de mélanger cette eau en proportions convenables à l'eau de mer. La précipitation des sels est retardée et on peut atteindre une pression plus forte.

c. — C'est vers 140° ou 150°, c'est-à-dire à la température correspondante aux pressions de 4 à 5 atmosphères, que l'eau ne peut plus contenir le sel en dissolution ; ce corps se sépare spontanément et se précipite comme le ferait du sable ou de l'argile ; il y a comme une prise en masse générale.

d. — Les fuites dans les cylindres, dans les tiroirs, dans les presse-étoupes, sont beaucoup plus difficiles à réparer dans une machine de bateau que dans les machines à terre, autour desquelles la circulation est facile et dont tous les organes sont plus accessibles que ceux d'une machine marine. On possède, en outre, à terre, pour l'exécution des réparations, des ressources qui manquent totalement en mer ou dans presque toutes les stations maritimes. Tout conseille donc l'emploi des machines aussi peu sujettes que possible aux fuites et aux déperditions, et, à cet égard, la basse pression l'emporte beaucoup sur la haute pression.

e. — L'emploi des hautes pressions exige des chaudières cylindriques, qui se prêtent moins bien que des chaudières rectangulaires à l'utilisation de la place disponible dans un navire. Or, ces chaudières cubiques, consolidées par des armatures, ne peuvent supporter des hautes pressions que si ces armatures sont extrêmement rapprochées, comme le sont les entretoises des machines locomotives. L'abondance des dépôts salins s'oppose d'une manière absolue au rapprochement des armatures, et l'on s'est toujours imposé, dans les chaudières marines, l'obligation de rendre toutes leurs parties accessibles à la main de l'ouvrier. Ces considérations conduisent à l'emploi des surfaces planes consolidées à des intervalles assez grands, et, par suite, excluent les fortes pressions.

f. — Enfin, l'on ajoute que les conséquences des accidents arrivés aux chaudières à haute pression sont beaucoup plus redoutables sur un navire que celles des accidents arrivés aux chaudières à moyenne pression. Ici, la coque du navire résiste à la projection des éclats de la chaudière ; il n'en est pas de même avec une pression double ou triple, et l'explosion d'une chaudière à haute pression peut faire sombrer le bâtiment à pic et pour ainsi dire instantanément.

g. — Des accidents graves arrivés à des chaudières à haute pression donnent raison aux craintes que nous venons d'exprimer ; plusieurs chaudières de canonnières ont fait explosion : le remorqueur *le Quillebœuf*, dont la chaudière était timbrée à 7 atmosphères et qui faisait un excellent service au Havre, a eu sa chaudière emportée après quelques mois de service à Marseille, et on a constaté que les sédiments avaient atteint une épaisseur de 7 à 8 centimètres.

On ne doit pas cependant considérer cette question comme résolue d'une manière définitive. L'emploi des condenseurs à surface et, par suite, la vaporisation d'une eau formée d'un mélange d'eau de mer et d'eau distillée (l'eau pure n'a pas donné de bons résultats) fera disparaître une partie des inconvénients signalés, au moins en ce qui concerne les sédiments. Probablement le surchauffage de cette vapeur permettra d'arriver à des pressions plus élevées que celles auxquelles on s'arrête aujourd'hui, et, dans notre conviction, l'avenir appartient aux hautes pressions ou au moins à des pressions plus élevées que celles admises aujourd'hui.

Surchauffage de la vapeur dans les machines marines. — Nous avons, dans le chapitre consacré à la génération de la vapeur, parlé des avantages que présentait l'emploi de la vapeur surchauffée, c'est-à-dire de la vapeur isolée de son liquide et fonctionnant comme un gaz permanent. Nous avons fait connaître les résultats considérables déjà obtenus en Alsace par M. Hirn. Le même problème s'est posé pour les machines marines, et il a donné lieu, en Angleterre, à des discussions semblables à celles qui ont eu lieu pour les machines ordinaires : la valeur des surchauffeurs a été très-exaltée d'une part, presque niée de l'autre. Nous avons expliqué ce double courant d'idées. Pour une machine pourvue d'une chaudière insuffisante, l'emploi d'un surchauffeur a augmenté la surface de chauffe et la puissance vaporisatrice, et il a, dès lors, été signalé comme réalisant un grand progrès; quand, au contraire, la chaudière répondait parfaitement aux besoins de la machine, l'addition d'un surchauffeur a paru une complication inutile.

En France, la question du surchauffage de la vapeur a été, et est en ce moment même, l'objet de nombreuses études dans les chaudières de navigation; mais les résultats obtenus donnent également lieu à de vives controverses. MM. Delafosse et Corradi ont installé un appareil surchauffeur sur le vaisseau *le Fontenoy*, et, dans un rapport adressé en 1862 au ministre de la marine, une commission a constaté que cet appareil avait donné une économie de 17 p. 100 dans la dépense du charbon. Cette économie même était plus considérable quand, au lieu de marcher avec quatre chaudières, marche habituelle, on ne mettait au feu que deux ou qu'une seule chaudière.

Sur *le Sinaï*, MM. Delafosse et Corradi affirment que, depuis trois ans que leur appareil est installé à bord, l'économie réalisée s'est élevée à 15 p. 100.

D'un autre côté, les ingénieurs de la compagnie des Messageries impériales limitent à 8 ou 10 p. 100 l'économie attribuable à l'emploi du surchauffeur; mais les inventeurs prétendent que cette diminution tient à une installation vicieuse du surchauffeur.

Enfin, des essais récents faits par la compagnie Transatlantique n'ont pas été favorables au surchauffeur : on n'a pas reconnu une économie sensible, et on a trouvé que la conduite générale de la machine entraînait des sujétions. Les ingénieurs de cette compagnie donnent la préférence à un simple réchauffeur, consistant en une capacité contenant une ou deux cylindrées de vapeur et traversée par la cheminée ; l'eau entraînée de la chaudière est vaporisée et la vapeur arrive dans le cylindre aussi sèche que possible.

Classification des appareils de navigation au point de vue de la transmission du mouvement. — Les appareils de navigation, au point de vue de la transmission du mouvement des pistons à l'arbre de couche, peuvent être divisés en cinq groupes principaux, savoir :

Machines à balancier ;

Machines oscillantes ;

Machines à bielle directe ;

Machines à bielle en retour ;

Machines à fourreau.

Machines à balancier. — Les premières machines de navigation à vapeur ont été des machines à balancier. On a transporté sur les bateaux les dispositions adoptées dans les machines fixes et qui étaient considérées comme constituant en quelque sorte la machine à vapeur. Cependant les mêmes avantages et les mêmes inconvénients se sont représentés : d'une part, grande régularité de marche, les roues faisant fonctions de volants, mais, d'autre part, peu d'aptitude pour les vitesses accélérées ; accès facile de toutes les pièces de la machine, et peu de réparations, mais poids considérable et, par suite, absorption par la machine d'une partie importante de la capacité de tonnage du navire.

Les machines à balancier présentent trois dispositions principales :

1° *Balancier supérieur :*

Le balancier est formé d'une seule pièce en fer ou en fonte. Le cylindre est vertical ; la tige du piston, guidée entre deux glissières, est reliée à l'aide d'une bielle à l'une des extrémités du balancier. L'autre extrémité du balancier est articulée avec une bielle reliée à une manivelle fixée sur l'arbre de couche, qui est horizontal.

La disposition du balancier supérieur diminue la stabilité, la partie supérieure de la machine étant située au-dessus du tablier du navire. Cette construction, très-usitée sur les bateaux à roues américains, et que l'on a pu voir sur le *Vanderbilt*, grand steamer qui a fait pendant plusieurs années le trajet du Havre à New-York, serait mauvaise pour les navires de guerre : une partie de la machine demeurerait exposée au feu de l'ennemi.

2° *Balancier inférieur :*

Le balancier est formé de deux pièces parallèles, de fer ou de fonte, suspendues par des bielles pendantes à une traverse horizontale levée ou abaissée par la tige du piston. L'arbre de couche est toujours relié aux balanciers par les manivelles et bielles.

Une semblable disposition est adoptée sur un très-grand nombre de bâtiments, parmi lesquels nous citerons les navires de la compagnie Cunard et ceux de la compagnie Péninsulaire orientale ; et elle est considérée par beaucoup de constructeurs comme celle qui répond le mieux à toutes les conditions du problème.

3° *Balancier inférieur :*

Formé, comme le précédent, de deux pièces suspendues par des bielles pendantes à la traverse levée par la tige du piston, mais oscillant autour d'un point situé à son extrémité au lieu d'osciller au milieu; une manivelle et une bielle relient l'arbre de couche à chacun des balanciers.

On avait eu en vue de grouper davantage les pièces de la machine et de les faire tenir dans un espace moindre. Cette disposition paraît abandonnée aujourd'hui.

Machines oscillantes. — Toutes les machines oscillantes reposent sur le même principe : le mouvement de rotation de la manivelle de l'arbre de couche est commandé directement par la tige du piston faisant fonction de bielle, et celle-ci est emportée, avec le cylindre, dans un mouvement d'oscillation autour de deux tourillons creux qui servent à l'introduction et à l'émission de la vapeur.

Les machines oscillantes présentent cinq combinaisons distinctes :

1° *Machine oscillante verticale droite* (système Penn).

La tige du piston est verticale dans sa position moyenne d'oscillation, et elle sort de la partie supérieure du cylindre.

Cette disposition est adoptée pour les bateaux à roues et les bateaux à hélice avec engrenage.

2° *Machine oscillante verticale renversée ou à pilon :*

La tige du piston est encore verticale dans sa position moyenne d'oscillation, mais elle sort par la partie inférieure du cylindre; cette disposition a été rarement adoptée.

Cette disposition, imaginée pour commander directement l'arbre de l'hélice, a pour inconvénient de mettre en haut de l'appareil les pièces les plus lourdes.

Dans ces deux variétés de machines oscillantes, on n'emploie généralement qu'un cylindre; dans les trois qui vont suivre, on emploie deux cylindres disposés symétriquement par rapport à l'axe longitudinal du bateau.

3° *Machine oscillante inclinée droite* (système Cavé).

La tige du piston occupe, dans sa position moyenne d'oscillation, une ligne inclinée habituellement à 45°; elle sort par la surface supérieure du cylindre et l'arbre de rotation est au-dessus de ce dernier.

4° *Machine oscillante inclinée renversée :*

Comme précédemment, la tige du piston occupe, dans sa position moyenne d'oscillation, une ligne inclinée; mais la tige, au lieu de sortir par la face supérieure, sort par la face inférieure, de sorte que l'arbre de rotation est à fond de cale.

5° *Machine oscillante horizontale :*

La tige du piston, dans sa position moyenne, est horizontale; cette disposition est également peu adoptée.

Les machines oscillantes de Penn sont très-répandues : elles se recommandent par une extrême simplicité dans la transmission du mouvement; elles sont indépendantes des mouvements de la coque; enfin la disposition des cylindres conjugués évite les points morts et dispense de volant.

On a reproché à ces appareils :

L'usure rapide des tourillons ;

La perte de pression due aux coudes que la vapeur est obligée de parcourir ; mais, pour des vitesses modérées, ces deux derniers effets ne paraissent pas avoir de gravité.

L'emploi des cylindres oscillants a été adopté pour des appareils énormes, notamment sur des paquebots qui font le service sur la mer d'Irlande, entre Holyhead et Dublin.

Le *Leicester* et le *Connaught* possèdent les plus puissantes machines oscillantes connues. Chaque cylindre a un diamètre de 2^m,49 et pèse, fini, plus de 20,000 kilog.: le poids du condenseur est de 22,000 kilog.

Le *Connaught* passe pour le bâtiment le plus rapide qui existe : il a atteint 18 nœuds, soit 33 kilom. à l'heure ; la force réalisée sur les pistons, aux essais, s'est élevée à 4.751 chevaux nominaux.

Cette vitesse excessive semble montrer combien sont peu fondés les reproches dont nous avons parlé ; il paraît cependant prudent de ne pas exagérer les chances d'usure de pièces aussi capitales que le sont les tourillons dans une machine à cylindres oscillants.

Machines à bielle directe. — Les machines à bielle directe sont semblables aux machines fixes à action directe ; la bielle est articulée directement à la tige du piston et à la manivelle de l'arbre de couche.

Il y a cinq variétés de machines à bielle directe :

1° Machines horizontales ;

2°   —   verticales, droites ;

3°   —   —   renversées ou à pilon ;

4°   —   inclinées, droites ;

5°   —   —   renversées.

Comme les machines à cylindres oscillants, les machines à bielle directe réalisent une transmission simple du mouvement de va-et-vient du piston à l'arbre de couche ; elles sont plus légères et moins volumineuses que les machines à balancier, et se prêtent à une allure plus rapide. Elles présentent cependant un grave inconvénient : leur trop grande solidarité avec la coque. Les dérangements dans la coque se transmettent immédiatement à la machine et peuvent déterminer, dans les guides qui doivent diriger la bielle, des inflexions compromettantes pour les organes les plus importants.

Machines à bielle en retour. — Dans les machines à bielle en retour ou à bielle renversée, le piston a deux ou même quatre tiges réunies par une traverse à leur extrémité opposée au cylindre. De cette dernière pièce part la grande bielle qui retourne vers le cylindre, ou est renversée par rapport aux tiges du piston.

Les machines à bielle en retour comptent trois variétés :

1° Machines horizontales à bielle en retour ;

2° Machines verticales droites à bielle en retour ou machines à clocher ;

3° Machines verticales à bielle en retour, renversées, ou à pilon.

L'inconvénient que nous avons signalé dans les machines à bielle directe n'existe plus dans les machines à bielle renversée : en retournant la bielle vers le cylindre, on peut réunir toute la machine et la masser dans un petit espace, où elle se trouve indépendante des mouvements de la coque.

Machines à fourreau. — Les considérations qui ont conduit les constructeurs de la machine à bielle directe à la machine à bielle en retour, le besoin de concentrer l'appareil le plus possible, ont fait naître les machines à fourreau. Dans ces machines, la grande bielle est directement attachée et articulée au centre du piston, et elle oscille dans un tuyau ou fourreau fixé au piston et traversant soit un des bouts du cylindre, soit les deux à la fois, ce qui constitue le fourreau simple ou le fourreau double. Ce mode d'attache de la bielle au piston lui-même se rencontre assez fréquemment dans les pompes à balancier ; on a eu en vue les mêmes avantages : la concentration des organes.

Il y a cinq variétés de machines à fourreau :

1° Machine horizontale ;

2°   —   verticale, droite ;

3°   —   verticale, renversée ;

4°   —   inclinée, droite ;

5°   —   inclinée, renversée.

Les machines à fourreau présentent de grands avantages et de grands inconvénients : la transmission du mouvement s'effectue avec la plus grande simplicité et il est impossible d'obtenir une plus grande concentration de la machine dans un espace indépendant des dérangements de la coque ; mais, d'un autre côté, elles exigent des cylindres énormes, et il est extrêmement difficile de faire un joint étanche sur un diamètre aussi grand que celui du fourreau. Enfin, l'introduction dans le cylindre du fourreau entraîne une condensation de la vapeur qui augmente

nécessairement la dépense. Malgré cela, ces machines sont en
très-grande faveur auprès de l'Amirauté anglaise ; la remarquable perfection avec laquelle elles sont construites dans les ateliers de M. Penn contribue peut-être plus que toute autre chose
au succès de cette disposition.

Position verticale ou horizontale du cylindre à vapeur. — Chacun des quatre derniers groupes que nous venons de décrire
présente une division identique, fondée sur la position du cylindre, verticale, horizontale ou inclinée.

M. Ledieu a résumé à cet égard quelques considérations communes aux quatre groupes et qui nous paraissent devoir être
reproduites.

Les machines verticales occupent peu de surface, mais une
grande hauteur. Elles conviennent aux bâtiments de commerce,
qui conservent autour de la machine un espace utilisable pour
les transports. Elles peuvent être placées à l'arrière du navire,
dans la partie la plus étroite, et faire mouvoir une hélice avec
un arbre relativement court.

Par contre :

Les machines verticales ne sont pas très-stables, surtout si
le cylindre est à la partie supérieure de la machine ; elles sont
exposées aux boulets de l'ennemi et peu propres aux bâtiments
de guerre ; elles sont mal équilibrées ; le poids du piston, de
la tige et de la bielle tend à accélérer le mouvement à la descente et à le retarder à la montée.

Les machines horizontales sont stables, à l'abri des boulets ;
mais elles occupent beaucoup de place et peuvent être in-
fluencées par les mouvements de la coque ; enfin les pistons et
leurs tiges peuvent ovaliser les cylindres et les presse-étoupes.

Les machines inclinées présentent, dans une proportion
moindre, les avantages et les inconvénients attribués aux machines verticales et aux machines horizontales ; mais elles
ont, en somme, peu de partisans, et le nombre de bateaux
munis de machines horizontales ou verticales est beaucoup

plus considérable que celui des bateaux munis de machines inclinées.

Classification des appareils de navigation au point de vue du mode de propulsion. — Au point de vue du mode de propulsion, les navires à vapeur se divisent en *navires à roues* et en *navires à hélice*. Chacun connaît, d'une manière générale au moins, ces deux propulseurs, et nous ne saurions entrer, à leur égard, dans des détails qui se rattachent à l'étude de la construction des navires ; nous les considérerons seulement dans leurs rapports avec les appareils.

a. — *Roues.* L'arbre des roues étant placé toujours à une grande hauteur au-dessus de la flottaison, les machines doivent être placées au-dessous de cet arbre ; le type qui répond le mieux à cette condition est évidemment celui des machines verticales et celui des machines oscillantes, souvent adopté dans les navires à roues. Quelques constructeurs ont cependant fait mouvoir des roues par des machines horizontales placées au niveau et au-dessus du pont : nous ne saurions recommander cette disposition qui tend à placer le navire dans un état d'équilibre instable. Sur les fleuves et rivières l'emploi des machines à cylindres horizontaux est assez répandu ; il en existe de nombreux exemples sur la Saône et sur le Rhône à Lyon.

b. — *Hélices.* L'arbre de l'hélice étant, contrairement à celui des roues, placé dans la partie inférieure du navire et parallèlement à la quille, les machines sont généralement placées au-dessus de cet arbre, et les machines horizontales peuvent être employées très-avantageusement ; elles sont presque exclusivement adoptées par la marine de l'État.

Le commerce, qui ne redoute pas de laisser en dehors de la flottaison des parties importantes des appareils, préfère aux machines horizontales les machines verticales renversées ou à pilon ; ces dernières sont d'une extrême simplicité et se prêtent parfaitement à la commande de l'arbre de l'hélice. Cet arbre, en effet, dont la vitesse doit être très-grande, peut être commandé, soit directement par le piston moteur, soit par l'intermédiaire d'engrenages ; de là une différence très-grande entre les machines dites à *connexion directe* et les machines à engrenages.

c. — *Engrenages.* Les machines à engrenages diffèrent peu des machines à roues ; elles font de 25 à 30 tours par minute. Le rapport des engrenages varie entre 2 et 4, de sorte que l'arbre de l'hélice fait 60 à 120 tours. La vitesse de ce dernier atteint quelquefois 200 tours par minute ; la grande roue dentée fonctionne comme volant. La résistance à donner aux roues d'engrenages est une question capitale, la rupture des dents entraînant des chocs dont les conséquences peuvent être très-graves.

Pour se mettre à l'abri de ces inconvénients, les constructeurs ont jugé prudent de relier le piston à l'arbre de l'hélice par plusieurs systèmes d'engrenages, de façon à avoir, en cas de rupture d'une dent, plusieurs autres dents en prise et éviter ainsi les chocs qui se produisent dans les engrenages brisés.

d. — *Connexion directe.* Les machines à connexion directe sont d'une très-grande simplicité. Placées immédiatement au-dessus de l'arbre et cependant au-dessous de la ligne de flottaison, elles tiennent très-peu de place, et, comme elles marchent très-vite (40 à 200 tours par minute), les cylindres sont plus petits que dans les autres appareils.

Comparaison entre les navires à roues et les navires à hélice. — La comparaison à faire entre les roues et les hélices a donné lieu à des discussions dont l'analyse occuperait un grand nombre de pages ; nous indiquerons quelques-unes des considérations présentées en faveur de chacun de ces modes de propulsion.

Si l'on n'envisage que les navires de guerre, l'hélice a un avantage incontestable sur les roues, celui de ne pas être exposée aux boulets de l'ennemi, et c'est là ce qui a déterminé l'adoption, à peu près exclusive, de l'hélice pour les bâtiments de guerre. Pour ces derniers également, on a reconnu la presque impossibilité d'avoir des navires mixtes, c'est-à-dire à voiles et à vapeur, *ayant à la fois* les qualités des navires à voiles et celles des navires à vapeur, et pouvant marcher à la même vitesse avec l'un ou l'autre de ces modes de propulsion. Un navire à vapeur doit être franchement à vapeur, et s'il conserve une voilure, celle-ci doit être essentiellement différente des voilures des anciens navires ; inversement, une machine à vapeur peut être l'annexe d'une voilure, mais on ne doit pas compter qu'elle puisse la remplacer complétement.

Dans tous les cas, si on veut joindre la voilure à un moteur à vapeur, il faut prendre pour propulseur une hélice et non point une paire de roues.

En ne tenant plus compte de la question de l'attaque et de la défense, la considération la plus déterminante du choix à faire entre les deux propulseurs est celle de la profondeur des eaux dans lesquelles doivent naviguer les navires.

L'hélice, qui doit être entièrement immergée, exige des eaux plus profondes ; pour les ports de commerce, pour les fleuves, l'emploi des roues est, pour ainsi dire, commandé par le tirant d'eau.

Les roues ayant un grand diamètre sont animées, à leur circonférence, d'une vitesse très-grande et la machine ne doit donner, par minute, qu'un nombre relativement faible de coups de piston, 15 à 25 environ. Pour les hélices dont la rapidité doit être très-grande, le nombre de coups de piston, par seconde, doit être très-grand : il s'élève à 40 par minute pour les machines à engrenages, et à 200 pour les machines à connexion directe. De là une différence extraordinaire dans les trépidations de la machine et une très-vive répulsion manifestée par les voyageurs pour les navires mus par des hélices. On a diminué ces trépidations ; mais à l'origine elles étaient excessives et causaient, au bout d'un certain temps, aux voyageurs un malaise insupportable.

Les roues ont donc été adoptées d'une manière presque exclusive pour le transport des voyageurs, tandis que l'hélice était réservée au transport des marchandises. Les machines à hélice, plus condensées que les machines à roues, laissaient d'ailleurs plus d'espace pour les marchandises et offraient à cet égard un incontestable avantage. La supériorité attribuée aux roues sur les hélices n'a pas été de longue durée ; depuis quelques années, on a construit de très-grands navires à hélice, *le China* en Angleterre, *le Pereire* en France, qui ont fait et font toujours un si admirable service pour le transport des voyageurs, qu'aux yeux de beaucoup de constructeurs le paquebot à hélice est le type définitif du paquebot transatlantique.

Les constructeurs américains arrivent à la même conclusion et *le Great-Republic*, qui jauge 4,100 tonneaux et fait le service de la Californie à la Chine, est un navire à hélice.

Les questions relatives à l'émersion des roues et des hélices ont également soulevé de très-vives controverses ; ainsi on dit que l'hélice reste toujours immergée, tandis que souvent un des tambours plonge et que l'autre s'élève presque complétement hors de l'eau en tournant à vide ; et on a conclu que l'action de l'hélice sur le navire s'effectuait d'une manière plus continue et, par suite, meilleure que celle des roues. On n'a pas songé que, dans les mouvements de tangage, le navire plonge de l'avant et que l'arrière se découvre presque entièrement. L'hélice, dont la vitesse dans l'eau est déjà très-grande, prend, dès qu'elle arrive dans l'air, une vitesse extrême ; et lorsqu'elle rentre ensuite dans l'eau, on conçoit les réactions énormes qui se manifestent sur les organes qui, animés d'une vitesse de 200 à 300 tours par minute, sont instantanément plongés dans un milieu résistant. Ces réactions sont telles que la machine s'arrête presque entièrement pour repartir, l'instant d'après, avec une vitesse presque folle. Il est inutile d'insister sur les chances multipliées de rupture qu'engendre une telle succession de chocs dans tous les organes de la machine. La conduite de la machine est dès lors très-difficile, car le mécanicien doit suivre tous les mouvements de l'arrière du navire, et chaque fois que l'hélice sort de l'eau (elle sort souvent complétement), il doit modérer, arrêter même l'introduction de la vapeur dans le cylindre.

Les inconvénients sont un peu moindres avec les roues, car il n'y a jamais qu'une seule roue complétement hors de l'eau ; par conséquent, l'arbre des roues n'est pas sujet à des variations de vitesse aussi considérables qu'avec l'hélice, et par suite les chocs sont moins à craindre. D'un autre côté, on a de fréquents exemples de navires dont les roues ont été emportées dans un gros temps, tandis que les hélices ont résisté.

En temps ordinaire, les variations dans l'émersion dues à la consommation du combustible, influent sur la marche des roues ou de l'hélice. Pour une traversée de l'Atlantique, ces variations atteignent un mètre : les roues au départ plongent trop et pas assez à l'arrivée, tandis que, en disposant convenablement le chargement, l'hélice peut demeurer immergée pendant toute la durée du voyage.

En résumé, l'expérience paraît avoir prononcé d'une manière définitive en faveur de l'hélice, toutes les fois qu'on n'est pas arrêté par la question du tirant d'eau.

Spécialisation des appareils de navigation. — Les divisions que nous venons d'indiquer ne font que grouper les appareils de navigation. Il resterait à faire un choix, mais rien ne peut guider à cet égard d'une manière absolue. Tel type, recommandé par certains ingénieurs, est sévèrement proscrit par d'autres, et souvent avec de bonnes raisons de part et d'autre.

Le mode d'exécution a une importance capitale ; une machine défectueuse comme conception peut, par suite d'une exécution soignée, faire un excellent service, tandis que tel autre appareil, bien approprié au but auquel il est destiné, ne marchera pas par suite de construction négligée ou emploi de matériaux douteux.

Une machine irréprochable à terre fera sur mer un très-mauvais service, parce que le vaisseau se déformera sous le poids de la machine et déterminera, dans celle-ci, des réactions considérables.

On peut donc attribuer à un modèle des avantages et des inconvénients qui ne sont dus qu'à des causes accessoires, et c'est à l'expérience bien plus qu'à la théorie qu'il convient e demander quel est, dans chaque cas, le meilleur modèle à imiter. L'expérience, néanmoins, ne saurait être suivie aveuglément : des types, aujourd'hui complétement abandonnés, ont été, il y a quelques années, l'objet d'un véritable engouement, et, en étudiant un navire en service, il importe de savoir depuis combien de temps ont été appliquées les idées d'après lesquelles il a été construit.

En ce moment, les idées des constructeurs paraissent assez bien arrêtées et les dispositions suivantes sont celles qui semblent le mieux répondre à chacun :

1° *Au point de vue du mode d'action de la vapeur* :

Emploi des moyennes pressions et tendance à l'élévation de la pression toutes les fois que l'on peut prévenir les dépôts sulfatés et salins.

2° *Au point de vue du mode de transmission du mouvement.*

a. — Navires de guerre :

Machines oscillantes verticales droites à moyenne pression, détente et condensation pour les bâtiments à roues ;

Machines horizontales à bielle en retour, en France, à fourreau en Angleterre, à deux ou trois cylindres placés d'un même bord, à moyenne pression, détente et condensation, pour les grands navires cuirassés ;

Machines verticales à pilon, à haute pression et détente sans condensation pour les canonnières et les batteries flottantes.

b. — Navires de commerce :

Machines oscillantes verticales droites, moyenne pression, détente et condensation pour les bâtiments à roues destinés au transport des voyageurs de luxe, moyenne distance : *Connaught Ulster, Leinster :*

Machines à balancier inférieur, moyenne pression, détente, et condensation pour les bâtiments à roues destinés au transport des voyageurs de luxe, grands parcours ;

Machines à balancier supérieur, haute pression, détente et condensation pour les bâtiments des lacs et des grands fleuves de l'Amérique ;

Machines horizontales, à bielle en retour, à deux cylindres placés d'un même bord, à moyenne pression, détente et condensation pour les bâtiments à hélice de grand parcours, voyageurs de toutes classes, émigrants et marchandises ;

Machines à pilon verticales renversées ;

Machines à pilon inclinées renversées, moyenne pression, détente et condensation pour les bâtiments à hélice destinés au transport des marchandises ; cabotage ou traversées.

3° *Au point de vue du mode de propulsion.*

a. — Navires de guerre .

Emploi des roues pour les yachts de plaisance, les avisos, les transports ;

Emploi exclusif de l'hélice pour les bâtiments de combat.

b. — Navires de commerce :

Emploi des roues à palettes fixes pour les bâtiments destinés aux voyageurs de luxe : *Persia, Scotia, Arago, Napoléon III;*

Emploi des roues à palettes articulées pour les bâtiments qui n'effectuent que de faibles parcours ;

Emploi de l'hélice pour les bâtiments destinés aux voyageurs de toutes classes, aux émigrants, aux marchandises : *Pereire, Ville-de-Paris, China, Cuba.*

La navigation fluviale emploie indistinctement les aubes ou les hélices, selon le tirant d'eau dont elle peut disposer.

Résumé général sur les conditions d'établissement d'un appareil de navigation. — Le modèle à suivre, une fois déterminé par la nature du service à accomplir d'abord, par les résultats obtenus dans des conditions identiques ou comparables ensuite, l'ingénieur, chargé de la surveillance de la construction d'un appareil de navigation, doit avoir présentes à la pensée les considérations suivantes :

a. — Équilibrer parfaitement tout l'appareil, soit en disposant symétriquement les pièces symétriques, les cylindres avec les cylindres, les condenseurs avec les condenseurs, soit en alternant et en compensant par des contre-poids les inégalités que l'on serait forcé de conserver.

b. — Abaisser autant que possible le centre de gravité, et s'il s'agit de navires de guerre, n'exposer aucune partie de la machine aux boulets de l'ennemi.

c. — Avoir une assiette invariable pour la machine et rendre celle-ci indépendante des déformations qui peuvent survenir à la coque ; ne pas cependant condenser tellement la machine qu'elle devienne, par son isolement, une cause de déformation de la coque.

d. — Attacher une extrême importance à la simplification de tous les organes de la machine. Rejeter toutes les dispositions compliquées, trop souvent considérées comme des perfectionnements, et faire en sorte que toutes les parties de la machine soient visibles et accessibles en marche.

e. — Donner à toutes les pièces de la machine un excès de solidité sur les dimensions qui seraient nécessaires à terre, en ne perdant pas de vue que, pour les appareils de navigation, les réparations sont souvent impossibles pendant des mois entiers et quelquefois même des années. Remplacer le fer ordinaire par l'acier ou le fer aciéreux, de manière à augmenter la résistance en diminuant le poids.

Supprimer tout ce qui est uniquement destiné à l'ornementation. Les surfaces polies à l'intérieur des cales ne servent qu'à donner un travail inutile aux hommes. A la mer elles s'oxydent rapidement et il faut les couvrir de peinture : il est donc inutile d'en faire la dépense.

Une description détaillée des appareils de navigation exigerait un cours tout entier, et sortirait du cadre que doivent se tracer les ingénieurs des ponts et chaussées dans l'etude de la machine à vapeur. Nous nous bornerons à étudier sommairement deux questions importantes :

La production de la vapeur et l'emploi de la détente;

La dimension des navires;

Et nous résumerons ensuite les progrès faits, depuis quelques années, par la navigation à vapeur maritime ou fluviale.

§ 2. — Production de la vapeur et emploi de la détente.

Différence entre les chaudières marines et les chaudières des machines fixes. — Le problème de la production de la vapeur pour les appareils de navigation se présente dans des conditions bien plus difficiles que celles que l'on a à vaincre dans les machines fixes; ces difficultés sont :

Le faible emplacement disponible;

La mauvaise qualité de l'eau pour la navigation maritime;

L'impossibilité d'élever la pression dans des limites comparables à celles qu'on emploie sur terre et d'obtenir un tirage à l'aide d'une haute cheminée;

L'impossibilité d'employer les mêmes matériaux de construction.

Il fallait néanmoins obtenir une grande surface de chauffe, ce qui est la première condition à remplir dans tout appareil de vaporisation quel qu'il soit. On a cherché pour arriver à ce résultat à imposer à la flamme du foyer et aux gaz de la combustion le plus long parcours possible à travers la capacité contenant l'eau, et on a successivement mis en usage :

Les chaudières à galeries ;

Les chaudières tubulaires ;

Les chaudières à retour de flamme.

Comme il arrive presque toujours, on est passé par les dispositions les plus compliquées pour arriver à une disposition relativement simple et en usage aujourd'hui sur un nombre considérable de bateaux.

Chaudières à galeries. — Il est impossible de décrire toutes les combinaisons imaginées par les constructeurs pour forcer la flamme ou plutôt la fumée à suivre, au milieu de l'eau à vaporiser, les circuits les plus longs et les plus compliqués. Toutes ces dispositions présentaient un double inconvénient.

D'une part, le tirage était entravé par des coudes sans nombre qui produisaient des remous, des tourbillons, les gaz du foyer s'éteignaient et on rejetait dans l'atmosphère des gaz très-imparfaitement brûlés ; on perdait par conséquent toute la chaleur qui eût été produite par une combustion complète ;

En second lieu, la multiplicité des cloisons, des angles dans la chaudière, favorisait la formation des dépôts calcaires, et cela dans des parties presque impossibles à visiter et à nettoyer.

Enfin, si les chaudières à galeries échappaient aux inconvénients que nous venons de signaler, ce n'était qu'au prix de dimensions exagérées, et, par suite, d'un poids très-lourd.

En somme, les chaudières à galeries ont été successivement abandonnées en France, en Angleterre, en Amérique, et on n'en trouverait plus qu'un très-petit nombre en service.

Chaudières tubulaires. — Dans les chaudières tubulaires, la flamme passe du foyer dans une série de tubes qui traversent la chaudière, et, à la sortie de ces tubes, se perd dans la cheminée. On a fait un reproche à cette disposition. Au moment où ils sortent du faisceau tubulaire, les gaz ont encore une température très-élevée qui est absolument perdue pour la vaporisation.

Chaudières à retour de flamme. — Dans les chaudières à retour de flamme, on a évité l'inconvénient que nous venons de signaler dans les appareils tubulaires ordinaires. Les chaudières tubulaires à retour de flamme sont des chaudières à foyer extérieur, avec retour de flamme à l'intérieur ; la partie inférieure est directement chauffée par le foyer incandescent et les gaz qui s'en dégagent ; mais ces gaz, au lieu de se perdre dans une cheminée placée à l'extrémité de la chaudière opposée au foyer, *retournent* par une série de tubes placés dans le corps de la chaudière, se dépouillent dans ce trajet d'une grande partie de la chaleur qu'ils contiennent et se perdent dans la cheminée placée juste au-dessus de la porte du foyer.

Ces chaudières sont cubiques ; elles se prêtent parfaitement à l'arrimage dans les navires sans perte d'aucune place, et on peut considérer ce type comme répondant à tous les besoins du service. Étudiée dans tous ses détails par M. Dupuy de Lôme, la chaudière à retour de flamme est adoptée d'une manière uniforme dans la marine impériale. On place sur deux lignes une série de chaudières semblables, ce qui donne un équilibre parfait et, comme elles sont indépendantes, on peut les nettoyer successivement sans arrêter la marche du navire.

Chaudières pour les appareils à haute pression. — Dans les circonstances exceptionnelles permettant l'emploi des hautes pressions à la mer ou sur des rivières et des lacs d'eau douce, on emploie de véritables chaudières de locomotives, tubulaires et à flamme directe. Nous les décrirons dans le chapitre suivant.

Quantité d'eau vaporisée par les chaudières marines. — Il existe une grande différence entre la puissance vaporisatrice des chaudières marines et celle des chaudières des machines fixes. Tandis que celles-ci vaporisent facilement 6 à 7 kilogrammes d'eau et arrivent, au moins dans des expériences, à 8 ou 9 kilogr. d'eau par kilogramme de combustible, les autres ne donnent pas plus de 4 à 6 kilogrammes de vapeur en

service ordinaire. Cette différence s'explique par la difficulté
que l'on éprouve à faire arriver l'air dans la chambre des chaudières situées à fond de cale et par l'emploi d'un combustible
contenant une grande quantité de menu qui bouche les grilles.

La fabrication des agglomérés rend à cet égard un double
service à la marine : d'une part, on obtient un arrimage parfait et sans vides ; en second lieu, les agglomérés se tienne t
en gros morceaux sur la grille et ne gênent point le tirage.

Les conditions hygiéniques dans lesquelles se trouvent les
chauffeurs des machines marines sont aussi un obstacle
notable à l'observation des règles qu'il conviendrait de suivre
pour obtenir un bon service.

Emploi des ventilateurs. — On a cherché à remédier à ces
divers inconvénients en plaçant à bord des ventilateurs qui
envoient de l'air frais dans les chambres de chauffe. Ces appareils peuvent être mus par une courroie prenant le mouvement sur un des organes de la machine. Nous pensons qu'il
vaut mieux prendre des ventilateurs à moteur adhérent,
c'est-à-dire portant avec eux tout le mécanisme destiné à
leur donner le mouvement et la vitesse qui leur est propre.
On dispose les appareils dans l'emplacement le plus favorable
à leur bon fonctionnement ; il suffit de leur amener de la vapeur, ce qui est plus facile que d'établir une transmission.

**Nécessité d'économiser le combustible dans les machines ma-
rines.** — Il est certainement utile de chercher à diminuer la
consommation du combustible dans toutes les machines à vapeur ; mais nulle part cette nécessité ne se fait mieux sentir
que dans les machines de navigation. Non-seulement l'économie
directe réalisée en argent a son importance, mais, si on parvient
à diminuer la consommation du combustible, on diminue l'é-
tendue des soutes destinées à en recevoir l'approvisionnement,
et on augmente d'autant l'étendue des soutes qui peuvent recevoir de la marchandise. Si on laisse aux soutes à charbon leur
dimension primitive, une réduction dans la consommation pen-

dant l'unité de temps permettra d'effectuer des voyages plus longs.

Nous retrouverons constamment dans ce chapitre la question de l'approvisionnement du combustible pour la navigation transatlantique. Aussi les constructeurs ont-ils fait dans tous les pays les plus grands efforts pour introduire dans les appareils de navigation les perfectionnements qui avaient été réalisés dans les machines à terre et qui avaient exercé une influence sur la consommation. Ces perfectionnements se rapportent à trois ordres d'idées distinctes :

Élevation de la pression de la vapeur ;

Appareils de détente ;

Chemises de vapeur.

Nous avons, dans les paragraphes précédents, parlé des difficultés que présente l'emploi de la haute pression à la mer et avec l'eau salée. Il nous reste à indiquer sommairement ce qui a été fait pour les autres questions.

Appareils de détente. — La détente peut s'effectuer de deux manières : 1° dans un seul cylindre en coupant l'introduction de la vapeur ; 2° à un moment donné de la course du piston, dans des cylindres successifs. Le premier mode de détente, si usité dans les machines fixes et dans les machines locomotives, ne paraît pas réussir dans les machines marines, probablement à cause du peu d'élévation dans la pression initiale de la vapeur employée, et on a donné la préférence à l'emploi plus difficile de cylindres successifs dans chacun desquels la vapeur travaille à pleine pression pendant toute la durée de la course du piston.

Cylindres conjugués de Woolf. — On a naturellement tenté de réaliser sur des machines marines les dispositions proposées par Woolf. Un petit cylindre a été accolé au grand cylindre ; la vapeur passe de la chaudière dans le petit cylindre et de celui-ci dans le grand à l'aide d'une distribution croisée, la vapeur qui sort du haut du petit cylindre devant entrer dans le bas du grand, et inversement.

Ces tentatives ont été faites à Manchester sur des machines à
cylindres verticaux et à balancier à peu près identiques aux
machines Woolf employées à terre.

La difficulté d'ajouter un second cylindre aux machines marines, construites d'après les types autres que les machines à
balancier, a conduit les constructeurs anglais à deux autres
combinaisons très-ingénieuses : la première consiste à superposer les deux cylindres et à conduire leurs pistons par une
seule et même tige ; la seconde, à avoir trois cylindres parallèles
dont les pistons sont reliés par une traverse ; la vapeur passe
de la chaudière dans le cylindre du milieu et se détend dans
chacun des deux autres cylindres dont les prises de vapeur correspondent à l'échappement du cylindre central.

Les dernières grandes Expositions de Londres et de Paris ont
offert plusieurs spécimens de ces dispositions.

Cylindres superposés. — Machine du Mooltan. — Le *Mooltan*
est un grand navire de 2,250 tonneaux, appartenant à la compagnie Péninsulaire et orientale, dont la flotte sillonne la mer
des Indes. La question de l'économie du combustible s'impose
à cette Compagnie d'une façon extraordinaire ; elle fait venir
d'Angleterre tout le charbon qu'elle consomme et dont la dépense annuelle s'élève à 20 millions de francs.

La machine du *Mooltan* est à pilon, c'est-à-dire à cylindre
vertical renversé ; seulement, au lieu d'un seul cylindre, il y en
a deux superposés d'égale hauteur ; les pistons de ces deux cylindres sont réunis par une tige commune, et le petit cylindre
est au-dessus du grand. Ses principales dimensions sont les
suivantes :

Diamètre du grand cylindre..............	2^m,458
Diamètre du petit cylindre.	1^m,091
Course commune.	0^m,915
Rapport des volumes des cylindres........	1 à 5
Surface de chauffe................	445^{mq},85
Puissance nominale.	400 chevaux.
Puissance réelle.	1750 —

La pression effective est de 1ᵏ,404 par centimètre carré, et il importe de remarquer l'emploi du système de Woolf avec des pressions aussi faibles.

Dans un de ses voyages de 6,000 milles, ou 11,120 kilom., le *Mooltan* a brûlé 630 tonneaux de charbon ; les navires de même grandeur faisant le même trajet dépensaient 1,200 tonneaux, presque le double. Cette énorme différence, qui s'est maintenue en service régulier, est-elle due uniquement à l'adoption de la détente ou à la construction perfectionnée de la chaudière et du condenseur? C'est ce qu'il est impossible de préciser, mais les résultats obtenus n'en sont pas moins vraiment extraordinaires.

Cylindres conjugués horizontaux. — Les premiers essais de cylindres conjugués horizontaux ont été faits sur la frégate britannique *la Constance*. La machine comprend deux groupes, de trois cylindres chacun, tous d'égale dimension, placés de chaque côté de l'arbre de l'hélice ; les cylindres du milieu de chaque groupe reçoivent la vapeur de la chaudière et l'évacuent dans les cylindres latéraux. La détente s'effectue aussi à un demi.

Des dispositions semblables ont été réalisées dans la grande machine du vaisseau *le Friedland* montée à l'Exposition de 1867. Seulement il n'y a en tout que trois cylindres ; la vapeur, après avoir agi dans le cylindre central, se détend dans les cylindres latéraux.

Travaux divers exécutés par la machine à vapeur à bord des grands navires. — Les manœuvres de force que l'on doit exécuter à bord des grands navires sont très-nombreuses, et, avec les dimensions toujours croissantes de ces derniers, il devenait difficile de demander aux forces humaines l'exécution de ces manœuvres. On a pensé que la vapeur pouvait encore rendre ce service, et on a installé un certain nombre de machines auxiliaires destinées à l'accomplissement des manœuvres les plus pénibles.

Quelques ingénieurs ont prétendu même que l'on avait dépassé le but et que l'on demande trop aujourd'hui à la vapeur. Dans une de ces enquêtes instructives qui ont lieu si souvent en Angleterre, un ingénieur a signalé comme exagéré le labeur imposé aux mécaniciens ; il a regretté pour eux le bon vieux temps où l'on ne connaissait pas les condenseurs, les surchauffeurs, les pompes centrifuges, les treuils à vapeur, les machines auxiliaires, etc., etc.

Il est certain qu'il ne faut pas tout confier à la vapeur et réduire l'art de la navigation à la manœuvre de quelques leviers et de quelques robinets. L'homme a su vaincre la mer par d'autres moyens ; il y aurait injustice et imprudence à l'oublier.

Enveloppes de vapeur. — La faible pression à laquelle la vapeur est employée dans les appareils de navigation maritime exige des précautions particulières pour la conservation de la température et de la force élastique. L'on a compris, plus rapidement peut-être qu'on ne l'avait fait pour les machines fixes, les avantages que présentait l'emploi des chemises ou des enveloppes de vapeur autour des cylindres. Aussi tous les appareils de détente dont nous venons de parler sont-ils en quelque sorte baignés dans un bain de vapeur. Dans la machine exposée par M. Dupuy de Lôme, la vapeur, à sa sortie de la chaudière, circule dans l'enveloppe des cylindres avant d'entrer dans ces derniers ; il est impossible d'avoir un plus parfait équilibre entre la température des deux parois du cylindre dans lequel se meut un piston moteur. On peut se demander, toutefois, si la multiplicité de ces circuits n'enlève pas à la vapeur une partie de sa force élastique égale à celle dont on poursuit la conservation par le maintien de la température. Pour que, dans la construction des machines à vapeur, une disposition nouvelle ait toute son efficacité, il faut qu'elle soit simple ; autrement, on retombe dans les inconvénients que nous avons signalés : un perfectionnement dépense plus de force qu'il n'est destiné à en économiser.

Navigation transatlantique. — Le public, qui ne s'intéresse pas assez en France aux choses de la mer, ne semble pas avoir pris garde à la révolution considérable que la machine à vapeur a accomplie et accomplit chaque jour dans la navigation, et surtout dans la navigation transatlantique. De temps à autre, on s'occupe avec passion de la transformation que subit la flotte de combat; il y a trente ans, on parlait des frégates de 450 chevaux, aujourd'hui on discute les flottes cuirassées, mais on n'attache qu'un intérêt médiocre au développement de la flotte commerciale. Nous voudrions pouvoir faire sortir notre pays de cette apathie, et montrer que, sur mer comme sur terre, la machine à vapeur a enfanté de véritables merveilles.

La navigation maritime ou fluviale a subi une double transformation : d'une part, les moteurs à vapeur ont été substitués aux moteurs à voile; d'autre part, le bois a fait place au fer dans la construction des bâtiments.

Régularité nouvelle dans les voyages maritimes. — Nous n'avons pas à rappeler toutes les difficultés, toutes les incertitudes, tous les dangers que la seule ressource du vent apportait à la navigation transatlantique. On partait, on revenait quand le vent était bon, et la durée d'une traversée d'Europe en Amérique et *vice versa* variait du simple au double sans que l'on pût s'en inquiéter. Aujourd'hui, c'est par heures que l'on compte les différences, et les feuilles de voyage des navires transatlantiques, semblables à la feuille d'un train de chemin de fer, rendent compte des moindres pertes de temps. Le désir d'arriver à l'heure précise entraîne quelquefois peut-être les capitaines des grands navires à vapeur à de véritables imprudences, à des imprudences réfléchies comme on l'a dit : ils ne reculent devant aucun état du temps et s'exposent à des avaries qu'ils auraient évitées en changeant un peu la direction de leur marche pour céder pendant quelques heures à la mer. Mais ces exemples d'avaries sont fort rares, et on peut dire que la régularité dans la marche est devenue la règle. Cette admirable précision n'a sans doute rien de poétique. On ne s'abandonnera plus au gré des vents et des flots. Disons que l'homme n'en sera plus le jouet.

Dans peu d'années, peu de mois peut-être, deux amis pourront se quitter à Paris et se donner rendez-vous en Chine à jour, nous dirons presque à heure précise.

Le premier traversera l'océan Atlantique en 10 jours, le continent américain de New-York à San-Francisco en 8, l'océan Pacifique de San-Francisco à Yokohama en 21, et la mer de Chine de Yokohama à Hong-Kong, en 11 ; il achèvera son voyage en 50 jours.

Le second, moins pressé, pourra rester 10 jours de plus à Paris ; mais en suivant le chemin de fer de Paris à Marseille, il pourra, grâce à la coupure de l'isthme de Suez, arriver sans transbordement jusqu'en Chine, et rejoindre son compagnon au moment convenu, après 36 ou 40 jours de voyage.

Dans de pareilles conditions, la mission donnée à l'homme de parcourir la terre et de la dompter s'accomplit, et nos enfants seront en possession d'instruments de travail que nos pères n'ont point connus ni même soupçonnés.

Substitution du fer au bois. — La substitution du fer au bois pour la construction des navires a donné des résultats au moins aussi extraordinaires que ceux obtenus par la substitution de la vapeur à la voile.

On ne sait pas assez ce que c'était que la fatigue à la mer d'un navire en bois : réparations incessantes, élévation graduelle du taux de l'assurance, enfin destruction certaine au bout d'un petit nombre d'années.

Aucun navire en bois ne résisterait à l'action d'un moteur à vapeur de 5 à 4,000 chevaux, agissant sans repos ni trêve pendant des journées et des semaines pour produire une vitesse régulière de 25 à 26 kilomètres à l'heure. Les assemblages des bois ne peuvent être, au point de vue de la rigidité et de l'invariabilité dans les formes, comparés aux assemblages métalliques donnés par la rivure des pièces lisses assemblées, soit directement entre elles, soit par l'intermédiaire de pièces à nervures dont la résistance dépasse celle des pièces de bois du plus fort équarrissage.

Un navire transatlantique en fer peut être comparé à une chaudière : construit avec des tôles d'une épaisseur supérieure à celle usitée dans les chaudières, il n'a pas à supporter des pressions comparables à celles auxquelles sont soumises ces dernières. Il reçoit les plus violents coups de mer comme un bloc plein. Sa rigidité est telle qu'il peut, soit rester suspendu aux sommets de deux vagues, sans que son milieu fléchisse, soit reposer sur son milieu sans que ses extrémités s'abaissent. Le *Great-Britain* a fait quinze ans de navigation transatlantique, après avoir été jeté sur les rochers et avoir été pendant un hiver abandonné à l'action destructive des vents et des marées.

Le lancement du *Great-Eastern*, dans la Tamise, s'est fait avec les plus grandes difficultés, et cette opération a duré plusieurs semaines. Pendant un temps très-long, une partie considérable du bâtiment est demeurée en porte à faux, et cet incident, qui eût amené la destruction d'un navire en bois, n'a pas même inspiré d'inquiétude aux constructeurs du *Great Eastern*.

La vulgarisation des enveloppes cellulaires constituant double fond et doubles parois, l'emploi des cloisons étanches rendront indestructibles les plus grands bâtiments.

Ajoutons qu'il eût été matériellement impossible de trouver la quantité de bois nécessaire à la construction des flottes commerciales qui parcourent aujourd'hui toutes les mers. Le dépeuplement, ou, pour mieux dire, la destruction complète des forêts, eût placé un grand nombre de nations dans un état d'irrémédiable infériorité. L'emploi du fer a fait disparaître toutes les craintes qui ont pu être formulées au sujet de l'épuisement des bois propres à la marine.

Les conséquences de la transformation du matériel maritime ne se sont point fait attendre; il suffit de les énumérer pour en apprécier l'importance :

Sécurité ;

Énorme abréviation dans la durée des voyages ;

Fréquence des départs pour les voyageurs ;

Fréquence des voyages exécutés par un même navire ;

Économie sur les prix de transport ;

Économie sur les assurances ;

Abaissement du fret, permettant le transport des marchandises de faible valeur.

Les faits qui se rattachent à ces diverses considérations sont si nombreux qu'ils comporteraient plusieurs leçons. Nous ne pouvons indiquer que les plus saillants.

Sécurité offerte par les nouvelles constructions. — Nous avons dit combien les navires construits en métal offraient déjà une bien plus grande résistance que les navires en bois ; mais les dimensions données aux constructions modernes réalisent une condition de sécurité dont on ne saurait trop apprécier la valeur. Nous voulons parler de la densité des nouveaux navires, c'est-à-dire du rapport entre le volume total du navire et le volume d'eau qu'il déplace. M. Flachat a très-bien caractérisé la condition dans laquelle se trouvent, sous ce rapport, les grands navires : « Un navire transatlantique de $10^m,50$ de creux offrant au plan de flottaison 1,100 mètres carrés de superficie, et déplaçant 5,000 mètres cubes au tirant d'eau de 6 mètres, oppose à une immersion complète un effort de 4,400,000 kilog., qui correspondent à 4 mètres carrés d'immersion supplémentaire. C'est donc avec une énergie de 4,000 à 4,500 kilog. par

mètre carré, que le navire se soulève de lui-même, lorsque
la vague s'élève autour de lui, et quand même l'eau le couvri-
rait, le poids de l'eau sur le pont n'est qu'une minime fraction
de l'effet de soulèvement dont le navire est doué à chaque immersion qui dépasse la ligne de flottaison qui correspond à son
poids spécifique. »

Énorme abréviation dans la durée des voyages. — Nous avons
cité, quelques pages plus haut, les itinéraires que peuvent
prendre au départ de Paris deux personnes qui veulent se
rendre en Chine. Sans chercher d'aussi longs itinéraires, nous
voyons partout la durée des voyages réduite dans des proportions extraordinaires. On va de Liverpool à New-York en neuf
jours et demi, quand, il y a trente ans, on mettait plus d'un
mois. Dans d'autres directions moins fréquentées, et sur lesquelles on n'avait pas installé des voiliers rapides semblables
aux paquebots américains, on peut dire qu'avec la vapeur les
semaines sont remplacées par des jours, et, au point de vue de
la sécurité encore, une telle abréviation dans la durée du parcours doit être mise au premier rang des garanties obtenues.

Fréquence des départs. — Il s'est créé entre New-York et
Liverpool, dit M. Flachat dans son excellent livre sur la navigation transocéanienne, autant d'espèces de navires qu'il y a
de catégories de voyageurs. On choisit son navire comme on
choisit son train et son wagon.

Le nombre des départs d'Europe pour New-York s'élevait
déjà en 1867 à 286 par an, savoir :

Compagnie Cunard, service postal anglais : Liverpool. .	52 départs
Compagnie Générale Transatlantique, service postal français : le Havre, Brest..	52
Compagnie Inman, service postal américain : Liverpool.	104
North German Lloyd, service postal américain : Brême, Southampton.	52
Hamburg and American Company, service postal américain : Hambourg, Southampton.	26
Total pareil.	286 départs,

soit onze départs d'Europe par chaque quinzaine pour New-York. En comptant les départs supplémentaires, on peut dire que l'on a aujourd'hui un service journalier entre l'Europe et l'Amérique.

La régularité de ces services est admirable. Pendant une période de vingt-cinq années, la compagnie Cunard a effectué 2,040 traversées de l'Océan sans qu'aucun trajet ait été interrompu ou inachevé, sans avoir perdu un seul navire, un seul homme, une seule lettre. Pour obtenir de pareils résultats, la compagnie Cunard n'a reculé devant aucun sacrifice : améliorant, transformant sans cesse son matériel, elle a augmenté de 50 p. 100 la vitesse de ses navires, de 8",8 à 12",52. Récemment elle a vendu un de ses navires, l'*Arabia*, qui avait coûté 5,600,000 fr., mais dont la vitesse n'atteignait pas 12 nœuds.

L'ensemble des subventions postales payées par les gouvernements pour les services transatlantiques, dépasse 50 millions par an; mais les compagnies ont dépensé 400 millions pour la construction du matériel.

Dans un grand nombre d'autres directions, on trouverait la même multiplicité, la même régularité de départs. Nous en citerons un dernier exemple : sur la mer d'Irlande, si dure, si difficile à franchir, les relations entre l'Angleterre et l'Irlande étaient autrefois bien fréquemment arrêtées; aujourd'hui le *Connaught*, l'*Ulster*, le *Leinster* et le *Munster* franchissent la mer d'Irlande avec une vitesse de 26 kilomètres à l'heure. Il y a deux départs par jour, et jamais l'état de la mer ou de l'atmosphère n'a retardé l'heure d'un départ. Le *Connaught*, depuis le 1ᵉʳ octobre 1860 jusqu'au 31 décembre 1866, a fait 2,585 traversées entre l'Angleterre et l'Irlande sans avoir jamais éprouvé un seul accident.

L'abolition de la surtaxe de pavillon qui frappait les navires étrangers à leur entrée dans les ports français permettra à plusieurs de ces grands services de faire escale au Havre et à Brest, et offrira au commerce français de nouveaux moyens de

transport. Pour le mois de juin 1869, le port du Havre aura
55 départs de steamers transatlantiques.

Fréquence des voyages exécutés par un même navire. —
Dans l'ancienne organisation maritime, un navire effectuait
entre l'Europe et l'Amérique un ou deux voyages par an, trois
ou quatre au plus ; il fallait que les opérations commerciales
traitées dans ce petit nombre de voyages payassent les frais
généraux et l'amortissement du navire. Aujourd'hui, un navire
peut faire, entre l'Europe et l'Amérique, huit à dix voyages
par an, et l'on conçoit immédiatement la diminution des frais
généraux répartis sur un nombre double, quadruple, décuple
même, d'opérations commerciales.

Sans doute les navires à vapeur coûtent plus cher que les
anciens navires à voiles ; mais si on rapporte leur prix de revient à l'unité de volume utilisable et au nombre de fois que
cette unité de volume peut être utilisée dans une année, les
navires à voiles ne peuvent plus soutenir la comparaison.

Abaissement dans les prix du transport par navires à vapeur.
a. — *Voyageurs.* Les paquebots américains qui faisaient
de 1830 à 1850 les transports entre New-York et le Havre, et
qui jouissaient d'une grande réputation, mettaient de 30 à
45 jours pour faire le trajet. Leurs prix, nourriture comprise,
étaient les suivants :

> Première chambre. . . . . 700 fr.
> Deuxième chambre. 550
> Entrepont. . . . . 100, 150 ou 200

selon les relations de l'offre et de la demande.

En 1851, une première ligne de steamers fut établie entre le
Havre et New-York. Prix :

> Première chambre. . . . . 850 fr.
> Deuxième chambre. 500

La compagnie Générale Transatlantique qui, la première, a

doté notre pays d'un service égal à ceux dont l'Angleterre jouissait depuis longtemps, a demandé :

Première chambre. . . . . 700 fr.
Deuxième chambre. 425
Troisième chambre. 275

Les voyageurs réalisaient déjà sur le prix des premiers transatlantiques une économie appréciable en argent, mais ils en réalisaient une autre en temps bien plus considérable et bien plus importante. Au lieu de durer de 30 à 45 jours comme du temps des paquebots à voiles, 18 à 20 jours comme avec les premiers steamers, le voyage était réduit à 10 ou 11 jours et s'effectuait dans des conditions de confort tout à fait nouvelles.

b. — *Marchandises en général.* L'abaissement du prix du fret pour les marchandises a été extraordinaire.

Les premiers navires transatlantiques prenaient 200 fr. par 40 pieds cubes anglais.

La compagnie Transatlantique a successivement offert 100, 75, 50 fr. pour la même mesure de capacité.

Dans le courant de l'année 1868, la compagnie Cunard chargeait à Liverpool pour New-York des marchandises à raison de 27 fr. 50. Tous ces prix, selon les usages du commerce, doivent être majorés de 10 p. 100.

En considérant ce dernier chiffre de 27 fr. 50 comme un prix accidentel de concurrence, en s'arrêtant au dernier chiffre de la compagnie Transatlantique, 50 fr., on voit que le commerce a obtenu en argent une économie de 75 p. 100, à laquelle il convient d'ajouter une bien autre transformation : la rapidité, la régularité et la sécurité.

c. — *Émigrants.* Nous mentionnons à part le transport des émigrants, parce que l'emploi de la machine à vapeur a modifié considérablement les conditions dans lesquelles cette classe particulière de voyageurs était transportée d'Europe en Amérique. Les transports par voiliers ont presque complétement disparu et ils s'effectuent par de grands navires à hélice qui portent jusqu'à 6 à 700 personnes.

Les prix du passage du Havre à New-York sont aujourd'hui les suivants :

Navires hambourgeois et brêmois. . . . .   210 fr.
Navires anglais. . . . . 160, 150 et même   130 fr.

nourriture comprise.

Économie sur les assurances. — La régularité des transports effectués par les navires à vapeur, la diminution dans le nombre des sinistres, réduiront dans une large proportion les primes d'assurances ; primes qui représentent, pour le commerce échangé entre l'Europe et l'Amérique, une dépense annuelle de 4 à 500 millions de francs. Dans quelques années, on ne songera pas plus à assurer une marchandise sur mer que sur un chemin de fer.

Abaissement de fret permettant le transport des marchandises de faible valeur. — Ici encore l'emploi de la vapeur a dépassé toutes les prévisions. On l'admettait pour le transport des voyageurs, des marchandises de grande valeur, mais on réservait à la marine à voiles le transport des objets encombrants, des houilles, des minerais. Pour les faibles distances, la question est résolue pour l'emploi de la vapeur, et les immenses transports de charbon qui s'exécutent sur les côtes de l'Angleterre, ou entre l'Angleterre et le continent, montrent l'importance acquise par les bateaux porteurs à vapeur.

Pour les grandes distances, pour aller d'Europe en Australie, la question de l'approvisionnement de charbon nécessaire aux machines limite encore l'emploi des navires à vapeur ; mais on entrevoit déjà la possibilité de diminuer, dans une large proportion, l'emploi du combustible.

Malheureusement nous n'avons en France que bien peu de services semblables à ceux si nombreux de l'Angleterre. Nous mentionnerons le transport des minerais de l'Algérie à Marseille ; ce transport s'effectue à l'aide de navires en fer à hélice qui ont été construits par la société des Forges et chantiers de la Méditerranée. Ces navires ont les dimensions ci-après :

Longueur.	$72^m,65$
Largeur.	$8^m,82$
Creux..	$6^m,50$
Tirant d'eau.	$4^m,80$
Déplacement.	2.161 tonneaux
Port en marchandises.	1.500 —

La machine, de la force de 120 chevaux nominaux, est à pilon, et placée à l'arrière du navire; elle laisse disponible une cale de 45 mètres de longueur pour le chargement des marchandises. Une soute à eau permet de recevoir 300 tonnes de lest.

Ces navires, qui portent 12 à 1,500 tonnes de charbon, ont coûté 680,000 fr. Ce chiffre ne paraîtra pas exagéré si on le rapproche de la valeur du matériel roulant qu'un chemin de fer doit employer pour transporter un tonnage égal.

1,500 tonnes exigent en effet 150 wagons et 4 machines au moins, par conséquent une dépense de 675,000 fr., savoir :

150 wagons à 2,500 fr.	375,000 fr.
4 machines à marchandises à 75,000 fr.	300,000
	675,000 fr.,

c'est-à-dire un chiffre égal à celui du prix de revient du bateau à vapeur.

Dimensions des navires. — Déplacement et tonnage. — Les mesures employées par les diverses nations pour apprécier les dimensions des navires ne sont pas les mêmes. Nous avons bien des fois exprimé le désir de voir s'établir à cet égard une entente générale : dans chaque pays même, on se sert de deux mesures : le déplacement et le tonnage.

Le déplacement d'un navire est le volume qu'il occupe lorsqu'il flotte. Son poids est égal au volume de l'eau déplacée ; il s'exprime en tonneaux de 1,000 kilog. en France, de 1,016 kilog. en Angleterre. Ces deux mesures sont peu différentes.

Le jaugeage est un mode d'évaluation très-arbitraire, spécial à chaque pays, servant à déterminer la capacité du navire et fixer à des droits de douane, de pilotage, de port, etc., etc.

En France, le jaugeage représente à la fois :

Le port en tonneaux de 1,000 kilog.;

L'espace libre en tonneaux-volumes de 42 pieds cubes (environ 1 mètre cube et demi).

En Angleterre, le jaugeage représente le nombre exact de tonneaux-volumes de 100 pieds cubes chacun, que renferme l'espace libre pour les chargements des marchandises et le logement des passagers, déduction faite par conséquent du volume de l'espace occupé par les machines, les chaudières et les approvisionnements de combustible.

On voit combien les comparaisons sont difficiles : d'une part, on prend des tonneaux de 42 pieds cubes ; d'une autre, des tonneaux de 100 pieds cubes. Dans un cas, on confond les espaces occupés par ou pour les machines avec les espaces commerciaux ; dans un autre cas, on ne considère que ces derniers, en n'appréciant que ce qui est utilisable pour le commerce.

La notion du déplacement mesuré en tonneaux est la seule qui ne prête pas à l'ambiguïté, et c'est celle dont nous nous servirons dans ce chapitre.

Augmentation rapide dans le tonnage. — Les navires de 800 à 1,000 tonneaux étaient regardés autrefois comme considérables. Cette limite est aujourd'hui bien dépassée et, dans un espace de moins de trente ans, on est passé de 1,350 tonneaux (*Great-Western*, 1838) aux chiffres de 3,800 tonnes (*Scotia*) et 4,100 tonnes (*Great-Republic*).

Cet accroissement ne s'est pas fait d'une manière continue ; et, entre le *Great-Western* et le *Great-Republic* qui navigue sur l'océan Pacifique, il faut placer le *Great-Eastern* qui jauge

51,000 tonneaux. Nous consacrerons un paragraphe spécial
à ce navire extraordinaire, dans lequel on a dépassé la limite
commerciale qu'il paraît possible de donner aujourd'hui aux
constructions maritimes. Pour que l'on puisse se faire une idée
exacte des formes nouvelles adoptées par les constructeurs,
nous avons résumé, dans le tableau ci-après, les conditions
d'établissement de douze navires faisant un service régulier.

L'accroissement continu des dimensions des navires repose
sur une donnée mathématique très-simple : si on double toutes
les dimensions d'un navire, le volume de ce navire devient
huit fois plus grand, l'espace utilisable commercialement augmente dans la même proportion, tandis que la surface du maître
couple à laquelle on rapporte la résistance est seulement qua-
druplée : les résistances croissent comme le carré des dimensions, les espaces utilisables comme le cube de ces mêmes
dimensions.

BATIMENTS A VAPEUR DU COMMERCE.

1° *Hymalaya*, coque en fer de Mare, machine à fourreau
horizontale de Penn, directe ; trois mâts.

2° *City of Baltimore* (de la compagnie Inman), coque en fer
de Tood-Mac-Gregor ; trois mâts ; machine à engrenage dite à
clocher, verticale, cylindres en bas, de Tood-Mac-Gregor.

3° *Danube*, coque en fer construite à la Ciotat (Messageries
impériales) ; trois mâts, machine horizontale en retour, type
Dupuy de Lôme, du même atelier.

4° *Pereire*, coque en fer de Napier ; trois mâts ; machine à
pilon, construite par Napier.

5° *Adriatic* (américain, vendu en Angleterre), coque en bois
de Steers ; machine oscillante à cylindres vis-à-vis (forme américaine à étrave droite, fines lignes).

6° *Scotia* (compagnie Cunard), mâté en brick ; coque en fer

        DES MACHINES A VAPEUR.

TABLEAU COMPARATIF DE[...]

Numéros d'ordre.	1	2	3	
Nom du navire.	HYMALAYA	CITY OF BAL-TIMORE	DANUBE	PE[...]
Désignation..	Mixte-hélice.	Mixte-hélice.	Hélice. Messag. imp.	H[...] Transati[...]
Force nominale.	700^{ch}	547	370	40
Force effective en chevaux-vapeur de 75 kilogrammètres, relevée à l'indicateur de Watt sur les pistons. . . .	2050^{ch}	»	»	
Déplacement.	4275^{t}	»	1464	57
Longueur.	$98^{m},70$	40,54	70,00	107
Largeur au maître-bau.	$14^{m},18$	9,44	10,00	15
Creux moyen.	»	7,88	6.50	4
Tirant d'eau moyen.	$5^{m},85$	5,90	4.21	40
Section immergée du maître couple.. . .	$105^{mq},00$	»	58,80	726
Vitesse de marche en nœuds de 1.851 mètres..	14^{n}	»	13	15
Roues ou Hélice — Diamètre.	$5^{m},50$	5,40	5,70	9
Nombre de tours par minute..	55	42	63	
Nombre de palettes. . . .	5	5	6	
Longueur des palettes . .	»	»	»	
Largeur des palettes. . .	»	»	»	
Pas moyen de l'hélice. . .	8,54	8,80	6,00	6
Vapeur — Pression (timbre de la chaudière).	$2^{atm}\,1/_2$	$2\,1/_2$	$2\,1/_2$	
Introduction au cylindre en fraction de course. .	»	»	0,59	
Nombre.	2	2	2	
Pistons — Diamètre..	$2^{m},45$	2.05	1.418	2.5
Course..	$1^{m},06$	2,128	0,860	1.9
Nombre de coups doubles par minutes.	55	16	65	
Chaudière — Surface de chauffe totale. .	»	»	445^{mq}	
Surface de grille.	»	»	»	51.5
Nombre de foyers..	»	»	»	

...| A VAPEUR DU COMMERCE

E	6	7	8	9	10	11
	SCOTIA	SHANNON	GUYENNE	AIGLE	BELOT	MISSISSIPI
	Roues. Cie Cunard G. V.	Roues. Cie Péninsul. G. V.	Roues. Messag. imp. G. V.	Roues. Yacht impér. G. V.	Rivières. Voyageurs	Rivières. Marchandises
	1000	775	460	500	»	200
	»	5790	1485	1670	194	»
	4050	4000	5056	1908	»	»
	111,40	101.00	95.00	82,00	80,00	155,00
	14.44	15,42	11,65	10.50	4,25	6,30
	10,20	»	7,10	4,85	»	2,70
	6,70	5,28	5,10	4.49	0,80	1,25
	»	»	47,06	55,80	»	7,24
	»	14	12.50	»	22kil en eau morte	8kil en eau morte
	12,46	10,97	9,50	7,80	5,00	5,60
	»	20	18	24	54	30
	»	50 (articulées)	14 (articulées)	12 (articulées)	14	16
	»	3,55	2,00	5,20	5,20	5,5
	»	1,57	1,20	1,19	0,40	0,55
	»	»	»	»	»	»
	2 1/2	2 1/4	2 1/2	2 1/2	4,00	3,00
	»	»	0,60	0,65	0,17	»
	2	2	2	2	2	1
	2,58	2,46	1,70	1,82	0,96	1,50
	5,66	2,74	2,60	1,50	0,96	2,50
	»	21	18	24	54	50
	»	1570	720	450	166,5	200
	»	48	29,50	»	7	»
	»	24	16	20	5	»

de Napier; machine de Watt à balanciers latéraux de Napier; type caractéristique du steamer à grande dunette.

7° *Shannon* (compagnie Péninsulaire), trois mâts; étrave droite en fer; type de bâtiment à spar-deck complet; machine à balanciers latéraux; Napier constructeur.

8° *Guyenne* (ligne du Brésil), en fer; formes Cunard, mais plus fines; machine oscillante, type Penn; trois mâts; construit aux ateliers de la Ciotat.

9° *Aigle*, yacht impérial de France; coque en fer à fines formes, construite à Cherbourg; machine oscillante, type Penn, construite par Mazeline.

10° *Belot* (navigation de la Saône); formes élégantes et effilées; coque et machine construites par M. Corady. Belle vitesse; il remontait en sept heures, sur la Saône, 156 kilom., et, sur le Rhône, 106 kilom.

11° *Mississipi* (compagnie Bonardel, navigation du Rhône); construit au Creuzot, puis allongé dans les ateliers de la compagnie Bonardel; petite vitesse; coque en tôle de 6 à 4 millimètres; machine unique, construite au Creuzot, à cylindre de grande course et horizontale à la hauteur du pont; un seul corps de chaudière tubulaire directe en arrière de la machine; excellent type, parfaitement approprié à la navigation du Rhône.

Dimensions extraordinaires du Great-Eastern. — La construction du *Great-Eastern* est une des entreprises les plus audacieuses qui aient été faites par l'homme, et, malgré son insuccès relatif, elle conservera toujours ce caractère.

Dans la pensée de Brunel, le *Great-Eastern* devait être employé à un service régulier entre l'Angleterre et l'Australie; il représentait à charge 31,000 tonneaux de déplacement, savoir:

Poids de la coque..	8.400 tonneaux
Poids des appareils moteurs.	2.600
Poids de l'approvisionnement de combustible.	12.000
Poids disponible pour le fret.	8.000

Ce chiffre énorme de 12,000 tonneaux de combustible représentait tout l'approvisionnement nécessaire pour aller en Australie. En relâchant sur la côte d'Afrique et au Cap, on aurait pu prendre, chaque fois, 5,000 tonnes de charbon et augmenter beaucoup l'espace offert au commerce.

Des aménagements étaient faits pour 4,000 passagers civils :

> 800 de 1re classe ;
> 2,000 de 2e —
> 1,200 de 3e —

Les passagers civils pouvaient être remplacés par 10,000 hommes de troupe.

Les dimensions principales sont les suivantes :

Longueur.	210^m,00
Largeur de la coque.	25^m,50
Largeur entre les roues.	36^m,65
Creux du pont supérieur à la quille.	17^m,70
Tirant d'eau lège.	6^m,10
Tirant d'eau à charge.	9^m,15

Le *Great-Eastern* a reçu les deux modes de propulseurs : une paire de roues à aubes, une hélice à quatre ailes.

Les roues à aubes sont mues par quatre machines oscillantes, construites par Scott Russel.

L'hélice est mue par quatre machines directes horizontales, construites par Watt de Birmingham.

Il y a vingt chaudières tubulaires à retour de flamme, divisées en cinq groupes de quatre chaudières, deux pour les machines des roues, trois pour les machines de l'hélice.

Le service du navire exige vingt canots, et deux petits steamers à hélice de 420 tonneaux et de 70 chevaux sont pendus à proximité des roues.

Deux machines de 70 chevaux servent à la manœuvre des cabestans et à celle des manœuvres de cale. Enfin dix machines, de 10 chevaux chacune, sont réparties en divers points du navire pour la manœuvre des pompes alimentaires et divers autres travaux.

Le tableau ci-après donne les dimensions principales des machines :

MACHINES	ROUES OSCILLANTES A 45°	HÉLICES FIXES HORIZONTALES
Puissance nominale..	1 400	1.700
Puissance réelle en chevaux de 75ᵏᵐ. . .	5.600	6.200
Nombre de cylindres	4	4
Diamètre d'un cylindre.	2.26	2,56
Course du piston.	4,266	1.220
Pression de la vapeur..	2ᵃᵗᵐ,75	2ᵃᵗᵐ,75
Diamètre du propulseur.	17ᵐ,70	7,314
Nombre d'aubes ou d'ailes..	50	4
Longueur des ailes.	5,975	»
Largeur des ailes..	0,915	»
Pas de l'hélice.	»	11,59
Diamètre de l'arbre du propulseur. . . .	»	0,80
Longueur de l'arbre du propulseur. . . .	29,71	48,76
Nombre des corps de chaudières.	8	12
Nombre des foyers.	40	72
Surface de chauffe totale.	1.785ᵐᵠ,68	2.727

Au point de vue commercial, la construction du *Great-Eastern* a été une mauvaise affaire : le capital énorme englouti dans sa construction n'a donné aucune rémunération, et on conçoit cet insuccès. Un navire qui a un tirant d'eau de 9 mètres ne peut entrer que dans un très-petit nombre de ports; presque toujours même il doit rester en rade et ne peut dès lors prendre ou donner des marchandises que par l'intermédiaire de chalands. En second lieu, il est très-difficile de trouver dans un port une quantité de marchandises suffisante pour remplir d'aussi vastes emplacements, et, trouvât-on cette marchandise, que le temps nécessaire au chargement, à l'arrimage, au déchargement, entraîne comme chômage du navire une perte d'intérêts très-appréciable.

Après dix-huit trajets entre Liverpool et New-York, le *Great-*

Eastern a dû interrompre son service, et après avoir subi une violente tempête qui a enlevé les roues et le gouvernail, mais qui a montré en même temps l'indestructibilité de la coque du navire. Depuis cette interruption, le *Great-Eastern* a accompli une tâche immense, et que lui seul pouvait accomplir, l'immersion des câbles transatlantiques, et il semble que ce dernier service à lui seul justifie la hardiesse de la conception de Brunel.

Vitesse des navires. — La vitesse des navires se mesure habituellement en milles à l'heure (le mille valant 1852 mètres), ou en nœuds, c'est-à-dire en longueurs de 15^m,45 pendant trente secondes. La longueur du nœud a été fixée de manière que le nombre de nœuds à la demi-minute soit égal au nombre de milles à l'heure. Un navire qui marche à 10 nœuds fait 10 milles à l'heure.

La vitesse du nœud représente 0^m,514 par seconde ; les nœuds du loch ne sont distants que de 14^m,62. On estime que cette longueur correspond à 15^m,45, en raison de l'entraînement, par le remous du navire, du flotteur jeté à la mer.

La vitesse des navires a fait de grands progrès depuis quelques années, ainsi que le démontre le tableau ci-après, publié par M. Flachat pour les navires de la compagnie Cunard, qui ont été transformés de manière à donner les vitesses suivantes :

Navires construits en 1840.	8^m,8
— 1842.	9^m,8
— 1848.	10^m,5
— 1849.	10^m,75
— 1852.	11^m,57
— 1862 et années suivantes.	12^m,52

L'augmentation de la vitesse a dépassé les espérances des constructeurs, et elle a démontré que les résistances à vaincre ne croissaient pas avec la surface du maître-couple. Le *Great-Eastern* n'a pas toutefois justifié les espérances auxquelles nous venons de faire allusion. La vitesse moyenne résultant de ses dix-huit trajets entre Liverpool et l'Amérique a été de $15^n,398$ avec un maximum de $14^n,25$.

La vitesse moyenne résultant de 47 voyages du *Scotia*, grand navire à roues, a été de $12^n,32$ avec un maximum de $14^n,46$, un peu supérieur à celui du *Great-Eastern;* les machines de ce grand bâtiment ne sont peut-être pas en rapport avec ses dimensions, puis sa coque doit être aujourd'hui couverte d'incrustations.

La *Ville-de-Paris* et *le Pereire* ont obtenu dans deux de leurs traversées de Brest à New-York une vitesse moyenne de 14 nœuds; leur moyenne générale est de $12^n,75$ et $12^n,85$.

Les vitesses dont nous venons de parler sont des moyennes calculées sur de longs voyages. On a obtenu, dans des temps calmes et pour des essais de courte durée, 15, 16 et même 18 nœuds ; mais on ne saurait considérer ces vitesses comme acquises à des services réguliers.

Rapport entre les vitesses et les consommations de combustible. — Nulle part l'augmentation de vitesse ne se paye plus cher que dans la navigation transatlantique. Les navires de la compagnie Cunard, en 1842, filaient $9^n,8$; ils embarquaient 600 tonnes de charbon. Vingt ans plus tard, on obtenait $12^n,32$, c'est-à-dire une augmentation de vitesse de 33 p. 100 environ, mais il fallait avoir des navires capables de contenir 16 à 1,800 tonnes de combustible, c'est-à-dire faire une dépense triple.

Le *Great-Eastern* gagnait un nœud sur ces derniers navires, mais il brûlait 4,000 tonnes de charbon.

En définitive, on peut résumer la question de la vitesse en disant : Pour augmenter la vitesse, il faut augmenter la force et le poids de la machine ; il faut par suite augmenter dans une énorme proportion le poids du charbon à transporter et diminuer l'espace utilisable commercialement. Si on imposait à l'express de Paris à Marseille l'obligation de prendre au départ tout son combustible et toute son eau, il ne pourrait peut-être pas prendre plus d'une voiture à voyageurs.

Si on veut obtenir de la vitesse, il faut la payer, et comme le nombre des voyageurs désireux de réduire à sa dernière limite la durée d'un trajet est encore très-faible, il faut que par des subventions convenables les grands États payent la vitesse qu'ils considèrent comme indispensable pour les services postaux.

Il se passe pour la navigation transatlantique un fait économique analogue à celui constaté sur les chemins de fer, et surtout sur les chemins de fer français : le public apprécie la vitesse, mais il aime encore mieux le bon marché. Le dernier navire de la compagnie Cunard, *China*, marche moins vite que les avant-derniers, *Scotia* et *Persia*, mais il consomme 400 tonnes de combustible de moins et peut, par conséquent, baisser le prix du fret.

Pour la marine de guerre, la question de la quantité de combustible change toutes les conditions anciennes. En parlant des modifications apportées par l'emploi des cuirasses, M. le contre-amiral Paris s'exprime ainsi :

« Par la manière dont la cuirasse fera désormais combattre, elle supprime les voiles, ramène à l'idée de l'ancien rostre et réduit le navire à son combustible, six jours à toute vitesse. »

Quelques tonnes de charbon de plus ou de moins, un navire pourra terminer un glorieux combat ou être réduit à flotter sur l'eau comme une masse inerte.

Flotte commerciale transocéanienne de l'Angleterre et de la France. — L'Angleterre possède, depuis plusieurs années, quatre grandes compagnies qui desservent avec une régularité parfaite les relations commerciales entre l'ancien et le nouveau monde.

L'effectif de chacune de ces compagnies était, à la fin de l'année 1865, constitué de la manière suivante :

NOMS DES COMPAGNIES	NOMBRE DE NAVIRES	TONNAGE	NOMBRE DE CHEVAUX-VAPEUR
Cunard.	52	50.660ᵀ	12.284ᶜʰ
Royal-Mail.	19	55.562	9.590
Péninsulaire et Orientale.	55	84.472	19.510
Inman.	14	29.488	5.766
L'Angleterre possédait en outre 11 autres compagnies moins puissantes que les précédentes, mais disposant ensemble d'un effectif de.	68	100.414	17.691
	186	298.596ᵀ	64.641ᶜʰ

Nous rappelons, encore une fois, que les chevaux sont des
chevaux nominaux représentant 5 ou 4 chevaux de 75 kilogrammètres.

La France ne peut mettre en parallèle avec ces grandes entreprises que deux compagnies : la compagnie Générale Transatlantique et les Messageries impériales, qui possèdent le matériel
énuméré ci-après :

Cⁱᵉ Générale Transatlantique. .	21 navires.	80.750 T.	17.000ᶜʰ
Messageries impériales. . . .	65	112.146	18.640

Ces deux grandes compagnies françaises ne le cèdent en rien
à leurs rivales d'Angleterre; elles peuvent lutter avec chacune
d'elles au point de vue du nombre des navires, du tonnage, de
la force en chevaux, de la rapidité dans la marche, du confort
et des avantages de toute nature offerts aux voyageurs, et cependant elles ne semblent pas jouir de la faveur publique : au lieu
d'être soutenues et encouragées comme une œuvre nationale,
elles sont attaquées souvent avec injustice, et certaines personnes envisageraient leur ruine avec satisfaction.

D'autres compagnies s'organisent et prennent notamment à
Marseille une grande importance; nous citerons les compagnies
Valeri et Marc-Fraissinet.

Puissance navale commerciale des États-Unis. — Nous manquons de documents récents sur la puissance comparative des flottes commerciales de l'Angleterre, de la France et des États-Unis. Nous avons trouvé, dans l'enquête sur la marine marchande, quelques chiffres qui ne peuvent que faire singulièrement réfléchir tous ceux qui prennent intérêt à la prospérité de notre pays. Ces chiffres sont les suivants :

NAVIRES A VAPEUR.		NOMBRE.	TONNAGE.
En 1850.	États-Unis.	»	427.890
	Angleterre.	1.185	168.542
	France..	126	15.925
En 1860.	États-Unis.	»	867.957
	Angleterre.	2.000	454.527
	France..	514	68.025

Sans aucun doute, notre marine a progressé depuis 1860 ; mais les marines rivales ne sont pas restées stationnaires, et, à ne considérer que les États-Unis, nous ne savons pas si les flottes commerciales de tous les États européens réunies pourraient égaler la flotte de la grande confédération américaine.

Flotte à vapeur de combat de l'Angleterre et de la France. — Au 1ᵉʳ janvier 1867, la flotte à vapeur de combat de l'Angleterre se composait de 441 navires, savoir :

399 navires en fer ou en bois jaugeant	422.754 T. et ayant	91. 66ᶜ	
42 navires cuirassés jaugeant	159.165	—	27.440
Ensemble 441	561.917		119.106

La France pouvait, à la même époque, mettre en ligne :

514 navires de fer ou de bois ayant une force de 75,845 chevaux. Les flottes cuirassées se faisaient à peu près équilibre. N'y a-t-il pas pour des nations civilisées, pour la France surtout, une disproportion énorme entre la flotte commerciale et la flotte de guerre? Combien le pays ne serait-il pas plus riche si les sommes énormes englouties, chaque année, par la flotte de

combat, avaient été employées à augmenter la flotte commerciale ?

Forme des navires cuirassés et blindés. — Il n'entre pas dans le programme de ce cours de parler de la forme des navires cuirassés et blindés et de la transformation incessante que subit le matériel militaire naval en Europe et en Amérique. Cette transformation, d'ailleurs, n'est malheureusement point arrivée à son terme ; et les nations civilisées ont dépensé des millions par centaines sans être arrivées à savoir si les cuirasses sont invulnérables à l'artillerie ou si l'artillerie se joue des cuirasses.

A quelle profondeur sous la ligne de flottaison faut-il descendre les cuirasses pour éviter le choc de l'éperon ? Doit-on substituer les bordages obliques du *Dunderberg*, aujourd'hui *le Rochambeau*, que la France a acheté plus de 12 millions de francs, aux bordages verticaux de l'ancienne flotte, d'une flotte ancienne de deux ou trois ans ? Il est probable que nous dépenserons encore bien des millions sans jamais être fixés à cet égard.

Nous ne pouvons pas cependant passer sous silence trois grands faits économiques qui nous paraissent résulter de cette transformation du matériel naval.

Chaque jour, la part attribuée au mécanicien l'emporte sur la part laissée au marin.

Les chantiers des États et les arsenaux doivent disparaître devant les chantiers de l'industrie privée.

La victoire dans les guerres maritimes est assurée aux nations les plus riches.

Sans la machine à vapeur, personne n'eût songé à fabriquer les plaques de blindage, ni tenté de donner la vie et le mouvement à ces masses énormes. Toutes les anciennes notions de l'art nautique deviennent insuffisantes devant des construction de forme si nouvelle et si étrange.

Ainsi les monitors ne présentent au-dessus de la ligne de flotlaison qu'un pont rasé et balayé sans cesse par les vagues ; au milieu émerge une tourelle qui semble attachée à un rocher ou à un glaçon flottant.

Pendant sa traversée de Terre-Neuve à Queen'stown en Irlande, le monitor américain *le Miantonomoah*, à l'exception des deux tourelles, a été presque constamment sous l'eau ; par certains temps l'épaisseur des vagues qui couvraient le pont variait entre un et deux mètres.

On peut dire que tout l'équipage a vécu sous l'eau. Quelle entente ne faut-il pas entre le marin et le mécanicien pour arriver à rendre possibles de pareilles situations ! Non-seulement la machine à vapeur doit faire marcher le navire, mais il faut qu'elle actionne des ventilateurs qui envoient de l'air dans les chambres occupées par les hommes, il faut qu'elle fasse tourner les plaques mobiles sur lesquelles sont arrimées les deux ou trois pièces de canon qui constituent l'armement. Quelle importance prend dans tout ceci le mécanicien, et combien peu reste-t-il au marin !

En second lieu, les chantiers des États ou les arsenaux peuvent-ils suffire pour ces créations gigantesques? Nous ne le pensons pas. Si on poursuivait ce but, on arriverait à leur donner des développements inouïs et à créer des ateliers sujets à de longs chômages lorsque, la transformation achevée, on n'aurait plus à s'occuper que de l'entretien. Or, des ateliers mécaniques qui chôment sont des ateliers qui périssent.

Aussi, qu'on l'ait voulu ou non, à côté des grands établissements de l'État se sont créés, en Angleterre et en France, des établissements particuliers qui rivalisent avec les premiers, qui acceptent la commande d'un navire cuirassé valant 5 à 6 millions, comme on prenait autrefois un navire de 300,000 fr., et qui, en cas de ralentissement dans les commandes de l'État, s'ingénient à trouver de l'ouvrage et qui en trouvent.

Nous pensons que l'on doit grandement se réjouir de la création de ces immenses ateliers, qui sont pour le pays une source incessante de travail et de prospérité, et qui sauront satisfaire à tous les besoins quels qu'ils soient.

Enfin, nous avons dit que la victoire, dans les guerres maritimes, est assurée aux nations les plus riches; nous ne citerons qu'un chiffre.

L'Amirauté anglaise a vendu en 1868 :

        4 vaisseaux de ligne;

        5 frégates de 1re classe.

Le tonnage de ces 9 vaisseaux s'élevait à . . .	24.500 T.
La force en chevaux nominaux à.	4.000
Ils avaient coûté ensemble..	50.000.000 fr.
Leur transformation avait coûté...	50.000.000
Ensemble.	100.000.000 fr.

Ils ont duré douze ans.

L'Amirauté les a vendus 1,500,000 fr.

Sans tenir compte de l'intérêt du capital engagé, la dépréciation de chacun de ces navires a été d'environ 2,500 fr. par jour.

Chaque nation peut appliquer le même chiffre à sa flotte et calculer ce qu'elle perd journellement.

Il n'y a que les nations industrielles et commerçantes qui puissent supporter de pareilles pertes, et la victoire restera infailliblement à la plus riche. Mais ne cherchons pas à supputer ce que l'on pourrait faire d'utile à l'humanité avec de pareilles ressources.

Navigation fluviale. Progrès réalisés. — La navigation fluviale, plus peut-être que la navigation maritime encore, a été transformée par la machine à vapeur et la substitution du fer au bois. Au point de vue du moteur, la navigation fluviale ne pouvait, comme la navigation maritime et sauf de bien rares exceptions, compter sur l'action du vent. A la descente des fleuves, elle utilisait le cours des eaux; à la remonte et dans les biefs des eaux tranquilles des canaux, elle devait recourir à la force des animaux et même à celle des hommes. Il n'y a pas vingt-cinq ans que l'on voyait encore sur les rives du Rhône des files de 60 à 80 chevaux halant péniblement des barques lourdement chargées, qui remontaient d'Arles à Lyon ; souvent les animaux et les hommes qui les conduisaient devaient entrer dans l'eau pour permettre aux barques de suivre les passes sinueuses du chenal. Tous ceux qui ont vu ce spectacle ne l'oublieront jamais : l'homme était vainqueur dans sa lutte contre le cours des eaux, mais la victoire était longtemps indécise et bien pénible à obtenir.

La navigation fluviale avait et a encore à vaincre bien des obstacles que ne rencontre pas la navigation maritime : tirant d'eau variable et souvent insuffisant, sujétions relatives à la hauteur disponible sous les ponts au moment des grandes crues, à la largeur des écluses, des pertuis, etc.

Les travaux exécutés par les ingénieurs des ponts et chaussées ont amélioré le cours de nos rivières et de nos fleuves ; mais le véritable progrès a été dû à la vapeur et aux ingénieurs mécaniciens, et parmi ces derniers nous nommerons Bourdon, à qui l'industrie doit le marteau-pilon. Nous citerons ce qui s'est passé sur le Rhône.

Avant 1859, le Rhône ne possédait que des bateaux de bois ayant 50 mètres de longueur, 6^m,50 de largeur, 1^m,10 de tirant d'eau.

Ils étaient mus par des machines anglaises de 70 à 80 chevaux ; en 70 heures ils remontaient d'Arles à Lyon 60 à 70 tonnes de marchandises avec une consommation de 25 à 50 tonnes de combustible.

Le tableau ci-après indique le changement survenu en dix ans, grâce à la triple coopération de Bourdon, des propriétaires du Creuzot, MM. Schneider, et des armateurs MM. Bonardel.

NOMS DES NAVIRES	ANNÉES	LONGUEUR	LARGEUR	TIRANT D'EAU	FORCE DE LA MACHINE	DURÉE DE LA REMONTE D'ARLES A LYON	TONNAGE
Crocodile. . . . Marsouin.. . . .	1839	60^m	6^m	1^m.20	80^{ch}		80
Mistral. . . . . Siroco..	1840	65	5.70	1 .20	100		100
Foudre.. . . . . Ouragan.	1841 et 1842	67	5.70	1 .20	120		120
Creuzot. . . . . Mississipi.. . . . Missouri. . . . . Althen.. . . . . Talabot.	1845 à 1844	75	6.30	1 .10	150	50 à 36 heures de marche.	150
Bourdon. . . . . Fulton . . . . . Napoléon.. . . . Ville-d'Autun.. .	1846	90	7	1 .10	260		500
Aigle.	1847	100	7	1 .10			540
Océan. . . . . Méditerranée.. .	1848	110	6	1 .10			400
Océan. . . . . Méditerranée.. .	1850	155	6	1 .10	500		600

En résumé, disent MM. Flachat et Boutmy, dans une notice consacrée à la mémoire de Bourdon, lors de l'apparition des premiers bateaux de Bourdon sur le Rhône, les bateaux à vapeur, avec leurs machines anglaises, mettaient 70 heures pour remonter d'Arles à Lyon 70 tonnes de marchandises en brûlant 50 tonneaux de charbon.

En 1850, onze ans après, les bateaux de Bourdon remontaient en 38 heures 600 tonneaux, avec 50 tonneaux de combustible pour le double voyage aller et retour.

Le prix du fret s'abaissait de 60 à 12 fr.

On constaterait des résultats semblables sur tous les fleuves et sur toutes les rivières navigables de notre pays. Malgré l'importance des travaux d'amélioration exécutés chaque année par l'État, nous ne craignons pas d'affirmer que, dans un grand nombre de cas, l'emploi de la machine à vapeur a suffi pour transformer la navigation. Des bateaux porteurs, plus forts, plus grands, plus rapides, ont été substitués à l'ancien matériel, et cet ancien matériel lui-même, grâce aux moyens nouveaux de remorquage et de touage, a pu être employé dans des conditions de régularité, de sécurité, de puissance même, absolument inconnues autrefois. Sur plusieurs voies navigables, le commerce a pu s'exonérer des dépenses d'assurances, et la prédiction que nous avons formulée pour la navigation maritime est déjà presque entièrement accomplie pour la navigation fluviale.

Services d'omnibus sur les rivières. — Les Parisiens ont dû à l'Exposition universelle de 1867 l'installation sur la Seine de services de bateaux-omnibus qui, organisés depuis longtemps à Londres, n'avaient fonctionné en France qu'à Lyon. Tout le monde connaît les *Mouches*, qui passent à tout instant sous nos ponts.

Nous ne pouvons que donner leurs dimensions et les conditions principales de leur installation :

Longueur, 22 mètres ;

Largeur, $3^m,60$;

Tirant d'eau à vide, $1^m,10$;

Tirant d'eau à charge, $1^m,50$;

Nombre maximum de voyageurs, 110 ;

Propulseur à hélice à 3 branches, 1 mètre de diamètre, et recouverte de $0^m,10$ à $0^m,35$ d'eau ;

Machine à pilon d'une puissance nominale de 18 chevaux, à cylindre vertical, à détente fixe et sans condensation ;

Chaudière cylindrique tubulaire à foyer intérieur ;

Tension maxima de la vapeur, 6 atmosphères.

§ 4. — Remorquage dans les ports, sur les rivières et sur les canaux.

Services rendus par les remorqueurs dans les ports et à la remonte des rivières. — Nous sommes exposés à des redites mais, ici encore, nous devons constater la transformation radicale que l'emploi de la vapeur a permis d'obtenir dans ces trois opérations :

Remorquage à l'entrée d'un port;

Mouvements dans l'intérieur d'un port ;

Remonte des fleuves et rivières.

Réduits à l'emploi de la voile, les navires stationnaient souvent pendant plusieurs jours, et quelquefois pendant des semaines, devant l'entrée d'un port sans pouvoir en approcher, et, quand le vent devenait favorable, il fallait encore des peines infinies pour aborder les passes de l'avant-port. Aujourd'hui, dès qu'un navire ordinaire est signalé au large, un remorqueur à vapeur se dirige vers lui et, au bout de quelques heures, le ramène malgré le vent et malgré la marée.

Dans l'intérieur des grands ports, le passage d'un navire d'un bassin dans un autre s'effectuait et s'effectue, dans trop d'endroits encore, à l'aide de manœuvres à bras. Le plus petit remorqueur suffit à opérer le déplacement des plus grands navires, et, dans un espace de temps très-court, plusieurs navires peuvent successivement accoster un même quai de déchargement. Nous le dirons encore en parlant des appareils relatifs au chargement des marchandises, la vulgarisation dans les ports des appareils à vapeur, jointe à l'usage des remorqueurs, équivaut souvent à la création de nouveaux bassins.

Enfin le remorquage des bateaux dans les fleuves et les rivières présente sur l'emploi des chevaux et des hommes des avantages immenses :

Facilité de suivre toutes les variations du chenal pour garder la ligne de plus grande profondeur des eaux ;

Facilité de remonter les lourds chargements ;

Rapidité dans le travail ;

Suppression à peu près absolue des servitudes du halage et du contre-halage qui grevaient si lourdement quelquefois les propriétés riveraines des grands cours d'eau.

Remorqueurs du port du Havre. — Au port du Havre il y avait, en 1868, 14 remorqueurs pour le service du port et la remonte jusqu'à Rouen.

L'entrée dans le port des navires en provenance de la petite ou de la grande rade, et réciproquement, est payée à prix débattu suivant le temps et le vent.

Pour le service entre le Havre et Rouen, les prix sont les suivants :

Remonte, bateaux chargés.	. . . . . .	5 fr.	»	par tonneau.
—	—	sur lest.	. . . . . .	2	»	—
Descente,	—	chargés..	. . . . . .	1	75	—
—	—	sur lest..	. . . . . .	1	»	—

Dans les fleuves à rives plates et dans lesquels se fait sentir l'influence de la marée, on ne concevrait plus aujourd'hui la possibilité de faire un remorquage avec des chevaux.

Sur les 14 remorqueurs du Havre :

5 ont des chaudières timbrées à	7 atmosphères :
2	—	6	—
2	—	4	—
2	—	5	—

L'emploi des hautes pressions paraît donc convenir à ce genre de travail, et au Havre on n'a constaté aucun des inconvénients que l'on attribuait à ce mode d'emploi de la vapeur.

Au point de vue du mode de transmission, aucun système ne paraît avoir d'avantages marqués, et les machines des remorqueurs ont des cylindres fixes ou oscillants, droits ou renversés.

La haute pression s'emploie avec avantage pour les remorqueurs du Havre, parce qu'on est à l'embouchure d'une rivière et que l'on emploie, par suite, de l'eau assez peu salée.

Remorqueurs du port de Marseille. — Le remorquage se faisait dans le port de Marseille, en 1866, au moyen de cinq bateaux, dont l'un a 80 chevaux de force, deux 60, et deux 50 ; en tout 300 chevaux.

Les remorqueurs font à Marseille trois genres d'opérations distinctes :

La première consiste à conduire un navire de l'ancien bassin dans les nouveaux, et réciproquement ;

La deuxième, à sortir les navires ou à les amener dans le port, en se renfermant dans certaines limites aux abords ;

La troisième, à faire des opérations à des distances plus ou moins éloignées, soit sur les côtes de France, soit même sur les côtes d'Italie ou d'Espagne.

Pour satisfaire à ces diverses opérations et faire la part des mauvais temps, il est bon, pour un port important, d'avoir des navires de différentes forces, de 80 chevaux pour les mauvais temps et les voyages à distance, de 50 pour les remorquages ordinaires, de 30 pour les passages d'un bassin à l'autre. Le type de 80 chevaux paraît préférable pour un port dont l'importance ne comporte qu'un remorqueur.

Sur les cinq remorqueurs de Marseille, trois sont à un seul cylindre vertical fixe, le quatrième est à deux cylindres horizontaux, le cinquième à un seul cylindre horizontal.

Quatre ont des chaudières tubulaires timbrées à 3 atmosphères ; elles marchent normalement à 2 atmosphères 1/2 ; le cinquième a une chaudière à tombeau travaillant à 1 atmosphère 1/2.

Les tarifs du remorquage sont de 0',50 par tonneau de jaugeage pour l'entrée ou la sortie du port du Frioul. Ils varient de 50 fr. (pour les navires de 100 à 150 tonneaux) à 100 fr. (pour les navires de 500 à 600 tonneaux), au port Napoléon, et de 25 fr. (pour les navires de 100 à 125 tonneaux) à 85 fr. (pour les navires de 400 à 600 tonneaux), au port ancien et au port de la Joliette.

Ces machines ont une pression moyenne de 2 atm. 1/2. Il est impossible d'avoir des pressions plus élevées à cause des dé-

pôts salins dont l'élévation de température augmente l'importance.

§ 5. — Touage des bateaux sur les rivières et sur les canaux. — Halage
à la vapeur.

Touage sur chaîne noyée. — MM. Chanoine et de Lagrené,
dans un mémoire très-intéressant inséré dans les *Annales des
Ponts et Chaussées*, novembre et décembre 1865, ont donné du
touage la définition suivante :

« Le touage est un remorquage qui s'exécute au moyen d'une
machine à vapeur placée dans un bateau et qui prend son point
d'appui sur une chaîne placée au fond du chenal, suivant toute
la longueur du cours d'eau à parcourir. Cette chaîne est fixée
à ses deux extrémités et disposée de façon à s'enrouler sur un
ou deux cylindres mus par une machine à vapeur placée soit à
bord d'un bateau spécial qui prend le nom de toueur, soit sur
un bateau ordinaire chargé de marchandises. La rotation imprimée aux cylindres détermine l'enroulement ou le déroule-
ment de la chaîne. »

Nous n'avons pas à examiner ce mode de remorquage au
point de vue général du choix à faire entre les divers modes de
traction sur les rivières et sur les canaux. La solution de cette
question dépend de considérations commerciales et de l'état
dans lequel se trouve chaque voie navigable.

En supposant la préférence accordée au touage, nous ne
nous occuperons ni de la chaîne noyée, ni des détails d'exécution du service ; nous ne considérerons que les machines employées dans cette opération.

Touage sur la haute Seine. — Un service très-régulier de
touage existe sur la haute Seine entre Paris et Montereau, sur
une longueur de 102 kilomètres. Avant l'établissement de ce

service, la remonte des bateaux assemblés en trait et remorqués par des chevaux exigeait 6 à 8 jours ; aujourd'hui elle s'effectue en 3 jours et presque à heures fixes.

Le service se fait avec 7 toueurs :

1 de 16 chevaux ; 1 de 24 ; 5 de 35 à 40.

Les toueurs de 35 à 40 chevaux présentent les dispositions suivantes :

Coque en fer à fond plat ;

Machines motrices placées au milieu du bateau avec cylindres inclinés, condensation et détente variable ;

Chaudières tubulaires, à foyer intérieur, timbrées à 5 atmosphères et placées à chaque extrémité du bateau, de manière à donner un bon équilibrage des poids ;

Consommation : $2^k,500$ par cheval et par heure ;

Vitesse maxima à la remonte : 6 kilom. à l'heure ;

Vitesse moyenne : 2 kilom. à $2^k,05$.

Les toueurs de la haute Seine ne croisent pas ; ils marchent les uns à la suite des autres comme les anciens relais de poste. Quand un toueur remontant rencontre un toueur avalant, il lui cède son convoi et descend en chercher un autre.

Les premières chaînes faites en fer de 19 millim. pesaient de 7 à 8 kilog. le mètre ; elles étaient trop faibles et ont dû être remplacées par des chaînes faites en fer de 22 millim. qui pèsent 11 kilog. le mètre.

Le touage de la haute Seine fournit en somme un service très-régulier, et son organisation peut être citée comme une solution très-pratique et très-satisfaisante du touage sur les rivières à faible pente.

Touage sur la basse Seine. — Sur la basse Seine, il y a quatre chaînes noyées :

La première dans la traversée de Paris ;

La deuxième entre Paris et l'embouchure de l'Oise ;

La troisième entre l'embouchure de l'Oise et Rouen ;

La quatrième entre Rouen et la Mailleraie.

Les machines employées sont plus puissantes que celles qui font le service sur la haute Seine, mais les dispositions principales sont les mêmes.

Entre Rouen et la Mailleraie, le service du touage n'a point donné d'excellents résultats ; les navires arrivent à Rouen avec le flot et une remorque plus vite qu'avec le toueur.

Touage sur le canal Saint-Martin à Paris. — Le canal Saint-Martin a été recouvert d'une voûte entre la place de la Bastille et le boulevard du Prince-Eugène, et enfermé entre deux murs profonds jusqu'au faubourg du Temple. Il importait de faire aussi rapidement que possible le touage des bateaux entre ces deux points extrêmes ; il s'effectue sur une chaîne noyée en fer de 16 millim., pesant 4^k,60 le mètre courant.

La machine à vapeur, d'une force de 20 chevaux, ne brûle que du coke, pour éviter toute fumée aux habitations riveraines du canal.

Touage sur le bief de partage du canal de Bourgogne. — Une chaîne noyée a été placée dans le bief de partage du canal de Bourgogne ; ce bief, qui a 6,400 mètres de longueur, comprend le souterrain de Pouilly, dont la traversée présentait de grandes difficultés pour la navigation.

Les *Annales des Ponts et Chaussées* ont donné, en 1868, des détails très-intéressants sur ce service.

Au point de vue économique, nous devons noter que

Les dépenses de l'exploitation sont de. . . . . 13,500 fr.

Les recettes   —   de. 8,500

ce qui entraîne une perte annuelle de. . . . . . 5,000 fr.

non compris l'intérêt et l'amortissement du capital employé à l'installation, installation jugée déjà insuffisante puisque l'on signale la nécessité d'acheter un second toueur.

Nous considérons des résultats semblables comme regrettables. L'État doit assurer par un bon entretien la circulation sur les routes, sur les fleuves et sur les canaux ; mais il ne doit pas prendre le rôle d'entrepreneur de traction, et si, exceptionnellement, il est conduit à subir une mesure de ce genre, ce ne devrait pas être aux dépens du trésor public.

Touage sur les canaux à l'aide de locomobiles. — Dans tous les exemples que nous venons de citer, le toueur est un bateau spécial portant sa machine et ses chaudières. M. Bouquié a proposé d'effectuer ce service à l'aide de petites machines locomobiles placées sur un bateau portant un chargement. Des expériences ont été faites sur le canal Saint-Denis, sur le canal Saint-Quentin et sur l'Oise. Les résultats ont été satisfaisants ; outre la machine, le bateau portait un chargement de 255 tonnes.

Résolue au point de vue de la traction d'un bateau à l'aide d'une faible machine, la question ne paraît pas l'être encore quant à la dépense et au prix de revient de la tonne kilométrique.

Si l'on se décide à faire la dépense d'une chaîne noyée, il nous paraît préférable d'employer une chaîne lourde et assez résistante pour permettre le touage d'un convoi et non d'un seul bateau.

Dans tous les cas, les questions de touage méritent l'attention des ingénieurs, et l'emploi des chaînes permettra peut-être sur les chemins de fer l'accès de rampes inabordables avec les machines actuelles.

Touage sur un point fixe. — Le touage sur un point fixe, pour franchir des rapides, est employé sur la Saône et sur le Rhône ; le point fixe est une ancre avec un câble de 1,200 à 1,500 mètres de longueur. — Le train remorqué par un bateau à vapeur se hale sur ce point fixe, que l'on reporte en amont, si le rapide ne peut être franchi en une seule fois : on perd ainsi beaucoup de temps, mais si le nombre des rapides est peu considérable, on peut employer ce système avec succès et effectuer le voyage avec des remorqueurs de force moyenne.

Signalons aussi un mode tout particulier de remorquage, usité uniquement sur le Rhône, et qui consiste dans l'emploi des grappins.

Remorquage sur le Rhône à l'aide de Grappins. — Les Grappins sont des bateaux dans le milieu desquels se trouve une roue dont les tourillons sont supportés par un châssis en charpente. Ce châssis est mobile autour d'un axe placé à l'extrémité opposée à celle qui supporte la roue : la roue peut alors reposer constamment sur le fond du lit, où elle prend des points d'appui au moyen de griffes dont sa circonférence est pourvue.

Deux roues à palettes complètent le système et permettent au bateau de se mouvoir lorsque le grappin ne fonctionne pas.

Trois bateaux fondés sur ce principe fonctionnent actuellement :

La *Ville-de-Beaucaire* : longueur. . . . . 124 mètres.
La *Ville-de-Lyon* : longueur. 115
La *Ville-d'Avignon* : longueur. 87

Chaque Grappin porte 6 machines à vapeur :

2 machines à l'avant pour lever le grappin ; force totale : 30 chevaux ;

2 machines au centre pour la marche des grappins et des roues à palettes ; force : 180 chevaux ;

2 machines à l'arrière pour le treuil : 30 chevaux.

Toutes les machines sont à cylindres horizontaux. Les grandes sont à condensation (3 atmosphères 1/2) ; les petites sont à haute pression et échappement libre (3 atmosphères 1/2).

Dans les grandes machines, la course du piston est de $2^m,50$; le diamètre du cylindre est de $0^m,90$; le nombre de coups de piston est de 8 à 10 par minute pour la remonte, et de 14 à 16 pour la descente. Dans les petites machines, la course du piston est de $1^m,00$ et son diamètre de $0^m,50$.

Les Grappins n'ont qu'une chaudière à dôme avec 3 foyers à flamme directe, 3 cylindres tubulaires et un réservoir de vapeur cylindrique. Le nombre des tubes est de 111, et leur diamètre intérieur de 0^m,10. La surface de chauffe est de 160^m,7.

Les roues à palettes ont un diamètre de 6 mètres; celui de la couronne du grappin est de 4^m,84; les 16 rayons de cette roue forment dents en saillie de 0^m,60 à 0^m,80.

Les roues à palettes et le grappin fonctionnent habituellement en même temps; la marche du grappin peut être suspendue au moyen d'un embrayage placé sur l'arbre de la roue de commande.

La vitesse, quand le grappin fonctionne, est de 5 kilom. à l'heure environ.

Un Grappin peut remorquer 600 tonnes de marchandises, non compris 1,600 tonnes de jauge de bateaux vides.

Généralement les convois sont composés de 2 ou 3 bateaux chargés et de 8 à 10 bateaux vides; le nombre des bateaux s'élève quelquefois à 20. L'équipage comprend 22 hommes, dont 14 se tiennent constamment sur le Grappin, et les autres sur les bateaux remorqués.

Lorsque le remorqueur est en marche et qu'on arrive à un endroit du fleuve où la profondeur de l'eau ne permet plus au grappin d'atteindre le fond, le convoi est amarré au rivage et en même temps retenu au remorqueur par un câble de fer, qui se déroule à mesure que le bateau avance avec le secours des roues seules; la roue dentée est remise en mouvement quand le grappin trouve un fond sur lequel il puisse fonctionner. On fait alors, au moyen du sifflet à vapeur, les signaux nécessaires; les amarres du convoi sont enlevées et le convoi est rappelé près du remorqueur par les machines d'arrière. Le Grappin stationne ordinairement pendant ce temps. Longueur du câble reliant le remorqueur au convoi, 800 à 1,000 mètres.

Le service des Grappins a lieu entre Arles, Beaucaire et Lyon; quelquefois ils descendent jusqu'à Bouc. La durée du trajet entre Arles et Lyon, aller et retour, est en moyenne de 10 jours;

et cette durée varie suivant le vent et la hauteur de l'eau dans le fleuve.

Le prix demandé pour la remonte d'une tonne est extrêmement variable.

Enfin, l'utilité des remorqueurs *les Grappins* paraît surtout consister dans la remonte à peu de frais des bateaux vides qui ont porté leurs chargements dans les ports du Midi.

CHAPITRE VII

MACHINES LOCOMOTIVES

§ 1ᵉʳ. — Ensemble de la machine locomotive. — Premiers essais. — Concours
de Liverpool.

Simplicité de la machine locomotive. — La machine locomotive est le plus merveilleux instrument de travail qui existe ; c'est presque un être animé[1] qui joint à une force prodigieuse une admirable docilité.

La machine locomotive est en même temps une machine simple. Une chaudière cylindrique, portant elle-même son foyer, produit la vapeur à une pression comprise habituellement entre 5 et 9 atmosphères. Conduite dans deux cylindres symétriquement placés par rapport à l'axe de la chaudière, la vapeur détermine le mouvement alternatif de deux pistons, et ce mouvement est transformé en mouvement circulaire par une bielle et une manivelle. Enfin la machine étant pesante, les roues, au lieu de tourner sur elles-mêmes, avancent sur le sol sur lequel elles reposent.

La machine locomotive consiste tout entière :

---

[1] Le livre de la *Sagesse* dans l'Ancien Testament ne semble-t-il pas avoir donné une description exacte des machines locomotives ? « Ignotas bestias vaporem ignium spirantes, fumi odorem proferentes, et horrendas ab oculis scintillas emittentes. »

1° En un générateur produisant une quantité de vapeur correspondant à une dépense facilement calculable ;

2° En un poids suffisant pour créer une adhérence qui transforme un mouvement de rotation en mouvement de translation.

Notion de l'adhérence. — Le mot *adhérence*, dont nous venons de faire usage, et qui est celui adopté dans la langue des ateliers, doit être entendu dans un tout autre sens que celui employé dans les traités de physique. Dans ces derniers, l'adhérence est la force qui s'oppose à la séparation de deux surfaces planes ou courbes en contact, tandis que le phénomène qui détermine le déplacement d'une machine locomotive est celui du frottement au départ. L'expression d'*adhérence* a prévalu et est universellement admise.

C'est avec ces deux éléments, — la production de la vapeur d'une part, l'adhérence résultant du poids d'autre part, — que la machine doit vaincre toutes les résistances qui s'opposent à son propre déplacement et à celui du train auquel elle est attelée. C'est en développant ces deux éléments, tour à tour ou simultanément, que l'on est arrivé aux machines actuelles, et l'étude historique de la machine locomotive se réduit presque à l'étude des moyens employés pour augmenter la surface de chauffe et le poids de la machine.

La notion exacte de l'adhérence fut longtemps peu connue. On croyait qu'une roue, dont l'essieu recevait un mouvement de rotation, tournerait elle-même sur place, et on pensait que le mouvement de translation ne s'obtiendrait que si on substituait au contact d'un rail et d'une roue lisse le contact d'une roue armée de dents ou de crochets s'imprimant dans le sol, ou même une véritable roue dentée roulant sur une crémaillère longitudinale.

On imagina même de transmettre le mouvement alternatif des pistons à deux patins s'appuyant successivement sur le sol et faisant en quelque sorte des enjambées comme un homme ou un animal. Ce n'est qu'en 1812 qu'on reconnut l'inutilité de ces complications, et Stephenson père construisit une machine à six roues roulant sur des rails lisses. Les cylindres étaient placés dans l'intérieur de la chaudière, et le mouvement des pistons était transmis aux roues par une chaîne sans fin ; on peut voir cette transmission exécutée sur les cylindres compresseurs à vapeur, employés par les ingénieurs de la ville de Paris pour l'entretien des chaussées.

Production de la vapeur. — La question de l'adhérence était résolue, mais celle de la production de la vapeur ne l'était pas avec les chaudières connues à cette époque. Longtemps même il y eut comme une déclaration d'impossibilité de la part des ingénieurs, et, dit-on, de Stephenson lui-même. En effet, en se donnant comme condition du problème à remplir une vitesse déterminée, on calculait :

Le nombre de tours de roues que la machine devait faire dans une heure ;

On en déduisait :

Le nombre de coups de piston,

Le nombre de cylindrées de vapeur à dépenser.

En rapprochant le volume total de vapeur ainsi déterminé de la puissance de vaporisation connue des chaudières de machines fixes, on trouvait des différences telles que rien ne faisait entrevoir la possibilité d'arriver à une production de vapeur en rapport avec la dépense prévue.

La découverte presque simultanée de la chaudière tubulaire et de l'échappement de la vapeur dans la cheminée, vint heureusement changer la puissance de vaporisation des anciens foyers, et rendit possible la production d'une quantité de vapeur inespérée. On peut dire qu'avec ces deux découvertes, la machine locomotive était créée.

Les avantages de la chaudière à tubes pour la production de la vapeur sont si grands, que certains constructeurs ont déclaré qu'il était inutile de chercher un autre mode de vaporisation, et que la chaudière tubulaire devait être aussi bien employée pour les machines fixes que pour les machines locomotives et les locomobiles. Nous avons fait connaître les motifs pour lesquels nous n'adoptons point une manière de voir aussi absolue en ce qui concerne les machines fixes. Mais pour les machines locomotives, il n'y a point de restriction à faire, et la chaudière tubulaire constitue véritablement la machine elle-même.

Machines anciennes. Essais antérieurs aux travaux de Stephenson. — Nous avons brièvement énoncé les idées des premiers ingénieurs qui s'occupèrent d'appliquer la machine à vapeur à la traction des véhicules sur les routes. Nous ne mentionnerons que pour mémoire les machines successivement proposées par Sébastien Cugnot, en 1769, par Trewithick et Vivian en 1802, par Murray en 1811, par Blackett en 1812, et par Stephenson père en 1814. Les dessins de ces machines ont été plusieurs fois reproduits : il suffit d'y jeter un coup d'œil pour apprécier ces essais, nous ne dirons pas sans valeur, mais si éloignés de la machine actuelle.

Ce n'est qu'à partir de 1829 qu'apparut, au concours de Liverpool, la véritable machine locomotive construite par Robert Stephenson, la machine contenant une chaudière tubulaire et un échappement dans la cheminée.

Concours de Liverpool. — Clapeyron, dans son Cours professé à l'École des ponts et chaussées, a donné sur ce concours mémorable des renseignements très-intéressants, et que nous ne pouvons que reproduire. Le chemin de fer de Liverpool à Manchester n'avait pas été établi primitivement pour des locomotives, et on pensait même y effectuer la traction au moyen de machines fixes.

Le programme publié par la compagnie du chemin de fer de Liverpool à Manchester, le 25 avril 1829, contenait les dispositions suivantes :

1° La machine doit brûler sa fumée, d'après les stipulations de l'acte du parlement de la septième année du règne de George IV.

2° Si elle pèse 6 tonnes, elle doit pouvoir traîner, chaque jour, sur un chemin de fer bien construit et de niveau, un convoi de chariots du poids de 20 tonnes compris son fourgon et l'approvisionnement, à une vitesse de 10 milles à l'heure et avec une pression de vapeur n'excédant pas 50 livres par pouce carré.

3° La chaudière aura deux soupapes, l'une desquelles sera hors de la portée du machiniste; mais ni l'une ni l'autre ne pourront être fermées quand la machine fonctionnera.

4° La machine et la chaudière seront portées sur des ressorts et sur six roues. La hauteur jusqu'au sommet de la cheminée ne devra pas excéder 15 pieds.

5° Le poids de la machine, y compris l'eau dans la chaudière, ne pourra pas dépasser 6 tonneaux. On donnerait la préférence à une machine plus légère si elle traînait proportionnellement la même charge. Si le poids ne dépassait pas 4 tonneaux, on pourrait réduire à quatre le nombre des roues. La compagnie sera libre de soumettre la chaudière, les cylindres, etc., à l'aide d'une presse hydraulique, à une pression de 150 livres par pouce carré, sans être responsable du dommage que la machine en pourrait éprouver.

6° Il y aura un manomètre à mercure fixé à la machine, avec une tige indiquant la pression au-dessus de 45 livres par pouce carré et construit de façon à laisser échapper la vapeur à une pression de 60 livres par pouce carré.

7° La machine devra être rendue à la gare du chemin de fer à Liverpool, le 1ᵉʳ octobre 1829 au plus tard.

8° Le prix de la machine ne devra pas excéder 550 livres sterling. Les machines refusées seront reprises par leurs propriétaires.

La compagnie devait fournir le fourgon et les approvisionnements d'eau et de combustible.

Les juges étaient MM. Wood de Newcastle-upon-Tyne, Rastrick de Stonbridge et Kennedy de Manchester.

Les machines présentées au concours étaient au nombre de cinq, savoir :

La Fusée (*the Rockett*), pesant 4^T,05, appartenant à M. Robert Stephenson ;

La Nouveauté, pesant 3^T,01, appartenant à MM. Braithwaite et Ericson ;

La Sans-pareille, pesant 4^T,155, appartenant à M. Hackworth ;

Le Cyclops, pesant 5 tonnes, à M. Brandreeth ;

La Persévérante, pesant 2^T,17, à M. Burstall.

Toutes les machines avaient été construites pour brûler du coke.

Le Cyclops n'entra pas en lice.

La combustion était entretenue dans *la Nouveauté*, remarquable par son élégante construction, au moyen de soufflets mis en jeu par la machine elle-même. Dans une première expérience, ces soufflets crevèrent et la machine fut obligée de s'arrêter. Dans une autre épreuve, le tuyau de la pompe d'alimentation se brisa et mit encore fin à sa course. Enfin, le jour où le prix devait être gagné, un tuyau qui traversait la chaudière fut écrasé par la pression, et cette machine fut obligée de se retirer du concours.

La Sans-pareille, après une modification apportée à sa chaudière, sur l'avis de la commission, concourut le jour fixé pour le jugement définitif. La pompe d'alimentation se dérangea aussi. L'abaissement de l'eau dans la chaudière fit fondre le bouchon de plomb, la vapeur se perdit et l'épreuve ne put être continuée.

M. Burstall retira sa machine.

La Fusée resta donc seule et fut jugée digne du prix proposé. Pendant les expériences, elle traînait une charge de 12^T,14 avec une vitesse de 14 milles à l'heure. Débarrassée du poids qu'elle remorquait, elle atteignit une vitesse de 35 milles à l'heure.

Le succès de la machine de M. Stephenson était principalement dû à l'emploi de la chaudière tubulaire, qui consiste, dans *la Fusée*, en un foyer entièrement entouré d'eau et d'un corps cylindrique traversé par 25 tubes d'un petit diamètre qui donnaient passage à la flamme et aux produits de la combustion, pour les conduire dans la cheminée où venaient aussi déboucher les tuyaux d'échappement de la vapeur à sa sortie des cylindres.

Priorité de l'invention de la chaudière tubulaire. — La chaudière tubulaire a-t-elle été découverte par Robert Stephenson, ou cet illustre ingénieur a-t-il eu connaissance des travaux de M. Séguin?

Nous ne saurions résoudre cette question longuement discutée par les écrivains anglais et français; nous rapprocherons seulement trois dates :

Le brevet délivré à M. Séguin pour la construction d'une véritable chaudière tubulaire est du 22 février 1828. Le programme du concours de Liverpool fut publié le 25 avril 1829. Le concours lui-même n'eut lieu que le 9 octobre 1829.

Une innovation très-importante aussi avait été essayée dans la machine de Stephenson : nous voulons parler de l'échappement de la vapeur dans la cheminée. Deux explications ont été données du rôle de la vapeur dans la cheminée. Quelques ingénieurs admettent que la vapeur, en se condensant, produit un vide qui occasionne un appel d'air; d'autres prétendent que le flot de vapeur agit comme un piston véritable chassant l'air devant lui et faisant le vide en arrière : l'air frais se précipiterait à travers la grille pour remplir le vide et affluerait en quantité suffisante sur le combustible.

La priorité de l'invention de cet emploi de la vapeur perdue à sa sortie du cylindre a été aussi très-discutée : mais nous ne pouvons citer aucune date précise qui éclaire la solution de cette question.

Période de 1830 à 1845. Machines encore peu connues. On ne

se préoccupe que des moyens d'en augmenter la puissance. — La machine exposée par Robert Stephenson avait remporté le prix. Mais cette machine ne pesait que 4,000 kilogr.; elle traînait, avons-nous dit, 12 tonnes à une vitesse de 14 milles à l'heure, et sans charge marchait à raison de 55 milles à l'heure. Il y avait donc bien des progrès à réaliser pour arriver aux machines actuelles.

Dans la période de 1830 à 1845, employée en tâtonnements de toute nature, la machine locomotive s'affirme en quelque sorte. On était loin de penser qu'on arriverait à produire des machines spéciales pour chacun des besoins de l'exploitation des chemins de fer, et on ne cherchait qu'à augmenter la puissance des machines, soit en augmentant les dimensions primitives, soit en étudiant toutes les combinaisons de détail relatives à l'alimentation, au mode de suspension, à la répartition des poids, à l'échappement de la vapeur, questions toutes aujourd'hui résolues, mais qui ne l'étaient pas il y a trente ans. Chaque constructeur, sans suivre un ordre d'idées bien déterminé, s'efforçait de faire mieux que ses concurrents.

Période de 1845 à 1868. Machines appropriées aux besoins de l'exploitation. — Après cette période de recherches, le développement des lignes ferrées en France et en Angleterre fit reconnaître aux ingénieurs que le service des chemins de fer comportait des besoins très-distincts, auxquels ne pouvaient satisfaire des machines construites sur un modèle uniforme.

Pour certains transports, la première condition à remplir était la vitesse; pour d'autres une vitesse modérée était suffisante; enfin, dans bien des cas, la vitesse de marche ne présentait qu'un intérêt secondaire, et, pour le transport des grosses marchandises, houilles, minerais, etc., notamment, il fallait avant toutes choses demander aux machines la faculté de traîner des poids considérables.

Successivement constatées sur tous les chemins de fer, les mêmes nécessités ont amené les ingénieurs à l'adoption de trois types bien distincts et que désignent la nature des services qui leur sont demandés :

Machines à voyageurs ;

Machines mixtes ;

Machines à marchandises.

Nous étudierons successivement, dans les paragraphes qui vont suivre, chacun de ces trois types, et nous indiquerons les variétés auxquelles ils ont donné naissance ; mais nous retrouverons constamment dans les idées des constructeurs la double direction que nous avons signalée :

1° Augmentation de la puissance vaporisatrice de la chaudière ;

2° Augmentation du poids pour augmenter l'adhérence.

Période actuelle. — Pendant de longues années, les chemins de fer n'ont été considérés comme possibles que dans les contrées peu accidentées. On n'avait pas songé à les tracer dans des vallées sinueuses et à leur faire franchir des faîtes élevés. De semblables difficultés n'arrêtent plus personne aujourd'hui, et il faut construire des chemins de fer, quelles que soient les conditions de profil et de plan que l'on rencontre. La machine locomotive a dû obéir à ces exigences nouvelles, et les ingénieurs mécaniciens ont su livrer à l'exploitation des machines répondant à des besoins absolument nouveaux. Nous aurons donc à étudier des types très-différents de ceux qui ont été créés pour les conditions ordinaires de l'exploitation.

§ 2. — Machines à voyageurs.

Les machines destinées au service des voyageurs peuvent, pendant plusieurs années, se rapporter à deux types principaux construits, le premier par Sharp et Roberts vers 1840, le second par Stephenson vers 1846.

Machine de Sharp et Roberts. — La machine sortie des ateliers de Sharp et Roberts avait les dimensions suivantes :

Nombre de roues (la roue motrice placée au milieu). . .	6
Diamètre de la roue motrice.	$1^m,666$
162 tubes de $0^m,04$ de diamètre et d'une longueur de. .	$2^m,45$
Surface de chauffe directe, c'est-à-dire du foyer proprement dit.	$5^{mq},87$
Surface de chauffe tubulaire.	$49^{mq},95$
Surface de chauffe totale de.	$55^{mq},80$
Cylindres intérieurs ; diamètre.	$0^m,33$
Course du piston..	$0^m,46$
Poids de la machine vide, environ.	12 T.

Le foyer descendait entre les roues d'arrière et les roues motrices, et le centre de gravité de toute la machine passait entre les roues d'avant et les roues motrices. Par cette double combinaison, le poids de la machine était bien réparti, et l'essieu d'avant, se trouvant convenablement chargé, n'avait aucune tendance à se lever quand la machine rencontrait un obstacle sur la voie ; ces machines présentaient donc une très-grande stabilité. Nous rencontrons, pour la première fois et d'une manière un peu précise, la notion si importante de la stabilité dans les machines. On conçoit en effet que, si le centre de gravité est très-éloigné de l'essieu d'avant, la machine tout entière a une tendance au soulèvement et que le moindre obstacle rencontré par la roue d'avant peut faire dévier et dérailler la machine entière.

Machine Stephenson. — La machine construite par Stephenson en 1845 avait les dimensions ci-après que nous indiquons dans l'ordre suivi pour les dimensions de la machine Sharp et Roberts, ordre que nous conserverons autant que possible dans toutes les machines, de manière à permettre une comparaison rapide des éléments constitutifs de chaque type :

Nombre de roues (la roue motrice placée au milieu).. .	6
Diamètre de la roue motrice.	$1^m,70$

159 tubes de 0^m,057 de diamètre et d'une longueur de..	5^m,95
Surface de chauffe directe.	5^{mq},00
Surface de chauffe tubulaire.	64^{mq},00
Surface de chauffe totale.	69^{mq},00
Cylindres extérieurs ; diamètre.	0^m,55
Course du piston..	0^m,51
Poids de la machine vide, environ.	18 T.

La surface de chauffe présentait une augmentation importante sur celle de la machine Sharp et Roberts : 69 mètres carrés au lieu de 55^{mq},80. Mais cet avantage était compensé par une disposition présentant des inconvénients : pour obtenir une grande longueur de la partie tubulaire, Stephenson reportait le foyer en deçà de l'essieu d'arrière, en porte-à-faux sur les longerons. Les dimensions de ce foyer devenaient alors inférieures à celles du foyer Sharp et Roberts, et cette diminution de la surface de chauffe directe atténuait beaucoup les avantages que l'on se promettait, à tort, nous le verrons, de l'allongement de la partie tubulaire.

En second lieu, le centre de gravité se rapprochait de l'arrière, et l'essieu d'avant peu chargé tendait à se soulever. Il y avait même des machines dans lesquelles le centre de gravité tombait sur l'essieu lui-même. Tout l'appareil était alors comme en équilibre autour de cet essieu moteur, et la machine obéissait facilement à l'action perturbatrice désignée sous le nom de *mouvement de galop*.

Par contre, la position extérieure des cylindres était signalée comme une heureuse amélioration; les essieux coudés, si difficiles à bien forger, disparaissaient et étaient remplacés par des essieux droits.

Cette question des essieux droits et des essieux coudés, ainsi que celle qui lui correspond, des cylindres extérieurs et intérieurs. seront traitées dans l'étude des organes des machines locomotives. Nous ne faisons donc que l'indiquer ici à son début.

Machines à roues libres employées par les chemins de fer français, de 1845 à 1856. — Les ingénieurs chargés des chemins de fer français ne pouvaient, à l'origine, s'inspirer que des modèles anglais, et nous voyons toutes les lignes françaises adopter, dans la période de 1845 à 1856, les modèles calqués, soit sur le type Sharp et Roberts, soit sur le type Stephenson, modèles présentant par conséquent les mêmes avantages et les mêmes inconvénients.

L'on ne saurait ici donner une description détaillée de toutes ces machines, mais nous avons réuni, dans le tableau ci-après, leurs principales dimensions. L'on remarquera surtout l'accroissement constant de la surface de chauffe et du poids de la machine.

MACHINES A ROUES LIBRES	OUEST BUDDICOM 1845	NORD CAIL. 1846	EST CAIL. 1846	LYON CAIL. 1847	LYON CAIL. 1856	ORLÉANS POLONCEAU 1854	MIDI GOUIN 1856
Diamètre de la roue motrice.	1.675	1.680	1.680	1.800	1.810	2.027	2.100
Nombre des tubes. . .	145	125	125	145	156	182	189
Longueur des tubes.. .	2m.867	5.800	5.772	5.448	5.550	5.567	5.462
Diamètre des tubes. . .	0.045	0.045	0.045	0.046	0.0455	0.058	0.045
Surface tubulaire. . . .	58.870	66.500[1]	69.587	76.250	85.512	72.800	88.055
Surface de chauffe directe.	5.798	5.012	5.008	5.900	6.778	6.128	7.777
Surface de chauffe totale..	64.668	71.512	74.595	82.150	90.290	78.928	95.851
Position des cylindres. .	extérieur	extérieur	extérieur	extérieur	extérieur	extérieur	extérieur
Diamètre des cylindres.	0.555	0.580	0.580	0.580	0.400	0.400	0.421
Course du piston. . .	0.555	0.560	0.560	0.600	0.600	0.600	0.560
Poids de la machine chargée.	17.026k	21.500k	25.926k	25.215k	28.566k	25.520	»
Poids sur l'essieu moteur..	6.500	»	8.203	9.515	12.640	12.550	12.550

[1] Nous avons admis les chiffres donnés par les compagnies : il importe toutefois de constater qu'elles n'ont pas toutes le même mode d'évaluation. Dans certains ateliers on prend pour surface de chauffe tubulaire la surface intérieure de ces tubes ; dans d'autres on prend la surface extérieure ; quelques ingénieurs prennent la moyenne.

La comparaison de ces sept colonnes montre d'une manière irrécusable que toutes les dimensions vont en croissant.

De 64^{mq},668, la surface de chauffe monte à 95^{mq},830 ;

De 17 tonnes, le poids s'élève à 28^{T},5.

Dans ces deux derniers chiffres, nous supposons la machine en marche et moyennement pleine d'eau.

Pour avoir le poids vide, il faut déduire environ 2 tonnes, mais l'indication du poids en ordre de marche donne une idée plus précise de l'adhérence.

Machines à 4 roues. Résistance des rails. — Toutes les machines dont on vient de parler sont à six roues ; on a employé cependant un assez grand nombre de machines à quatre roues pour qu'il convienne de ne point les passer sous silence. Lorsque l'on considérait comme un avantage, pour les machines locomotives, d'avoir une grande légèreté, les machines à quatre roues, construites par Bury et par Fenton-Murray, eurent une grande vogue. Cependant ces machines présentaient des inconvénients.

Elles étaient peu stables et avaient une grande tendance à prendre sur la voie un mouvement de galop. En cas d'accident survenu à un essieu, le renversement de la machine était presque certain, et, dans tous les cas, beaucoup plus à craindre que dans le cas de l'emploi de six roues.

Enfin, lorsqu'il fut bien constaté que l'on ne pouvait réaliser de véritables progrès en dehors de l'augmentation de la surface de chauffe et du poids adhérent, les constructeurs jugèrent impossible d'établir sur deux essieux une chaudière aussi longue et aussi lourde que celles auxquelles on était conduit, et ils reportèrent le poids sur six roues.

S'il est en effet possible d'augmenter la surface de chauffe sans avoir à vaincre d'autres difficultés que celle que présente la fabrication de la machine elle-même, il existe, pour l'augmentation du poids établi en vue de l'adhérence, une limite que l'on ne peut dépasser : c'est la résistance du rail. On est arrivé à faire des rails qui pèsent plus du double de ceux que

l'on posait il y a trente ans ; mais sur des rails pesant 37 à
40 kilog. le mètre courant, et qui sont aujourd'hui le plus habituellement employés, on ne croit pas pouvoir dépasser, pour
la charge de l'essieu moteur, 12,000 à 13,000 kilog. Il est
même prudent de ne pas atteindre cette limite, et, dès lors, de
répartir sur trois essieux un poids qui pour deux compromet-
trait la limite de résistance des rails.

Un fait particulier vint justifier les craintes émises au sujet
des machines à quatre roues : *le Mathieu-Murray*, qui remorquait le train parti de Versailles le 8 mai 1842, n'avait que
quatre roues, et on vit dans cette disposition une des causes de
la gravité exceptionnelle de cet accident. Pendant de longues
années, les machines à quatre roues furent complétement abandonnées, au moins en France, et sur presque tout le continent.
Une réaction se produit cependant aujourd'hui, et les machines
à quatre roues paraissent reprendre faveur principalement sur
les lignes dont le tracé présente des courbes de très-petit rayon
et dans lesquelles il est impossible d'inscrire une machine ayant
une base inflexible de plusieurs mètres de longueur. Nous
aurons occasion de parler des modèles de machines à quatre
roues récemment proposés.

**Nécessités du trafic. Augmentation du poids des trains
omnibus et de la vitesse des trains express.** — Le développement inattendu pris par les chemins de fer en France, en Angleterre et dans toute l'Europe, rendit les premières machines
à roues libres bientôt insuffisantes à un double point de vue.

D'une part, elles ne pouvaient traîner les trains de voyageurs
lourdement chargés et, à plus forte raison, les trains de marchandises ; d'autre part, même avec une charge médiocre,
elles ne pouvaient prendre une grande vitesse.

Leur faible poids ne déterminait pas une adhérence suffisante pour vaincre la résistance offerte par un train lourd.

Le diamètre de leurs roues motrices se prêtait mal à une
grande vitesse de translation. Enfin un grand nombre n'avaient

pas une stabilité suffisante pour résister aux actions perturbatrices dont l'intensité croît avec la vitesse.

Question de la vitesse et du poids des trains. — Fallait-il chercher un nouveau type de machines capables à la fois de trainer un train lourdement chargé et de le trainer à grande vitesse ? La plupart des constructeurs ne le pensèrent pas, en affirmant d'ailleurs que cette double condition d'un grand poids et d'une grande vitesse ne se rencontrait que très-rarement dans l'exploitation des chemins de fer. Il ne pouvait d'abord être question des marchandises ; quant aux voyageurs, on disait que les trains destinés à marcher vite n'avaient d'intérêt que pour les grandes distances. Mais les voyageurs de grande distance sont toujours peu nombreux, et les trains qui leur sont destinés ne comptent qu'un petit nombre de voitures. Pour les voyageurs de petite distance, c'est-à-dire prenant et quittant les trains aux stations intermédiaires, il était inutile d'imprimer une grande vitesse aux trains s'arrêtant à chaque instant. Enfin, on objectait la gravité des accidents qui se produiraient si un train, lourdement chargé et animé d'une vitesse considérable, rencontrait un arrêt sur la voie. Il est incontestable, en effet, que les freins les meilleurs et les plus énergiques ont besoin d'un temps déterminé pour user la force vive que possède un train, et cette force vive dépend de la vitesse et de la masse.

Ces considérations ont prévalu dans la plupart des esprits, et, pendant plusieurs années, on a ramené les machines à voyageurs à deux types bien distincts :

La *machine mixte à quatre roues couplées*, capable de trainer à des vitesses modérées des trains de voyageurs contenant le maximum de voitures permis par les règlements, et la *machine à roues libres et à grande vitesse*, destinée au service des trains express et poste.

Des faits nouveaux sont venus récemment modifier cette situation : les pentes *maxima*, admises sur les premières grandes

lignes de chemins de fer, ont été dépassées. Au lieu de 5 millim.
par mètre, on a rencontré très-fréquemment des déclivités de
8 et de 10 millim. par mètre, et sur des lignes semblables les
machines à roues libres n'offraient qu'une adhérence insuffisante ; on a été forcé d'atteler aux trains rapides, sur ces lignes,
des machines à quatre roues couplées. Les inconvénients que
pouvait présenter ce type de machine pour les grandes vitesses
n'ont pas eu la gravité qui avait été signalée, et on peut considérer comme définitivement acquis au service des trains rapides
un type nouveau de machine mixte.

Nous examinerons successivement ces divers types :

Machine à grande vitesse et à roues libres ;

Machine mixte ordinaire ;

Machine mixte pour les trains rapides.

Machine à grande vitesse à roues libres. — Toute machine à
grande vitesse doit réunir deux conditions :

1° Avoir un mouvement de translation rapide, sans cependant imprimer aux organes principaux de la machine un mouvement de rotation trop rapide ;

2° Conserver une grande stabilité sur la voie.

L'augmentation du diamètre de la roue motrice répondait à
la première condition : le chemin parcouru dans une double
course du piston étant égal à la circonférence de la roue motrice, on avait, par l'augmentation de ce diamètre, une grande
augmentation de vitesse tout en conservant le même nombre de
coups de piston par minute : mais, en augmentant le diamètre
de la roue motrice et en conservant cette roue motrice au milieu, on élevait évidemment le centre de gravité de tout l'appareil et on se plaçait dans une condition de stabilité moins
bonne.

Les ingénieurs furent et sont encore partagés sur l'importance des inconvénients qu'entraîne cette élévation du centre
de gravité. Les uns ne l'admirent à aucun prix et adoptèrent
un type aujourd'hui célèbre, celui de la machine *Crampton,*

dans lequel la roue motrice est placée à l'arrière et presque en dehors de la machine ; la masse principale repose alors sur les petites roues, par conséquent à une faible hauteur au-dessus du sol. Les autres, au contraire, acceptèrent sans crainte l'élévation du centre de gravité, et se contentèrent de perfectionner le type de Sharp et Roberts.

Les Anglais sont restés fidèles à ce dernier type, et, bien que la machine Crampton soit due à l'un de leurs ingénieurs, elle n'a été et n'est employée sur une large échelle qu'en France. Elle a été, il est vrai, exécutée avec une rare perfection par nos constructeurs, et elle constitue pour nous un modèle admirable de machine à grande vitesse. Elle fonctionne depuis bientôt vingt ans sur les chemins de fer du Nord, de Paris à Lyon et à la Méditerranée, et de l'Est, et, en ce qui nous concerne, nous ne songeons pas à lui apporter la plus légère modification.

Machine Crampton. — Les dimensions principales des machines Crampton employées sur les chemins de fer du Nord, de Lyon et de l'Est, sont les suivantes :

MACHINES CRAMPTON (6 ROUES, CYLINDRE EXTÉRIEUR)	NORD	LYON	EST
Diamètre de la roue motrice. .	2.100	2.100	2.500
Nombre de tubes..	177	180	180
Longueur des tubes.	5.615	5.460	5.460
Diamètre des tubes..	0.046	0.046	0.049
Surface de chauffe tubulaire. .	95.550	90.000	84.620[1]
Surface de chauffe directe. . .	7.000	7.000	6.649
Surface de chauffe totale. . . .	100.550	97.000	91.269
Diamètre du cylindre..	0.40	0.40	0.40
Course du piston..	0.55	0.60	0.56
Poids de la machine chargée. .	27T.200	28T.900	27T.275
Poids sur l'essieu moteur.. . .	10.000k	10.800k	10.275k

[1] Voir l'observation relative aux chiffres du tableau précédent.

La machine Crampton réunit deux avantages incontestables : elle a une énorme puissance de vaporisation, 92 à 100 mètres carrés, et sa stabilité est parfaite ; l'essieu d'avant étant très-chargé, presque autant que l'essieu moteur, la machine n'a aucune tendance à sortir de la voie.

En outre, tout le mécanisme est à la portée du mécanicien et extérieur, de sorte qu'on peut graisser et remédier très-rapidement aux petits dérangements impossibles à éviter dans un appareil soumis aux secousses produites par une vitesse de 70 à 80 kilomètres à l'heure. Enfin tout a été étudié pour résister aux causes de destruction qui ont pu être prévues. Les fusées ont des dimensions exceptionnelles, les châssis sont doubles, et, nous le répétons, un service incessant pendant près de vingt années, sur trois réseaux importants, n'a pour ainsi dire révélé aucun défaut dans ces belles machines. M. Perdonnet, dans son grand ouvrage sur les chemins de fer, après avoir mentionné l'excellent service fait par les machines Crampton, résume, avec M. Lechatelier, les avantages qu'elles présentent, dans des termes que nous ne pouvons que reproduire :

« L'expérience des machines du système Crampton a démontré que ces machines, autant par le peu d'élévation de leur centre de gravité que par le grand écartement des supports extrêmes et la bonne répartition de la charge, se comportent d'une manière remarquable dans les accidents auxquels est soumis inévitablement le service des chemins de fer, tels que déraillements, collisions, etc. Dans beaucoup de circonstances où d'autres machines sont renversées sur le flanc, celles-ci sont restées debout sur les rails, ou même sur les talus du remblai, et ont pu fournir la course nécessaire à l'amortissement de la force vive dont le convoi était animé. C'est là un motif qui doit contraindre les constructeurs à s'ingénier pour abaisser le centre de gravité ; c'est ce motif surtout qui doit faire proscrire l'usage des cylindres intérieurs et des essieux coudés dans les machines à grande vitesse. »

La machine Crampton a cependant un inconvénient, conséquence de son mode de construction.

La longueur entre les essieux extrêmes est de 4^m,80, et elle s'inscrit mal dans les courbes de faible rayon, ou bien elle ne s'y inscrit qu'en fatiguant beaucoup les rails. MM. Buddicom et Polonceau, qui ont construit une grande partie du matériel des chemins de fer de l'Ouest et d'Orléans, ont attaché une grande importance à cet inconvénient, et ils n'ont employé sur ces lignes que des machines du type Sharp et Roberts, avec essieu moteur au milieu. Nous avons donné les dimensions principales de ces deux machines dans les deux dernières colonnes du tableau relatif aux machines à roues libres.

Machines anglaises à grande vitesse. — Le nombre des machines anglaises destinées au service des trains de grande vitesse est assez considérable. Cette multiplicité de types est due à la grande division des lignes anglaises, qui ne sont pas réunies en grands réseaux comme les nôtres. Outre les machines du système Crampton, assez semblables à celles que nous venons de décrire sommairement, on peut citer :

1° Les machines Mac Connell, employées sur le chemin de Londres à Liverpool ;

2° Les machines du Great-Western, machines à 4 essieux, deux en avant de l'essieu moteur, le quatrième en arrière de la boîte à feu :

3° Les machines a grandes roues de Hauthorn ;

4° Les machines à 3 cylindres de Stephenson ;

5° Les machines Ramsbottom ;

6° Les machines Neilson et Cie (Caledonian-Railway) ;

7° Les machines Haswell.

Toutes ces machines, qui étaient représentées à l'Exposition universelle de Londres en 1862, au moins par des dessins et des notices, se rapportent aux deux types Sharp et Roberts, et Stephenson, que nous avons décrits. La roue motrice est au milieu et le centre de gravité de toute la machine est très-élevé. Au point de vue du poids sur l'essieu moteur et de l'étendue de la surface de chauffe, les constructeurs anglais n'ont pas dépassé la limite à laquelle sont arrivés les constructeurs français : c'est-à-dire 12,000 à 13,000 kilogr. sur l'essieu moteur, et 92 à 100 mètres carrés de surface de chauffe.

Le tableau ci-après indique les principales dimensions d'un certain nombre de machines anglaises à grande vitesse.

MACHINES ANGLAISES A GRANDE VITESSE	LONDON AND NORTH WESTERN		CALEDONIAN-RAILWAY
	MAC-CONNELL	RAMSBOTTOM	NEILSON
Diamètre de la roue motrice. .	2^m.50	2^m.50	2^m.47
Nombre des tubes.	»	»	192
Longueur des tubes.	»	»	5.70
Diamètre des tubes.	»	»	»
Surface de chauffe tubulaire. .	»	85^{mq}.00	98^{mq}.46
Surface de chauffe directe. . .	»	8.00	8.64
Surface de chauffe totale.. . .	80.00	93.00	107.10
Position des cylindres.	intérieure	extérieure	extérieure
Diamètre du cylindre.	0.456	0.407	0.450
Course du piston..	0.61	0.61	0.61
Poids de la machine chargée. .	»	27.500^k	51.200^k
Poids sur l'essieu moteur.. . .	12 à	13.000^k	14.500^k

La machine Mac-Connell présente un foyer d'une dimension exceptionnelle destiné à l'emploi de la houille crue : ce foyer est divisé en deux parties par une cloison verticale formant bouilleur et placée dans l'axe longitudinal de la machine.

Le centre de gravité est très-élevé parce que l'essieu moteur est coudé. Cet essieu est en acier fondu de Krupp. Les petites roues ont 1^m,50 de diamètre.

La machine du Caledonian-Railway, construite dans les ateliers de MM. Neilson et compagnie (Hyde-Park Foundry Glascow), doit être considérée comme une des plus grandes et des plus puissantes machines à voyageurs connues. L'expérience toutefois n'a pas encore prononcé sur les conséquences que peut entraîner la charge excessive de l'essieu moteur (14 tonnes et demie). On peut craindre de fréquentes ruptures de rails, et nous n'oserions pas lancer sur nos lignes françaises, construites avec des rails en fer de 55 à 58 kilog., une machine semblable.

Bien que le diamètre de la roue motrice de la machine envoyée à l'Exposition de Londres atteignit 2^m,47, ce chiffre est dépassé sur d'autres machines en service sur le Caledonian-Railway, qui ont des roues motrices de 2^m,75 de diamètre.

L'Exposition universelle de 1867 n'a pas révélé de dispositions nouvelles adoptées par les ingénieurs anglais pour les machines à grande vitesse, et ils ont conservé les types que nous venons d'indiquer.

Machines américaines. — L'emploi des courbes de faible rayon a conduit les Américains à employer dans toutes leurs machines locomotives un avant-train et une cheville ouvrière comme dans les voitures ordinaires des routes de terre. Cet avant-train repose sur 4 roues de petit diamètre, et constitue un véhicule complet qui tourne autour de la cheville ouvrière, en suivant les inflexions souvent multipliées du tracé.

Pour les machines à grande vitesse, la roue motrice est disposée à l'arrière comme dans les machines Crampton; l'essieu est placé au-dessus du niveau de l'arête inférieure du corps cylindrique de la chaudière.

Dans les machines à marchandises, la roue motrice de l'arrière est remplacée par 2 roues accouplées, mais l'avant-train subsiste toujours.

Les machines américaines ont été employées en Europe, dans le Wurtemberg et en Russie; elles le sont dans quelques parties de l'Angleterre; l'Exposition universelle de 1867 en présentait un très-beau type.

Machines mixtes ordinaires. Double caractère de ces machines. — Nous avons dit que les besoins de l'exploitation avaient conduit, dans tous les chemins de fer de France et d'Angleterre, les ingénieurs à augmenter la force des machines, de manière à pouvoir remorquer, soit des trains de voyageurs lourdement chargés, soit des trains de marchandises ordinaires : les machines qui répondent à ce double service ont reçu le nom de *machines mixtes*, soit en vue de cette double destination, soit parce qu'elles sont très-fréquemment employées à remorquer des trains mixtes, c'est-à-dire composés de voitures à voyageurs et de voitures à marchandises.

Le nombre des trains mixtes sur chaque réseau est déjà très-considérable et il tend à augmenter chaque jour. Les lignes que l'on ouvre en ce moment à l'exploitation et celles que, selon toute apparence, on ouvrira désormais, sont des lignes à faible trafic pour lesquelles des trains uniquement chargés de voyageurs ou de marchandises ne donneraient pas une rémunération suffisante pour couvrir les dépenses du capital engagé dans la construction et les dépenses de l'exploitation.

On a donc été conduit, afin de multiplier autant que possible le nombre de trains offerts au public pendant la journée, à joindre aux voitures de voyageurs un certain nombre de wagons de marchandises, et on peut dire que, pour toutes les lignes à faible trafic, les seules machines convenables sont les machines mixtes. Nous verrons même sur les lignes à fortes rampes tous les trains remorqués par des machines à marchandises à 6 roues couplées.

Accouplement de deux essieux pour augmenter le poids adhérent. — On ne pouvait, comme nous l'avons déjà dit, accroître la force des machines qu'en augmentant la surface de chauffe et la partie du poids de la machine destinée à produire l'adhérence. Si une augmentation des dimensions du foyer et du corps tubulaire répondait au premier besoin, la capacité de résistance des rails interdisait une augmentation de poids sur l'essieu moteur. L'idée d'accoupler à l'essieu moteur, c'est-à-dire à l'essieu mené par les tiges des pistons, un second essieu, permit d'utiliser, pour l'adhérence, le poids réparti sur ces essieux, et de doubler, pour ainsi dire, la force de la machine. Cette réunion des deux essieux s'effectue à l'aide de bielles calées sur des manivelles d'égale longueur.

Inconvénients. Usure inégale des bandages. — Deux paires de roues ainsi accouplées ou réunies ne peuvent avoir qu'un mouvement parfaitement semblable. De là l'indispensable nécessité d'avoir pour ces quatre roues des diamètres parfaitement égaux ; de là aussi les dangers que présentent, dans les machines mixtes ou dans les machines à 4 roues couplées, comme on les désigne indifféremment, l'usure inégale des bandages. Si l'on suppose, en effet, qu'une des roues vienne à avoir un diamètre plus petit que celui de la roue qui lui est conjuguée, l'espace parcouru par la première roue sera plus petit que l'espace parcouru par la seconde ; il faudra donc que la première glisse pendant une partie du temps que la seconde met à accomplir sa rotation.

Ces glissements répétés ne tarderaient pas à amener la destruction des bandages et la rupture des bielles : or une bielle se casse presque toujours près du tourillon en deux morceaux de longueur très-inégale, et le plus long segment, tournant autour du point d'attache, forme une espèce de béquille pendante qui se fiche en terre et détermine le renversement de la machine. Aussi, dès que l'on constate qu'un bandage s'use plus rapidement que les autres, il faut, sans hésiter, envoyer la machine aux ateliers et passer les 4 roues au tour de manière à revenir à une parfaite égalité de diamètre.

Le danger que présentaient ces morceaux de bielle pendants avait conduit quelques constructeurs à proposer l'emploi de glissières verticales formant étrier, entre les faces desquelles passeraient les bielles. Des soins exceptionnels apportés à l'ajustage, l'emploi de matériaux d'excellente qualité, enfin la substitution de l'acier au fer tant pour les bandages de roues que pour les bielles, ont pour ainsi dire fait disparaître les ruptures de bielles et les dangers qui étaient la conséquence de ces ruptures. Aussi l'emploi des machines mixtes pour la traction des trains uniquement chargés de voyageurs a-t-il fait des progrès rapides. En Allemagne, la plupart des trains express, dont la vitesse, il faut le dire, est inférieure à la vitesse des trains semblables en Angleterre et en France, sont remorqués par des machines mixtes. Pendant longtemps, en France, on ne les a admises dans les trains express qu'à la condition de ralentir la vitesse; on ne les affectait alors au service de ces trains que pour franchir les sections dans lesquelles le profil présentait des déclivités exceptionnelles et dans lesquelles, d'ailleurs, il convenait de vaincre, par une augmentation dans l'adhérence, l'augmentation de résistance due à la gravité. Le train express de Paris à Lyon, qui était remorqué au départ et à l'arrivée par des machines Crampton, a toujours pris une machine à 4 roues couplées entre Tonnerre et Dijon, pour franchir les rampes de 8 millim. tracées de chaque côté du faîte d'entre Seine et Saône.

Question de la position des roues couplées à l'avant ou à l'arrière. — La question de la position des roues couplées à l'avant ou à l'arrière de la machine a donné lieu à de vives discussions. En d'autres termes, convenait-il de placer à l'avant ou à l'arrière l'essieu resté indépendant? Cette question est demeurée indécise, et nous connaissons des types de machines excellents ayant, les uns la petite roue en avant, les autres la petite roue en arrière. On paraît cependant donner la préférence à la première disposition, c'est-à-dire à l'emploi des petites roues à l'avant. Si la machine rencontre un obstacle, une pierre sur la voie, la roue libre écarte cet obstacle, écrase la pierre, sans qu'il en résulte de réactions dans le mécanisme. Au contraire, la roue couplée qui rencontre un obstacle doit exercer, pour le vaincre, un effort que n'a pas à faire la roue qui lui est conjuguée, et cette inégalité d'efforts peut, au bout d'un certain temps, altérer la résistance des manivelles et des bielles et entraîner leur rupture.

Dimensions principales d'un certain nombre de machines mixtes. — Nous avons parlé de l'augmentation de la surface de chauffe ; elle peut se faire de deux manières : directement, en augmentant le foyer ; indirectement, en allongeant la partie cylindrique qui contient l'appareil tubulaire. Pour le foyer, on est limité par la largeur disponible entre les longerons de la machine ; pour les tubes, on est limité par la flexion que prendraient les pièces trop longues. Théoriquement, on pensait qu'il y avait intérêt à allonger le plus possible la partie tubulaire de manière à dépouiller les gaz de la combustion de la chaleur qu'ils entraînent hors du foyer. Nous verrons que cet allongement des tubes a dû être très-limité.

Le tableau ci-après indique les dimensions des machines construites en France ces dernières années :

MACHINES MIXTES A 4 ROUES COUPLÉES	LYON (RHONE) GOUIN 1849	MIDI GOUIN 1855	EST, LYON CAIL 1854	ARDENNES CREUSOT 1860
Diamètre des roues motrices..	1.600	1.740	1.68	1.68
Nombre des tubes.	155	180	162	166
Longueur des tubes.	5.226	5.462	5.25	5.997
Surface de chauffe tubulaire.	77.600	88.092	77.75	95.85
— directe. .	7.860	7.777	7.42	6.754
— totale. . .	85.460	95.869	85.15	102.604
Position des cylindres. . . .	intérieur	extérieur	extérieur	extérieur
Diamètre du cylindre.	0.40	0.42	0.42	0.42
Course du piston..	0.69	0.754	0.56	0.56
Poids de la machine en marche.	25.420ᵏ	56.400ᵏ	24.900ᵏ	28.955ᵏ
Poids sur les 2 essieux moteurs.	16.100	27.000	20.000	20.700

On peut suivre, sur ce tableau, l'ordre d'idées que nous avons plusieurs fois rappelé, et reconnaître que, dans le court intervalle d'une quinzaine d'années, les constructeurs ont été amenés à porter la surface de chauffe de 15 mètres carrés à 102 mètres carrés et même à 116 mètres carrés. L'augmentation de poids pour l'adhérence a été de 16,000 à 20,000 et même à 27,000 kilog. : mais il y a exagération dans ce dernier chiffre, et nous considérons, comme bons types de machines mixtes, les machines construites par le Creuzot pour les Ardennes (appartenant aujourd'hui à l'Est), et celles du chemin de fer de Lyon, indiquées à la dernière colonne du tableau.

Machines mixtes pour les trains rapides. Machines du chemin d'Orléans. — Nous croyons que c'est la compagnie d'Orléans qui, la première en France, a accepté l'emploi régulier des machines mixtes pour la traction des trains express et poste de long parcours. Ces trains, composés de 10 à 12 voitures, devaient franchir des rampes ayant de 10 à 16 millim. d'inclinaison et tracées en même temps avec des courbes de 300 à 500 mètres de rayon.

Dans de semblables conditions, l'adhérence des machines à roues libres était évidemment insuffisante, et il fallait ou réduire à deux ou trois voitures la charge des trains, ou adopter franchement les machines à 4 roues couplées; c'est à ce dernier parti que se sont arrêtés les ingénieurs de la compagnie d'Orléans, et ils ont créé un très-beau type de machine mixte à grande vitesse.

La machine à 4 roues accouplées de la compagnie d'Orléans est à cylindres extérieurs, et foyer en porte-à-faux.

L'écartement des roues extrêmes est de 4 mètres.

Les roues accouplées sont à l'arrière. Les roues porteuses de l'avant ont un déplacement latéral de 14 millimètres.

Le diamètre des roues motrices est de $2^m,04$; le centre de gravité est donc notablement plus élevé que dans les machines Crampton. Aucun accident n'a fait regretter cette surélévation.

Nous empruntons à la Notice publiée par la compagnie d'Orléans sur le matériel qu'elle avait envoyé à l'Exposition universelle de 1867 les renseignements complémentaires ci-après :

Le poids de la machine à vide est de 50 tonnes, et ne dépasse pas 54 tonnes en feu; sa puissance et son adhérence sont telles qu'elle peut remorquer aussi avantageusement des trains omnibus à 45 et 50 kilom. que des trains de vitesse à 60 et 70 kilom

La locomotive n° 203, sortie des ateliers d'Ivry, en décembre 1864, a fait depuis lors le service des trains sur les lignes d'Agen et de Toulouse (rampe de 10, 12 1/2 et 16 millim. par mètre). Depuis cette époque jusqu'au 28 février 1867, elle a effectué un parcours total de 145,754 kilom. (soit en moyenne 5,605 kilom. par mois, ou 67,260 kilom. par an). Sa consommation a été de 5^k,91 de houille par kilomètre. La dépense d'entretien s'est élevée à 2,658 fr., ou 0^f,0182 par kilomètre.

Les douze machines de même type (n°s 201 à 212) ont effectué ensemble un parcours de 1,528,229 kilom., soit 59.300 kilom. par an, et, pour chaque machine, avec une consommation moyenne de 6^k,14 de combustible, et une dépense moyenne d'entretien de 0^f,0140. Ces machines sont pourvues de l'appareil fumivore Tenbrinck, qui permet l'emploi des houilles les plus fumeuses pour tous les trains de voyageurs. Cet excellent appareil fumivore est appliqué sur 550 locomotives de la compagnie.

Le type des locomotives n°s 201 à 212 ayant donné une entière satisfaction à tous les points de vue, la compagnie a décidé que 12 autres machines semblables seraient mises en construction. Elles sont en cours d'exécution aux ateliers d'Ivry.

Machine de l'État belge. — L'Exposition universelle de 1867 contenait, dans la section belge, un beau spécimen de machine de train express à 6 roues, dont 4 couplées à l'arrière.

Les roues motrices ont 2 mètres de diamètre.

La machine remorque en service courant et avec une vitesse de 75 kilom. à l'heure, sur des lignes n'ayant pas de rampe supérieure à 5 millim., des trains composés de 14 à 15 voitures.

La surface de chauffe n'est que de 90 mètres carrés, tandis que la machine du chemin de fer d'Orléans a 156 mètres carrés. Nous croyons que, si la chaudière tubulaire de cette dernière machine est trop longue, celle de la machine belge est trop courte : l'une a 5 mètres, l'autre 5 mètres. Ces chiffres indiquent le désaccord qui subsiste encore entre les constructeurs sur des points importants ; des machines de cette importance devraient avoir au moins 120 mètres carrés de surface de chauffe. Nous allons trouver cette dimension dans les nouvelles machines du chemin de fer de Paris à Lyon-Méditerranée.

Machine du chemin de fer de Paris à Lyon-Méditerranée. — Nous avons dit que, pour la traversée des rampes qui précèdent et qui suivent le souterrain de Blaizy, la compagnie de Paris à Lyon-Méditerranée, substituait aux machines Crampton, employées sur tout le surplus du parcours de Paris à Marseille, des machines à 4 roues couplées en ralentissant un peu la vitesse. Le bon service fait par ces machines pendant quinze ans a décidé la compagnie à en généraliser l'emploi et à remplacer les machines Crampton par des machines à 4 roues couplées de 2 mètres de diamètre; ces machines sont depuis très-peu de temps en service régulier, mais tout indique qu'elles répondront pleinement au programme que s'étaient tracé les ingénieurs de la compagnie.

Le tableau ci-après résume les dimensions principales des machines mixtes à grande vitesse, en service sur divers chemins de fer :

MACHINES MIXTES À GRANDE VITESSE	ORLÉANS ATELIERS D'IVRY 1864-1867	PARIS-LYON-MÉDITERRANÉE ATELIERS DE PARIS 1868-1870	ETAT BELGE SERAING 1866
Diamètre des roues motrices. .	2^m.020	2.00	2.00
Nombre des tubes.	179	164	208
Longueur des tubes.	5^m.000	4.965	5^m.100
Surface de chauffe tubulaire. .	128.780	117.62	80.00
— directe. . .	8.150	7.46	10.50
— totale. . . .	156.910	125.08	90.50
Position des cylindres.	extérieurs	extérieurs	intérieurs
Diamètre du cylindre.	0.450	0.420	0.450
Course du piston.	0.650	0.650	0.650
Poids de la machine en marche.	54.000^k	54.750	55.500^k
Poids sur les 2 essieux moteurs.	24.500^k	25.140	12.400 11.800

§ 5. — Machines à marchandises en service ordinaire.

Augmentation de la puissance vaporisatrice et utilisation pour l'adhérence de tout le poids de la machine. — Les considérations qui ont guidé les constructeurs dans les recherches à faire pour passer des machines à roues libres aux machines à 4 roues couplées, ont immédiatement conduit à la machine à 6 roues couplées, c'est-à-dire à la machine dans laquelle le poids total est utilisé pour l'adhérence. Ces machines constituent aujourd'hui le type courant et régulier des machines à marchandises.

Leur marche est essentiellement lente.

Nous avons indiqué les causes de dangers que présente l'emploi de la grande vitesse dans le cas de 4 roues couplées. Ces dangers seront plus grands encore pour 6 roues réunies deux à deux par des bielles d'accouplement. Il importe donc que ces bielles ne soient pas soumises à des actions perturbatrices. Or, le seul moyen de diminuer l'influence de ces actions perturbatrices c'est de diminuer la vitesse, et par conséquent, à égalité de nombre de coups de piston, de diminuer le diamètre des roues.

Position du foyer. — Toutes les machines à marchandises à 6 roues couplées se rapportent à un type presque uniforme. Il y a cependant deux points qui séparent encore les constructeurs; ce sont :

1° La position des cylindres à l'intérieur ou à l'extérieur ;

2° La position du foyer, qui peut être placé, soit entre l'essieu du milieu et l'essieu d'arrière, soit en porte-à-faux au delà de ce dernier essieu.

Nous n'avons pas de nouvelles considérations à présenter sur la question des cylindres intérieurs ou extérieurs, des essieux droits ou coudés : la nécessité de ne pas élever le centre de gravité dans les machines à marchandises vient s'ajouter aux motifs que font valoir les partisans des essieux droits, et, en fait, le nombre de ces derniers essieux est plus considérable dans les machines à marchandises que celui des essieux coudés.

La question de la position du foyer est plus controversée. En mettant le foyer en arrière, on peut lui donner de plus grandes dimensions et augmenter la surface de chauffe; mais on rend la répartition du poids plus difficile. Or, il importe de répartir également la charge sur les trois paires de roues. Cette difficulté a pu cependant être résolue, et la plus grande partie des constructeurs place le foyer en porte-à-faux, de manière à augmenter le plus possible la surface de chauffe.

Dimensions principales d'un certain nombre de machines à marchandises. — Le tableau ci-après, extrait, comme les précédents, soit du *Guide du mécanicien constructeur et conducteur de machines locomotives*, par MM. Lechatelier, Flachat, Petiet et Polonceau, soit de diverses publications françaises et étrangères, soit enfin des tableaux de service des compagnies françaises, donne les dimensions d'un certain nombre de machines à marchandises construites en France et en Angleterre :

MACHINES A MARCHANDISES À 6 ROUES COUPLÉES	ORLÉANS STEPHENSON 1845	LYON CAIL 1850	ORLÉANS POLONCEAU 1855	LYON-BOURBONNAIS OULLINS 1855	LYON 1864	EST KŒCHLIN 1857	EST CREUZOT 1860	MIDLAND-RAILWAY FAIRBAIRN 1861
Diamètre des roues.	1.450	1.500	1.577	1.260	1.500	1.500	1.42	1.62
Nombre des tubes.	159	154	204	197	197	158	197	180
Longueur des tubes.	5.945	4.017	4.178	4.250	4.217	5.994	4.020	»
Surface de chauffe tubulaire.	65.715	92.755	114.900	124.808	121.515	95.225	116.65	»
— directe.	5.085	7.188	7.500	8.016	8.654	7.200	8.05	»
— totale.	68.798	99.945	122.200	152.914	129.969	100.425	124.70	108
Position des cylindres.	intérieurs	intérieurs	extérieurs	extérieurs	extérieurs	extérieurs	extérieurs	intérieurs
Diamètre du cylindre.	0.58	0.42	0.42	0.45	0.45	0.42	0.44	0.407
Course du piston.	0.75	0.756	0.790	0.805	0.805	0.61	0.66	0.610
Poids de la machine en marche.	22.295	26.500	50.710	52.278	»	29.509	52.500	»
Poids sur l'essieu d'avant.	5.812	7.049	9.905	10.875	»	10.065	10.500	»
— du milieu.	8.456	7.049	10.790	10.795	»	10.644	11.000	»
— d'arrière.	8.047	7.049	10.015	10.608	»	8.600	11.000	»

Exagération de certains types. Fatigue des rails. — Nous avons donné les dimensions d'un nombre suffisant de machines pour que l'on puisse reconnaître, comme dans les tableaux précédents, la marche des idées des constructeurs et l'augmentation simultanée de la surface de chauffe et du poids des machines. Il y a eu cependant un temps d'arrêt et une réaction : les machines de Lyon-Bourbonnais, construites aux ateliers d'Oullins, en 1855, ont peut-être dépassé les limites de résistance de la voie ; et l'emploi de ces machines a donné lieu, au moins à leur début, à de fréquentes avaries des rails, des plaques tournantes, des changements et croisements de voie. Les machines qui ont été construites après 1855 ont été moins lourdes ; et, si on revient maintenant au poids des machines du Bourbonnais, ce n'est qu'en étudiant d'une manière très-précise la répartition des poids sur les essieux, et en s'assurant, par des pesages fréquents, que cette répartition ne se modifie pas.

Emploi des machines à marchandises pour la traction des trains de voyageurs. — Les considérations, qui ont fait passer de l'emploi des machines à roues libres à l'emploi des machines mixtes pour la traction des trains de voyageurs, se présentent pour passer des machines mixtes aux machines à marchandises, lorsque l'on aborde des sections de chemins de fer qui présentent normalement des rampes fortes et des courbes roides : la désignation de *machines à voyageurs* et de *machines à marchandises* cesse donc d'être complétement exacte. Il faut proportionner la puissance des machines aux résistances à vaincre, sans avoir égard aux désignations qui ont pu être primitivement données à ces machines.

§ 4. — Machines-tender. — Machines de gare. — Machines à 4 roues.
Machines pour terrassements.

Rôle des machines-tender et des machines de gare. — L'importance des manœuvres à faire dans les gares pour la composition et la décomposition des trains de voyageurs et de marchandises a conduit les constructeurs à étudier un type adopté, aujourd'hui, par toutes les compagnies. Nous voulons parler de la machine-tender ou de la machine de gare.

Cette machine est à 4 ou à 6 roues couplées comme celles que nous venons de décrire, mais, travaillant toujours dans une gare, elle n'a pas besoin de remorquer derrière elle un lourd tender. Elle peut toujours, à un moment donné, s'approvisionner à un quai ou à une pompe, et elle porte simplement avec elle la quantité d'eau nécessaire pour quelques heures de travail. On a pu ainsi utiliser le poids de cette eau pour l'adhérence, et diminuer le poids des parties métalliques. L'eau est placée dans des caisses latérales ou transversales, dans toutes les parties disponibles.

Ces machines sont employées aussi avec avantage pour le service des lignes de banlieue. On n'a pas besoin de prendre d'eau en route pour effectuer des trajets comme celui de Paris à Versailles, de Paris à Saint-Germain, de Paris à Vincennes et à la Varenne, ni d'emporter un grand approvisionnement de combustible, sur un tender isolé, qui constitue un poids mort inutile, et dont la présence complique les manœuvres à faire à l'arrivée et au départ des trains pour dégager ou atteler la machine.

Dimensions d'un certain nombre de machines-tender. — Le tableau ci-après donne les dimensions de plusieurs types de machines de gare les plus généralement employées :

MACHINES-TENDERS DE GARE ET DE BANLIEUE	ORLÉANS POLONCEAU 1855 MACHINES DE GARE	VERSAILLES GOUIN 1856 BANLIEUE	EST KOECHLIN 1859 MACHINES DE GARE	EST 1869 BANLIEUE
Diamètre des roues.	1.077	1.600	1.077	1.550
Surface de chauffe tubulaire.	62.000	77.75	65.45	80.85
— directe. .	5.049	7.41	4.90	5.97
— totale. . .	67.049	85.14	70.35	86.82
Position des cylindres. . . .	extérieurs	extérieurs	extérieurs	intérieurs
Diamètre des cylindres. . . .	0.40	0.40	0.40	0.42
Course du piston.	0.60	0.56	0.46	0.56
Poids vide.	22.212^k	25.500	22.560	28.000^k
Poids chargé.	26.855	26.800	27.960	52.750

Machines-tender Borsig. — M. Borsig a construit dans ses grands ateliers établis au village de Moabit (nom de désolation donné par des protestants français au hameau qui leur servait de refuge après la révocation de l'édit de Nantes), à quelques kilomètres de Berlin, des machines-tender destinées au transport des houilles sur les chemins de fer de la Silésie.

Ces machines ont 150 mètres carrés de surface de chauffe et atteignent comme poids le chiffre énorme de 45 tonnes qui, réparties sur 3 essieux seulement, donnent une moyenne de 15 tonnes par essieu. La répartition ne saurait d'ailleurs être mathématique, et on a trouvé dans un pesage près de 16 tonnes sur l'essieu du milieu.

Nous considérons ces charges comme excessives, et, si elles n'occasionnent pas soit la destruction, soit seulement une usure rapide des voies, ce n'est qu'à la condition d'avoir une marche extrèmement lente.

Observation commune à tous les types de machines. Pression de la vapeur. — Nous n'avons point parlé, dans la description de tous les types mentionnés dans ce paragraphe et dans les paragraphes précédents, d'un élément important de la puissance des machines, la tension de la vapeur dans la chaudière. On a réalisé à cet égard un progrès considérable. La pression dans les machines construites en 1845 par Sharp et Roberts et par Stephenson ne dépassait pas cinq atmosphères. Aujourd'hui on est arrivé à 9 et à 10; la pression par centimètre carré sur la surface du piston a doublé. Nous verrons comment cette augmentation de puissance a dû coïncider avec l'augmentation de l'adhérence; ici nous constatons seulement le fait. Les progrès réalisés dans la métallurgie, dans le mode d'assemblage des métaux, ont rendu journalier l'usage des chaudières renfermant de la vapeur à 9 atmosphères, et le nombre extraordinairement restreint des explosions de chaudières dans les machines locomotives prouve que l'élévation de la pression n'a eu aucune conséquence fâcheuse.

Nouvelles machines à 4 roues. — Nous avons dit la défaveur qui, surtout depuis l'accident de Versailles en mai 1842, s'était attachée aux machines à 4 roues. Ce type de machines reparaît aujourd'hui en Allemagne, et l'Exposition de 1867 en renfermait deux spécimens remarquables, la machine de M. Krauss, de Munich, et une machine construite dans l'usine française de Graffenstaden, mais pour la direction des chemins de fer badois.

Machine de M. Krauss. — Les dimensions de la machine de M. Krauss sont les suivantes :

Diamètre des roues	$1^m,500$
Nombre de tubes	156
Longueur	$5^m,500$
Surface de chauffe directe	$4^{mq},644$
— tubulaire	$75^{mq},400$
— totale	$80^{mq},114$
Position des cylindres	Extérieurs.
Diamètre des cylindres	$0^m,555$
Course du piston	0,560
Poids à vide	$16,500^k$
— en marche	$21,800^k$

Le châssis de la machine Krauss, au lieu d'être composé de

deux longerons réunis par deux traverses, est une poutre creuse servant de caisse à eau d'une capacité de 2,400 litres.

La chaudière est fixée au châssis à l'avant d'une manière invariable ; à l'arrière elle repose sur des supports dont une extrémité seulement est liée au châssis, ce qui permet à la chaudière de se dilater assez librement. Nous ne sommes pas convaincu que la caisse à eau placée dans le voisinage de la chaudière, soumise à toutes les réactions de l'attelage, conservera une étanchéité parfaite ; il faut à cet égard attendre les résultats de l'expérience.

Machines du chemin de fer Badois. — Ces machines sont accompagnées d'un tender et peuvent dès lors faire de plus longues étapes que la machine précédente ; elles ont 91 mètres carrés de surface de chauffe ; leur poids est de 26,000 kilog., soit 15 tonnes par essieu, ce qui nous paraît exagéré.

Quel que soit le soin apporté à la construction de ces nouvelles machines à 4 roues, nous ne saurions en conseiller l'emploi sur des lignes comportant des trains de grande vitesse ; jamais elles n'auront la stabilité des machines à 6 roues. Elles ne peuvent dès lors, à notre avis, être utilisées que sur les chemins pour lesquels on aura été forcé d'admettre des courbes de très-faible rayon, ce qui entraîne nécessairement une marche lente pour les trains.

Machines pour terrassements. — Dans le chapitre XIX, consacré à l'application de la vapeur à l'exécution des travaux publics, nous indiquerons l'importance des transports de terrassements exécutés à l'aide des machines locomotives, soit sur des voies définitives pendant l'exploitation, soit sur des voies provisoires pendant l'exécution des terrassements. On a longtemps employé pour ces travaux des machines locomotives usées, vendues par les compagnies pour un motif ou pour un autre. Il convient de n'accepter ces machines sur les chantiers qu'après le plus sérieux examen de l'état des tubes et de la chaudière ; elles sont d'ailleurs souvent trop lourdes pour des voies provisoires posées sur des remblais qui tassent fortement. Il vaut beaucoup mieux employer des machines spéciales ; les types que nous décrirons dans le paragraphe 7 de ce chapitre pour les machines à voie étroite, nous paraissent répondre parfaitement aux besoins d'un grand chantier.

L'Exposition universelle de 1867 renfermait un dessin de machines pour terrassements, construites par M. Petcau.

La surface de chauffe est de 48 mètres carrés.

Le poids à vide 16,000 kilog., en ordre de marche 20,000 kilog.

Réparti sur deux essieux, ce poids donne encore 10 tonnes par essieu, ce qui est beaucoup pour des voies de terrassements.

§ 5. — Machines destinées à des rampes exceptionnelles.

La question des machines locomotives destinées à franchir les rampes exceptionnelles est une de celles qui a donné lieu aux plus vives controverses. Avant de présenter les considérations qui, selon nous, doivent conduire à la solution générale de ce problème, il nous paraît indispensable de faire connaître ce qui a été tenté sur divers points de l'Europe.

Nous étudierons en conséquence les machines mises en service sur chacune des lignes ci-après :

1° Traversée des Apennins. — Chemin de fer de Turin à Gênes ;

2° Traversée des Alpes Noriques. — Chemin de fer du Sommering, de Vienne à Trieste ;

3° Chemin de fer d'Orawitza à Steierdorf, dans le Banat ;

4° Deuxième traversée des Apennins. — Chemin de fer de Bologne à Pistoie ;

5° Traversée du Cantal. — Chemin de fer d'Aurillac à Murat ;

6° Traversée des Vosges et des Ardennes belges. — Chemin de fer de Sarreguemines à Niederbronn et de Spa à Luxembourg ;

7° Descente du plateau de Lannemezan. — Chemin de fer de Toulouse à Bayonne ;

8° Traversée du Brenner dans le Tyrol. — Chemin de fer d'Inspruck à Vérone.

Dans chacune de ces études, nous commencerons par indiquer les conditions de tracé et de profil que présentent les lignes à parcourir, ainsi que la nature du trafic à desservir. Il existe une étroite solidarité entre la voie qui doit recevoir la machine et la machine qui doit rouler sur cette voie ; l'oubli de ces relations a quelquefois conduit les ingénieurs à des dispositions regrettables et à des dépenses stériles.

1° Traversée des Apennins. — Chemin de fer de Turin à Gênes.

Condition de pente et de tracé de la traversée des Apennins. — Le chemin de fer de Turin à Gênes est un des plus importants de l'Italie ; il met en communication les plaines du Piémont et de la Lombardie avec la Méditerranée. Malheureusement, avant d'arriver à Gênes, il rencontre la chaine des Apennins.

Comme tous les grands soulèvements géologiques, la chaine des Apennins a sur ses deux versants des déclivités fort inégales. Le versant nord, sur lequel se déroule la vallée de la Scrivia, présente, en suivant le profil en long du chemin de fer, des déclivités qui ne dépassent pas $0^m,010$; mais sur le versant sud, il semble que le sol se dérobe sous les pas du voyageur, et sur $9^k,75$, il faut racheter une différence de 271 mètres, ce qui donne une pente continue de 30 millimètres par mètre.

A partir de Busalla, qui est le point culminant du tracé, on trouve :

Un souterrain de 5,500 mètres de longueur, en pente continue de $0^m,0287$;

Des pentes successives de $0^m,055$, $0^m,0281$, $0^m,0208$, entremêlées de courts paliers.

Ces paliers avaient été ménagés dans la prévision de l'installation de plans inclinés avec machines fixes. Cette même prévision avait fait également limiter à 400 mètres le rayon minimum des courbes, et on n'avait pas voulu joindre aux difficultés déjà bien grandes du profil des difficultés de tracé.

Machines employées par les ingénieurs piémontais. — Le concours ouvert par le gouvernement autrichien pour les machines destinées à franchir le Sommering, concours dont nous parlerons quelques pages plus loin, avait lieu au moment même où s'achevait la ligne de Turin à Gênes. Les ingénieurs piémontais suivaient avec intérêt ce concours, et ils pensèrent que le type proposé par l'usine de Seraing, réduit à de plus petites dimensions, répondrait à leurs besoins, à la condition toutefois de prendre deux machines du même modèle accouplées, foyer à foyer.

Chacune de ces machines est à quatre roues couplées ; les dimensions principales sont les suivantes :

$$
\begin{array}{lr}
\text{Diamètre des roues..} & 1^m,068 \\
\text{Surface de chauffe directe.} & 7^{mq},10 \\
\text{—} \qquad \text{tubulaire.} & 65^{mq},05 \\
\text{—} \qquad \text{totale..} & 72^{mq},15 \\
\text{Diamètre des cylindres..} & 0^m,556 \\
\text{Course du piston..} & 0.560 \\
\text{Poids de la machine garnie..} & 27,000^k
\end{array}
$$

L'eau et le coke sont emmagasinés dans des réservoirs longitudinaux, placés en forme de carneaux le long de la chaudière.

Les deux machines accouplées sont conduites par trois hommes, un mécanicien et deux chauffeurs. Les deux machines ont

entre elles l'attache adoptée pour une machine et son tender ;
elles s'inscrivent parfaitement dans les courbes.

A la montée, le moteur double pesant 54 tonnes remorque,
à une vitesse de 20 kilom. à l'heure, 70 à 90 tonnes selon l'état
des rails, l'intensité du brouillard, la force et la direction du
vent. Le point le plus difficile à franchir est le souterrain,
bien que la pente soit moindre qu'à l'extérieur, l'humidité dé-
terminant un patinage énergique qui exige le jeu incessant des
sablières.

Il est quelquefois nécessaire de mettre à la queue du train
une machine de renfort.

La descente présente peut-être plus de difficultés que la
montée : tout le mécanisme fonctionne à vide ; l'usure des
pièces de la machine est rapide, et les machines portant des
freins qui agissent directement sur les rails, l'usure de ces
derniers est excessive. Après un parcours de 12,000 kilom.
les bandages des machines, en fer aciéreux, étaient hors de
service

En résumé, la solution proposée par les ingénieurs piémontais a eu le mérite d'être simple et pratique ; depuis près de
quinze ans le service des rampes de Gênes est assuré à l'aide
des machines accouplées, et on n'a pas eu à signaler d'accident grave.

La dépense d'exploitation est considérable ; l'entretien de
la voie, celui des machines, coûtent trois fois plus que sur les
sections qui présentent un profil ordinaire ; mais nous pensons
qu'il était, surtout à cette époque, difficile de faire mieux. La
seule critique à adresser aux ingénieurs piémontais est d'avoir
pris des machines à quatre roues. Le tracé permettait à des
machines à six roues de s'inscrire parfaitement sur les voies,
et on aurait eu avec plus d'adhérence moins de charge par
essieu, ce qui eût diminué la fatigue de la voie. Cette erreur a
du reste été réparée, et, en 1862, on a mis en service sur les
rampes de Gênes des machines nouvelles ayant chacune six

roues accouplées ; mais rien n'a été changé au système général de l'accouplement des machines.

2° Traversée des Alpes Noriques. — Chemin de fer du Sommering, ligne de Vienne à Trieste.

Conditions de pente et de tracé de la traversée des Alpes Noriques. — Comme le chemin de Turin à Gênes, le chemin de Vienne à Trieste a une importance considérable ; il met en communication l'Allemagne du sud avec l'Adriatique, mais il rencontre dans son trajet les Alpes Noriques.

Les versants présentent des déclivités différentes ; cependant, inversement à ce qui a lieu au chemin de Gênes, c'est le versant nord qui présente les pentes les plus abruptes. Du côté de Vienne, la hauteur à franchir est de 462 mètres à répartir sur $28^k,8$, entre le faîte et la station de Gloggnitz. Du côté de l'Adriatique, la hauteur à descendre est de 217 mètres, à répartir sur 12 kilom. qui séparent le faîte de la station de Murzzuschlag.

Sur le versant nord, le maximum des déclivités est de $0^m,025$; les autres rampes sont généralement de $0^m,018$ et de $0^m,019$.

Le profil est donc notablement moins mauvais que celui du chemin des Apennins ; mais le tracé offre, en plan, de bien autres difficultés, les courbes et les contre-courbes se succédant sans interruption, et le minimum des rayons descendant à 190 mètres.

Le point culminant est à 885 mètres au-dessus du niveau de la mer, tandis qu'aux Apennins il n'est qu'à 561 mètres. Cette différence dans l'altitude et dans le climat détermine des conditions d'adhérence très-différentes.

En somme, le choix fait par les ingénieurs autrichiens du tracé du Sommering prête un peu à la critique, et on pouvait trouver, pour la traversée des Alpes Noriques, un passage moins difficile. Il est juste d'ajouter que la critique *à posteriori* est toujours facile ; l'œuvre entreprise par l'ingénieur vénitien Ghéga et ses collaborateurs n'en est pas moins une œuvre gigantesque et qui fait honneur au gouvernement autrichien. S'il y a quelques imperfections dans le tracé, il faut peut-être, au point de vue de l'ingénieur, s'en féliciter, car la nécessité d'assurer la traction des trains sur un chemin de fer qui, comme trafic, peut être considéré comme celui de Paris à Marseille, a déterminé la création d'un matériel nouveau dont l'étude mérite la plus sérieuse attention.

Concours ouvert aux constructeurs par le gouvernement autrichien. — S'inspirant de l'idée qui avait donné naissance au concours de Liverpool, le gouvernement autrichien en ouvrit un pour la construction des machines destinées à franchir les rampes du Sommering. Nous ne pensons pas, toutefois, que cet exemple puisse être fréquemment imité ; il impose aux ateliers particuliers des dépenses considérables sans chance de rémunération convenable. Il nous paraît plus équitable de discuter directement avec les établissements que l'on juge en état de répondre à un programme déterminé, et de garantir, en tout état de cause, le remboursement d'une partie des dépenses faites.

Résultats de ce concours. — Le concours fut à peu près stérile, au moins au point de vue des résultats immédiats. Les quatre machines présentées étaient les suivantes :

	POIDS.	SURFACE DE CHAUFFE.
Bavaria..	49T,28	182mq
Wiener-Neustadt..	51 ,74	175
Seraing..	56 ,05	172
Vindobona.	47 ,26	174

Aucune ne répondit complétement aux espérances des ingénieurs, ce qui n'empêcha point le gouvernement d'accorder les trois prix prévus dans le programme du concours.

M. Engerth, ingénieur autrichien, aujourd'hui directeur de l'exploitation technique de la grande Société des chemins de fer autrichiens, et alors un des membres de la commission du Sommering, reprit directement l'étude de la question et proposa une machine qui satisfaisait aux exigences du service courant.

Description de la machine Engerth du Sommering. — Il était nécessaire de sortir des formes usitées en Europe pour obtenir une chaudière capable de fournir la quantité de vapeur indispensable à la puissance qu'on voulait avoir à sa disposition.

En plaçant le foyer entre les deux essieux d'arrière, on ne pouvait lui donner des dimensions suffisantes ; en le plaçant en arrière du troisième essieu, on surchargeait outre mesure celui-ci.

M. Engerth reporta le foyer en arrière, mais en l'appuyant sur le premier essieu du tender ; il réalisait ainsi une amélioration sérieuse : il soutenait le foyer et restait, pour la répartition des poids de la machine proprement dite, dans une limite admissible.

Toutefois la partie du poids de la machine répartie sur le premier essieu du tender et le poids tout entier de celui-ci restaient inutilisés pour l'adhérence, et constituaient, au contraire, un poids mort ajouté aux charges du train. M. Engerth eut l'idée d'utiliser pour l'adhérence cet énorme poids : il communiqua, à cet effet, au premier essieu du tender le mouvement de la machine à l'aide d'engrenages montés sur le dernier essieu de la machine et le premier du tender, et séparés par une roue dentée intermédiaire de façon que l'essieu du tender pût tourner dans le même sens que ceux de la machine.

Le second essieu du tender était relié au premier par une bielle d'accouplement, de sorte que tout le système, machine, tender, eau, combustible, était utilisé au point de vue de l'adhérence.

Les dimensions de la machine Engerth, du Sommering, étaient :

Diamètre des roues..	1^m,100
Surface de chauffe.	155^{mq},00
Diamètre du cylindre..	0^m,475
Course du piston.	0^m,610
Poids de la machine proprement dite.	28^T,800
Poids du tender.	19 ,200
Poids total primitif.	48 ,000
Poids porté dans l'exécution à.	56 ,000

Le tender était lié à la machine par un boulon, placé sous la chaudière entre le deuxième et le troisième essieu, de sorte que le tender pouvait prendre un mouvement angulaire par rapport à la machine, et que le rectangle maximum à inscrire dans la courbe des rails correspondait à l'écartement des essieux extrêmes de la machine seule.

Transformation en Autriche de la machine Engerth en une machine à 8 roues avec tender indépendant. — La machine Engerth assurait le service, et c'était un point capital. Malheureusement, l'expérience ne répondit pas d'une manière complète aux espérances conçues ; les engrenages, notamment, fonctionnèrent mal, malgré le soin apporté à leur construction, malgré la qualité du métal employé (acier fondu de première qualité). Il y eut des ruptures si fréquentes que l'on dut renoncer complétement à leur emploi et marcher avec une machine dans laquelle le poids utilisé pour l'adhérence était revenu à 59 tonnes ; encore ce poids n'était-il obtenu que par l'addition de caisses à eau sur la machine.

L'emploi de ces caisses à eau pour augmenter l'adhérence ne saurait être recommandé d'une manière générale, le poids utilisable allant sans cesse en diminuant avec la consommation de la vapeur. Les machines du Sommering contenant 6 mètres cubes d'eau arrivaient, à l'extrémité de leur course, à n'avoir plus qu'un poids de 53 tonnes au lieu de 59.

Après plusieurs essais, les ingénieurs français qui exploitent aujourd'hui le réseau Sud-Autrichien-Lombard, dont fait partie la grande ligne de Venise à Trieste, finirent par abandonner la pensée d'utiliser le poids du tender pour l'adhérence, et ils transformèrent résolûment la machine primitive en une machine à 4 essieux, avec tender séparé. L'écartement des essieux extrêmes devient alors de 5^m,458, et on donna un jeu de 2 centimètres aux portées du dernier essieu ; avec la faible vitesse de marche des trains sur les rampes du Sommering, cet écartement des roues s'inscrit très-facilement dans toutes les courbes.

L'adoption d'un quatrième essieu a permis de faire une meilleure répartition du poids sur les roues : avant la transformation, cette répartition était la suivante :

1er ESSIEU D'AVANT.	2e ESSIEU.	3e ESSIEU.	4e ESSIEU.	
15.700^k	12.500^k	15.058^k	0^k	(puisqu'il n'existait pas).

Après la transformation, la répartition est devenue :

10.500^k 10.850^k 11.100^k 11.000^k.

Une telle atténuation des charges sur un même essieu diminuera, sans aucun doute, la fatigue de la voie et l'importance des dépenses d'entretien occasionnées par les anciennes machines.

Les machines transformées ont légitimement conservé le nom de leur premier constructeur, M. Engerth. Si toutes les idées conçues par cet ingénieur éminent n'ont pu passer dans la pratique, on doit reconnaître que la mise en service régulier d'une machine pesant 56 tonnes et ayant une surface de chauffe de 155 mètres carrés était un véritable progrès et le point de départ d'une série absolument nouvelle de machines locomotives.

3° Chemin de fer d'Orawitza à Steierdorf.

Description de la ligne d'Orawitza à Steierdorf. — Le chemin de fer d'Orawitza à Steierdorf est un chemin de 51 kilom. de

longueur construit par la Société autrichienne du chemin de
fer de l'État, dans le Banat, et qui est destiné à mettre les mines
de houille et les usines de Steierdorf en communication avec
le chemin de fer du Sud-Est.

Le tracé présente une succession de courbes et de contre-
courbes de 114 mètres de rayon, et en même temps une pente
de $0^m,020$ sur 17 kilom. de longueur. Le trafic à charge est en
entier à la descente et les machines n'ont à faire que la remonte
des wagons vides. Les rails pèsent seulement 25 kilog. le mètre
courant.

Les courbes les plus roides sont posées en forme de parabole
pour augmenter un peu le rayon au point de tangence, et pré-
parer, pour ainsi dire, le wagon aux changements de courbure.

Le surhaussement du rail extérieur a été calculé, en admettant pour les courbes d'un rayon de 190 mètres et plus une
vitesse maxima de 30 kilom., et pour des courbes de rayon
plus petit que 190 mètres, une vitesse de $22^k,5$.

Ces surhaussements varient entre :

$0^m,053$ et $0^m,011$ pour des courbes dont les rayons varient
entre 114 mètres et 569 mètres et pour une vitesse de $22^k,7$;

Et entre : $0^m,095$ et $0^m,019$ pour les mêmes courbes et pour
une vitesse de $30^k,3$.

Le faible poids des rails ne permettait pas d'avoir sur chaque
essieu une charge supérieure à 9 tonnes ; en tenant compte de
la charge à remorquer, 25 wagons vides, et en admettant un coefficient d'adhérence de 1/8, on fut conduit par des calculs dont
nous indiquerons la base dans le chapitre relatif au travail des
machines, à considérer comme indispensable un poids adhérent de 45 tonnes, et, par, suite à avoir 5 essieux adhérents.

Description de la machine Steierdorf. — On ne pouvait songer
à avoir une machine à 4 essieux rigides avec des courbes de 114
mètres de rayon, et il était indispensable de diviser le train en
deux parties. M. Engerth pensa que, malgré la diminution du

rayon des courbes, 114 mètres au lieu de 189 mètres, il était possible d'admettre, sur le chemin de Steierdorf, une combinaison analogue à celle expérimentée sur les rampes du Sommering; seulement, au lieu des engrenages auxquels il renonçait définitivement, il proposa un mode d'accouplement par bielles, mode que nous allons décrire, et qui doit être considéré comme la dernière expression des idées de M. Engerth.

La locomotive Steierdorf est essentiellement une machine-tender, c'est-à-dire qu'elle porte son eau et son charbon; la chaudière tubulaire repose sur deux trains liés ensemble par une cheville ouvrière ; le train d'avant porte, avec la presque totalité de la chaudière tubulaire, les cylindres à vapeur et tout le mécanisme de distribution ; sur le train d'arrière reposent, avec le foyer, les caisses à eau et le combustible.

Les tubes, au nombre de 158, ont une longueur de $4^m,52$; ils représentent une surface de chauffe de. . . . $155^{mq},60$

La surface de chauffe directe est de. . . . . . $7,30$

Ce qui donne une surface de chauffe totale de. $162^{mq},90$

Le train d'avant a 3 essieux couplés ensemble.

Le train d'arrière a 2 essieux couplés ensemble.

Les 10 roues ont 1 mètre de diamètre.

Il s'agissait de rendre les deux trains solidaires et de communiquer au train d'arrière le mouvement imprimé à celui d'avant par les tiges des pistons, tout en permettant aux deux trains de prendre une position angulaire l'un par rapport à l'autre. M. Engerth, reprenant les idées émises par un ingénieur autrichien, M. Kirchweger, a réalisé cette communication par l'intermédiaire d'un essieu supplémentaire porté au-dessus du premier essieu du tender par deux tiges qui, à l'aide d'un coussinet sphérique, peuvent prendre diverses positions par rapport à ce premier essieu. Quand l'ensemble de la machine s'engage dans une courbe, le premier essieu du tender, dans la partie concave, se rapproche du dernier essieu de la machine d'une quantité égale à celle dont s'écartent les extrémités opposées de ces essieux; dans la partie convexe de la courbe, le faux essieu supporté par les tiges s'abaisse à chaque extrémité d'une quantité égale et reste horizontal.

En supposant maintenant des bielles d'accouplement placées sur des manivelles à boutons sphériques et allant du faux essieu, d'une part, au premier essieu du train d'arrière, d'autre part, au dernier essieu du train d'avant, on conçoit que la communication puisse se transmettre de l'un à l'autre de ces essieux, la sphéricité des boutons des manivelles permettant aux bielles de prendre des positions obliques par rapport aux axes des tourillons.

Géométriquement, la solution dont nous venons de donner une idée est acceptable, élégante même ; mais, au point de vue de l'exécution, nous ne saurions considérer encore cette solution comme définitivement pratique. Ces articulations ingénieuses doivent être très-difficiles à exécuter, et la moindre imperfection ou la moindre usure doit engendrer des frottements et des réactions capables d'absorber la plus grande partie de la force disponible de la machine. Dans toute machine, en effet, une portion de la force motrice est employée à vaincre les résistances propres des organes de la machine. Si la machine est compliquée, ces résistances intérieures croissent dans une proportion considérable, et la machine peut à peine arriver à pouvoir se traîner elle-même.

L'expérience ne paraît pas avoir démontré le succès complet de cette nouvelle disposition, de la liaison de deux trains moteurs, et la machine Steierdorf ne peut marcher qu'à une très faible vitesse, de manière à diminuer le plus possible l'influence des frottements intérieurs.

La vitesse réglementaire à la montée avec du matériel vide, n'est que 12^k,15 à l'heure ; à la descente, avec des wagons chargés, de 15^k,17 à l'heure. Nous lisons cependant dans un procès-verbal d'expériences portant la date du 24 septembre 1866, que la machine Steierdorf a répondu aux espérances de ses constructeurs. Dans un intervalle de 52 mois elle a parcouru 56,028 kilomètres; l'entretien du mécanisme n'a donné lieu qu'à un seul incident, — le faux essieu s'était tordu au commencement du service, à cause du patinage des roues, déterminé par le verglas; — un second faux essieu plus fort a parfaitement réussi.

4° Deuxième traversée des Apennins. — Chemin de fer de Bologne à Pistoie. — Machines Beugniot.

Principe des machines Beugniot. — Dans les machines que nous venons de décrire, nous avons vu les ingénieurs piémontais et les ingénieurs autrichiens chercher la solution du problème de l'inscription dans une courbe d'un court rayon, soit d'un train de deux machines distinctes accouplées, soit des châssis divisés d'une seule machine, au moyen de la convergence des essieux vers le centre de la courbe à franchir. Cette solution était évidemment la plus naturelle; elle était fondée sur la comparaison des locomotives avec les voitures qui circulent sur les routes de terre et sur l'imitation de la disposition connue sous le nom de *cheville ouvrière*. Les Américains ont, nous l'avons dit, appliqué le système de l'avant-train mobile autour d'une cheville; mais leur avant-train est resté avant-train de support, sans jamais être utilisé pour augmenter l'adhérence de la machine.

M. Beugniot, ingénieur des ateliers de MM. Kœchlin et Cie, de Mulhouse, a poursuivi, dans un tout autre ordre d'idées, la solution du problème que nous venons d'indiquer. Au lieu de chercher la mobilité des essieux dans le sens de la convergence, tantôt à droite, tantôt à gauche de la machine, M. Beugniot maintient le parallélisme absolu des essieux, en laissant un jeu considérable dans les boîtes à graisse et dans les coussinets de support; il permet ainsi aux roues de se déplacer et d'occuper des plans parallèles différents.

L'idée de donner du jeu aux essieux ou du moins à un essieu

n'est pas nouvelle, elle a été fréquemment appliquée dans les longues machines ; seulement le jeu était toujours faible, et on laissait aux réactions du châssis de la machine le soin de ramener l'essieu à sa position normale, dès que l'on revenait sur un alignement droit.

Régularisation du mouvement des essieux. — M. Beugniot a cherché à régulariser ce déplacement transversal des essieux, en les rendant solidaires deux à deux. Dans une machine à 4 essieux, le premier est lié au second, le troisième au quatrième par des balanciers horizontaux qui oscillent autour d'un pivot sphérique fixé à la partie inférieure de la chaudière.

Quand la machine entre dans une courbe, la réaction tangentielle que le rail fait éprouver au boudin de la roue d'avant déplace le premier essieu de chaque groupe transversalement, à gauche par exemple, et le deuxième essieu est entraîné à droite par le balancier.

Extrait du mémoire de M. Beugniot. — M. Beugniot a exposé, dans un mémoire publié par la Société industrielle de Mulhouse, comment la masse de la machine obéit à ces déplacements dans ses supports : nous en extrayons le passage suivant :

« Chaque essieu de la machine a quatre collets, deux extérieurs et deux intérieurs. Les boîtes à graisse des collets intérieurs, enveloppées dans des brides à doubles pivots verticaux, sont réunies d'un essieu à l'autre, et par deux du même côté, au moyen de bâtis intérieurs mobiles qui peuvent articuler autour de quatre sphères prises dans les supports de la chaudière. C'est par l'intermédiaire de ces sphères, reposant chacune dans une crapaudine de bâtis mobiles, que les 3 4 environ du poids de la machine sont reportés sur les 8 collets intérieurs. Le reste du poids repose sur les boîtes à graisse des collets extérieurs. Celles-ci sont prises et guidées par un châssis extérieur rigide, qui forme avec ses traverses d'avant et d'arrière un rectangle entourant toute la machine : ce rectangle, entrelacé par les supports de la chaudière, est fixé à la boîte à feu et à la boîte à fumée, mais de façon que la chaudière puisse se dilater sans résistance. Le bâti extérieur porte les cylindres ; c'est à lui qu'est attelé le boulon d'attelage, et c'est lui qui reçoit les secousses et les poussées à la descente. Les boîtes à graisse extérieures qu'il guide pour en maintenir rigoureusement le parallélisme ont, chacune dans leur glissière respective, un jeu transversal de 40 millim., soit 20 millim. de chaque côté.

« Grâce à ces dispositions, les bandages, les manivelles extérieures et les bielles d'accouplement arrivent à se placer dans des plans verticaux différents, jusqu'à ce que les boudins des roues conductrices ne soient plus serrés contre le rail extérieur de la courbe, auquel cas, c'est-à-dire quand la machine rentre en ligne droite, ils reprennent leur position primitive qui est celle où tous les bandages se trouvent dans un même plan vertical. »

Chemins de l'Italie centrale, de Bologne à Pistoia. — Ces dispositions ont été appliquées par M. Beugniot sur un certain nombre de machines destinées à l'exploitation de la ligne de Bologne à Pistoia, pour la deuxième traversée des Apennins, par le réseau des chemins de fer de l'Italie centrale.

En partant de Bologne, la ligne s'élève pendant 55 kilomètres environ, par des rampes successives de 8 à 9 millimètres, jusqu'à la station de Poretta. Au delà de Poretta, et jusqu'au point culminant de Prochia, à la cote 616^m,88 au-dessus du niveau de la mer, la déclivité atteint 18 millim. sur 13^k,5. Sur le versant opposé, à partir de Prochia, la ligne descend par des rampes presque continues de 0,025 pendant 23^k,5, jusqu'à la station de Pistoia. Les ingénieurs français chargés de la construction se sont astreints à ne pas descendre au-dessous de 300 mètres le rayon des courbes. Aussi la ligne est-elle presque constamment en souterrain ou en viaduc, et aucune autre ligne peut-être en Europe ne présente une telle masse de difficultés vaincues dans un aussi court espace.

Résultats obtenus sur les chemins de l'Italie centrale. — Les machines Beugniot sont en service régulier depuis cinq ans ; elles satisfont à toutes les conditions du programme qui avait été tracé par la Grande compagnie des chemins Sud-Autrichiens-Lombards et de l'Italie centrale. Le service comprend trois trains par jour dans chaque sens ; la vitesse de marche est de 20 kilomètres à l'heure, et la charge régulière de 120 tonnes, machine non comprise. La machine se prête bien aux sinuosités exceptionnelles du chemin, et son allure est douce. La consommation est de 18 kilogr. de houille anglaise de Cardiff par kilomètre, tout compris, allumage, marche et stationnement. Il y a lieu de noter que les voyages sont courts, les arrêts nombreux et prolongés, et que ces circonstances augmentent beaucoup la consommation.

Les bandages sont en acier fondu Petin et Gaudet, ou Krupp ; ils ont parfaitement résisté, soit au congé du boudin, soit au point de contact du rail ; enfin les rails ne portent point de traces d'altération. La machine Beugniot paraît donc, plus que les machines allemandes, avoir résolu le problème de l'inscription dans les courbes de faible rayon d'une machine à marchandises à huit roues couplées. Il nous reste à faire connaître, en dehors des dispositions relatives au jeu des essieux, les dimensions principales de ce type remarquable.

Dimensions de la machine Beugniot. — La machine est portée sur huit roues accouplées de 1^m,200 de diamètre ; le foyer est placé en porte-à-faux par rapport au quatrième essieu ; mais pour soulager cet essieu, une partie du poids du foyer est reportée sur le premier essieu du tender.

La surface de chauffe directe est de. . . . . 9^{mq},40

La surface de chauffe tubulaire donnée par 222 tubes de 4^m,800 de longueur et 55 millim. de diamètre, est de. . . . . 165^{mq},60

     Surface de chauffe totale. . . . . 175^{mq},00

Diamètre des cylindres. . . . . 0^m,54

Course du piston. . . . . 0^m,56

Les cylindres sont intérieurs, et le premier essieu, qui est l'essieu moteur, est coudé.

La machine totale pleine d'eau, le tender chargé de 7,500 litres d'eau et 2,500 kilog. de combustible, pèse 70,500 kilog., répartis de la manière suivante :

Essieu d'avant de la machine.	11.800^k	Poids adhérent :
Les 2 essieux du milieu..	23.600	47.500^k
Essieu d'arrière de la machine.	11.900	
Essieu d'avant du tender.	5.200	Poids mort .
Essieu du milieu du tender.	9.160	25.520^k
Essieu d'arrière du tender..	9.160	
Total pareil.	70.820^k	

Expériences sur le chemin d'Alais à Nimes. — Avant d'être en service sur la traversée de l'Apennin, les machines de M. Beugniot, *la Rampe* et *la Courbe*, ont été expérimentées sur le Central Suisse et sur le chemin d'Alais à la Grande-Combe. Au point de vue de la puissance de traction, les résultats ont été satisfaisants ; cependant on a constaté plusieurs ruptures de coussinets ; mais il est probable que ces ruptures sont dues à la vitesse exagérée que les mécaniciens laissaient prendre à ces machines à la descente.

Il ne faut pas perdre de vue que la première condition à remplir dans l'usage de ces grosses machines est le maintien d'une vitesse modérée : autrement on détermine des réactions et des chocs dont il est impossible de mesurer l'importance.

Expériences sur les rampes de Gênes. — Deux machines Beugniot, *l'Apennin* et *le Rubicon*, furent également mises en service, pendant quelques jours, sur les rampes de Gênes, en concurrence avec les machines accouplées deux à deux des ingénieurs piémontais. En comparant à la consommation de coke dépensé par les machines les poids utiles remorqués, on obtint les résultats suivants par 1 kilogramme de coke :

Machines jumelles à 4 roues accouplées.	15^k	poids utile remorqué.
— 6 roues accouplées.	17	—
Machines Beugniot..	20^k,57	—

Les machines jumelles arrivaient en quelque sorte épuisées au sommet des rampes, tandis que les machines Beugniot avec leur grande puissance de vaporisation étaient en état de continuer leur service et de fournir une durée de travail beaucoup plus grande.

5° Traversée du Cantal. — Chemin de fer d'Aurillac à Murat.

Conditions de tracé et de profil du chemin de fer d'Aurillac à Murat. — Le chemin de fer d'Aurillac à Murat fait partie de la ligne d'Arvant à Figeac qui met en communication le bassin de l'Allier et de la Loire avec le bassin du Lot et de la Gironde. Ces deux bassins sont séparés par le massif des montagnes de l'Auvergne. La distance d'Arvant à Figeac est de 171 kilomètres.

Sur le versant Est le rail s'élève avec des rampes de 10, 12, 16 millimètres, jusqu'à Murat ; à partir de Murat jusqu'au sommet du Liozan, les déclivités atteignent 30 millimètres.

Le point culminant est à la cote 1,152 mètres.

Sur le versant ouest, le profil présente des pentes de 30 millimètres jusqu'à Vic, puis une succession de pentes de 15, de 10, de 16, de 20 et de 8 millimètres jusqu'à Figeac, avec quelques contre-pentes de 16 et de 20 millimètres.

Cette ligne peut donc être divisée en trois sections :

Une section centrale de Murat à Aurillac, comprenant des déclivités de 30 millim. de chaque côté du faîte ;

Deux sections extrêmes dans lesquelles les déclivités ne dépassent pas 16 millim. d'une part et 20 millim. de l'autre.

Quant au tracé, il présente une grande quantité de courbes de 300 mètres.

Nature et vitesse des trains. — La compagnie d'Orléans a prévu deux espèces de trains :

Des trains mixtes marchant à une vitesse moyenne de 40 kilomètres à l'heure ;

Des trains de marchandises marchant à une vitesse de 15 à 25 kilomètres.

Les trains mixtes sont remorqués, dans les sections extrêmes, par des machines à six roues couplées ; dans la section centrale, par des machines à huit roues couplées. Pour les trains de marchandises, les machines à huit roues remplacent les machines à six roues dans les sections extrêmes, et dans le passage du faîte les machines à huit roues sont à leur tour remplacées par une machine à dix roues couplées.

Machine le Cantal à dix roues couplées. — M. Forquenot, ingénieur en chef du matériel et de la traction du chemin de fer d'Orléans, n'a pas reculé devant les difficultés que pouvait présenter la solidarité de cinq essieux et de dix roues obligés de prendre le même mouvement angulaire et de s'inscrire dans des courbes de 300 mètres de rayon. Il a espéré, et jusqu'ici l'expérience a été favorable, que, grâce à la faible vitesse des trains et à l'excellente qualité des métaux employés pour les essieux et les bandages, on n'aurait ni réactions détruisant les voies ni usure inégale des bandages.

La machine porte son eau, de sorte que tout le poids est utilisé pour l'adhérence. Les prises d'eau étant très-rapprochées, on n'a pas à redouter les modifications que l'épuisement de l'approvisionnement d'eau apporte dans les conditions d'adhérence de la machine.

Les dimensions principales de la machine *le Cantal* sont les suivantes :

Diamètre des roues.	$1^m,070$
Nombre des tubes..	$280^m,00$
Longueur des tubes..	$5^m,00$
Surface de chauffe directe.	$10^{mq},00$
— tubulaire.	$200^{mq},00$
— totale..	210^{mq}
Position des cylindres.	Extérieurs.
Diamètre des cylindres..	$0^m,500$
Course du piston..	$0^m,600$

Poids de la machine au départ.. . . . .   60,650ᵏ
    —   vide..   55,750
Poids moyen de la machine en marche..   57,180
Charge moyenne par essieu..   11,456

La charge brute remorquée en rampe de 50 millim. s'élève à 150 tonnes.

On voit que la charge pour chaque essieu atteint 12 tonnes, c'est-à-dire la limite que nous avons plusieurs fois indiquée.

Les roues accouplées forment deux groupes de deux essieux chacun, séparés par l'essieu moteur; dans le but de répartir aussi bien que possible la charge, les essieux d'un même groupe ont leurs ressorts de suspension réunis au moyen de balanciers.

Le Cantal est une des plus puissantes machines qui aient été construites. Avec une admission de vapeur pendant la moitié de la course du piston, elle exerce un effort de traction de 7,980 kilog. Des expériences au dynamomètre ont démontré que sur les rampes de 50 millim. la machine pouvait remorquer 168 tonnes. Depuis 1866, plusieurs machines, en tout semblables au *Cantal*, ont été construites par la compagnie d'Orléans, qui estime que ce modèle a complétement répondu aux données spéciales du problème posé à ses ingénieurs.

6° Traversée des Ardennes belges. — Chemin de fer de Luxembourg à Spa.

Traversée des Vosges.
Chemin de fer de Forbach à Niederbronn, par Bitche.

Chemin de fer de Luxembourg à Spa. — La compagnie de l'Est a pris à bail pendant cinquante années l'exploitation du réseau de la compagnie Guillaume-Luxembourg qui comprend une ligne très-accidentée : c'est la ligne de Luxembourg à Spa et à Pépinster, d'une longueur de 145 kilomètres.

En partant de Luxembourg, le tracé se maintient d'abord dans une large vallée, puis il s'élève sur le plateau des Ardennes belges par une succession de rampes de 12. de 15, et de 20 millimètres à la cote 496^m,58 ; il redescend à la cote 260 mètres pour remonter par des rampes de 18 et de 20 millimètres au faîte du plateau à la cote de 540 mètres ; à partir de ce point, il redescend brusquement jusqu'à Spa par une pente de 25 millimètres, et jusqu'à Pépinster par une pente de 20 millimètres.

En plan, le tracé offre des courbes de 250 mètres de rayon minimum.

Chemin de fer de Forbach à Niederbronn. — Le chemin de fer de Forbach à Niederbronn, d'une longueur de 85 kilom., franchit la chaîne des Vosges, mais sans suivre sur chaque versant une succession de vallées ; il franchit plusieurs contre-forts, de sorte qu'il offre, encore plus que la ligne de Spa, une succession de pentes et de rampes dont le maximum de déclivité a été limité à 15 millimètres, mais dont l'alternance (il y a six faîtes successifs) présente à la traction des trains des difficultés spéciales.

Machine Verpilleux. — Pour vaincre ces difficultés, M. Vuillemin, ingénieur en chef du matériel et de la traction de la compagnie de l'Est, a voulu appliquer d'une manière complète et définitive les idées émises par M. Verpilleux, au chemin de fer de Lyon à Saint-Étienne, sur la transformation accidentelle et momentanée du tender en un moteur auxiliaire.

Machine Sturrock. — Déjà en Angleterre une application de ce système a été faite par M. Sturrock sur le chemin de fer Great-Northern, mais dans des conditions très-différentes de celles qui se présentent en France. En Angleterre, en effet, la marche des trains de marchandises n'est pas réglée comme en France. En Angleterre, les trains de marchandises se lancent entre les trains de voyageurs avec la seule obligation de laisser la voie libre à ces derniers ; pour cela, ils se garent dès qu'ils se sentent pressés par un train qui les suit ; en cas de retard, ils ont besoin d'accélérer la vitesse et de donner un *coup de collier.* Le tender moteur de M. Sturrock avait été construit pour pouvoir donner ce coup de collier, sauf à dépenser dans un très-court espace de temps plus de vapeur que la chaudière ne pouvait en produire régulièrement.

Dans les machines de M. Verpilleux, on avait bien cherché à utiliser le poids du tender pour l'adhérence, parce qu'on avait sur la machine des cylindres trop petits pour dépenser la vapeur que la chaudière pouvait produire.

Machine à tender moteur de M. Vuillemin. — M. Vuillemin a envisagé le problème d'une manière complète et il l'a posé dans les termes suivants :

Construire une chaudière capable de donner de la vapeur non-seulement à la machine proprement dite, mais en même temps à une seconde machine constituée par le tender.

Quand la machine seule suffit à remorquer le train, on a évidemment une chaudière trop forte et qui est plus lourde qu'il ne faudrait ; mais cet inconvénient est plus que balancé par l'avantage d'avoir sous la main, et rien qu'en tournant un robinet, une machine de renfort.

Les dimensions principales de la machine n° 1000 de l'Est et de son tender moteur sont les suivantes :

	MACHINE.	TENDER.
Diamètre des roues	3 1^m,500	5 1^m,20
Nombre des tubes	276	»
Longueur des tubes	5^m	»
Surface de chauffe directe bouilleur compris	14^{mq},85	»
Surface de chauffe, tubulaire	117^{mq},50	»
— totale	152^{mq},55	»
Position des cylindres	intérieurs	intérieurs
Diamètre des cylindres	0^m,42	0^m,58
Course des pistons	0^m,600	0^m,42
Poids de la machine vide	29,500^k	17,000^k
— en marche	55,000	28,000
Poids total moyen	57,500	

Le chemin de fer de Luxembourg et de Spa est un chemin à

lourd trafic de minerais et de houilles : les trains marchent à charge complète ; les chiffres ci-après indiquent au point de vue de la traction la valeur comparative de la machine à tender moteur et des autres types de machines à marchandises employées sur une rampe de 25 millimètres.

120 tonnes : train attelé d'une machine à 6 roues couplées.
200   —   de deux machines à 6 roues couplées.
180   —   d'une machine à 8 roues couplées.
200   —   de la machine à tender moteur.

On a reproché à ce système la perte de pression que subit la vapeur dans son parcours de la chaudière aux cylindres du tender. On a dit que ce n'était pas la peine de produire de la vapeur à 8 atmosphères pour ne l'employer qu'à 4 ou à 5 atmosphères. Sans doute il serait préférable de ne rien perdre, mais nous considérons comme un résultat important le fait d'avoir pu utiliser pour l'adhérence tout le poids du tender, c'est-à-dire d'avoir résolu le problème que s'était posé M. Engerth et dont les engrenages ou les bielles à faux essieu n'avaient donné que des solutions insuffisantes.

7° Descente du plateau de Lannemezan dans les Pyrénées. — Chemin de fer de Toulouse à Bayonne.

Le chemin de fer de Toulouse à Bayonne se dirige à peu près parallèlement à la grande chaine des Pyrénées ; il coupe par conséquent transversalement les vallées qui descendent de ces hautes montagnes et les contre-forts séparatifs de ces vallées.

Un des contre-forts les plus importants est le plateau de Lannemezan, qui sépare la vallée de Luchon de la vallée de Bagnères-de-Bigorre. En partant de Toulouse, le tracé s'élève sur le plateau par des rampes qui n'ont rien d'exceptionnel ; mais, après avoir traversé la station de Lannemezan, il s'abaisse brusquement vers Tarbes, en descendant une pente de $0^m,052$ sur

8 kilom. de longueur, située entre les stations de Capvern et de Tournay.

La compagnie du Midi n'a pas pensé qu'il fût nécessaire de construire pour ce passage difficile des machines spéciales, et la traction des trains à la remonte se fait à l'aide de deux machines ordinaires, à trois essieux couplés chacune, placées l'une en tête, l'autre en queue des trains.

8° Traversée du Brenner dans le Tyrol. — Chemin de fer d'Inspruck à Vérone.

Conditions de pente et de tracé du Brenner. — Le chemin de fer du Brenner, qui s'étend d'Inspruck, ou plus exactement d'Inspruck à Bozen, sur 125 kilom., assure à travers le Tyrol la communication entre l'Allemagne et la Vénétie, et il est appelé à un grand avenir commercial.

En partant d'Inspruck, le tracé s'élève immédiatement par des rampes de $0^m,025$ interrompues à la traversée des stations par des rampes de $0^m,0025$, et arrive au col du Brenner à la cote 1,550 mètres au-dessus du niveau de la mer.

Sur le versant méridional plus allongé que le versant nord, le tracé descend avec des rampes de 0,0225 séparées par des déclivités de 0,016, 0,010, et même quelques paliers. A partir de Brixen jusqu'à Botzen, le maximum des déclivités est de 0,015. Le minimum des rayons des courbes est de 283 mètres.

Comparé au Sommering, le passage du Brenner, situé à une altitude bien plus grande, 1,550 mètres au lieu de 885, présente des rampes aussi roides, mais beaucoup plus longues ; mais d'un autre côté, le tracé offre au passage des machines notablement moins de difficultés, puisque le rayon des courbes est de 285 mètres au lieu de 190.

Le dépôt des machines destinées à la traversée du Brenner est à Brixen, au pied des grandes rampes.

Le service de la traction est fait avec 10 machines à 4 essieux couplés. — Les roues ont 1^m,265 de diamètre. A la remonte, on met deux machines, une en tête, l'autre en queue ; à la descente, les deux machines se mettent en tête.

La moyenne du poids brut des trains remorqués a été de 300 tonnes, et la charge maxima 356 tonnes.

La vitesse est de 15 kilomètres à l'heure.

Comparaison des altitudes franchies par les chemins désignés ci-dessus. — Il nous a paru intéressant de rapprocher les chiffres des altitudes rencontrées par les principaux chemins de fer dont nous venons de parler. Les cotes sont indiquées au-dessus du niveau de la mer :

Première traversée des Apennins. — Ligne de Turin à Gênes.	561^m,00
Traversée des Alpes Noriques. — Ligne de Vienne à Trieste.	885^m,00
Deuxième traversée des Apennins. — Ligne de Bologne à Pistoie.	616^m,88
Traversée du Cantal. — Ligne d'Arvant à Figeac.	1152^m.00
Ardennes belges. — Ligne de Spa à Luxembourg.	540^m,26
Traversée des Vosges. — Ligne de Sarreguemines à Niederbronn.	590^m,50
Descente du plateau de Lannemezan. — Chemin de Toulouse à Bayonne.	594^m,36
Traversée du Brenner dans le Tyrol. — Chemin de Vérone à Inspruck.	1350^m,00

Résumé général. — Deux systèmes sont évidemment en présence pour la traversée des hautes montagnes : 1° l'emploi de machines exceptionnelles tenté au Sommering, maintenu à la seconde traversée des Apennins, à celle du Cantal et des Ardennes belges ; 2° l'emploi de machines ordinaires réunies deux à deux.

Ce dernier système réalisé, dès l'origine, à la première traversée des Apennins, en vigueur au Sommering, au plateau de Lannemezan, adopté tout récemment sur les rampes du Brenner, nous paraît préférable au premier, et nous donnerons dans les paragraphes suivants les motifs qui nous font formuler cette conclusion.

§ 6. — Machines destinées à traîner des poids considérables sur des lignes à faibles pentes. — Emploi de la machine Engerth en France. — Machines du Nord français.

Emploi de la machine Engerth en France. — A l'époque à laquelle se faisaient en Italie et en Autriche les expériences que nous venons de rappeler pour la traversée des Apennins et des Alpes Noriques, le réseau des chemins de fer français ne présentait aucune section avec des rampes comparables à celles qui avaient dû être adoptées dans ces circonstances exceptionnelles. Aucune nécessité de profil ne commandait donc en France l'emploi de ces machines étrangères, et notamment de la machine Engerth ; mais on dut se poser la question de savoir si, sur les lignes en possession d'un grand trafic, des machines réunissant une surface de chauffe de 146 mètres carrés et un poids adhérent de 46 tonnes ne rendraient pas de grands services en permettant de composer des trains chargés de 300, 400 ou 500, même de 600 tonnes.

Les compagnies du Nord et de l'Est pensèrent que cette expérience devait être tentée, et chacune d'elles fit construire dans les ateliers du Creuzot vingt-cinq machines qui reçurent et qui portent encore le nom de machines *Engerth*, bien qu'elles offrent avec le type proposé par cet ingénieur des différences très-notables.

Machines Engerth des chemins de fer du Nord et de l'Est. — En premier lieu, l'engrenage entre le dernier essieu de la machine et le premier essieu du tender fut supprimé ; en second lieu, le premier essieu du tender fut remplacé par un essieu ajouté à la machine qui en eut ainsi quatre ; seulement les longerons du tender, prolongés comme deux brancards de charrette, vinrent s'appuyer sur les extrémités des ressorts de suspension du quatrième essieu de la machine. Les deux extrémités de ce brancard sont réunies par une traverse qui porte le boulon d'attelage ; on démonte cette traverse lorsque l'on veut séparer le tender de la machine.

Le foyer est placé entre le quatrième essieu de la machine et le premier essieu du tender ; le boulon d'attelage est en avant du foyer.

Surface de chauffe 196^{mq},39.

La machine vide pèse 46,000 kilog.; le poids adhérent sur les roues motrices est de 40,000 kilog.

La question de savoir comment dans la machine ainsi construite fonctionne le mode d'accouplement de la machine et du tender a donné lieu à une très-vive controverse ; il faut d'abord reconnaître que ce mode d'accouplement constitue une modification radicale aux idées émises par M. Engerth.

Cet ingénieur avait, en effet, voulu utiliser, pour l'adhérence, le poids du tender, et il avait établi la solidarité des deux trains qui composaient sa machine à l'aide de deux engrenages et d'un essieu intermédiaire ; ces deux trains parfaitement distincts et composés, l'un de 5 essieux, l'autre de 2, oscillaient librement autour du boulon d'attelage, et l'ensemble s'inscrivait facilement dans les courbes du Sommering.

Avec le mode d'attache exécuté sur les machines du Creuzot, le tender venait-il ajouter une partie de son poids au quatrième essieu de la machine pour augmenter l'adhérence, ou le prolongement des longueurs du tender avait-il pour effet de permettre la suspension du foyer placé en porte-à-faux et de diminuer l'influence de ce porte-à-faux? Si les longerons du tender supportaient ainsi une partie du poids de la machine, quelle était la valeur de ce poids et son influence sur la répartition générale du poids de la machine sur les 4 essieux couplés? Telles étaient et telles sont encore les questions posées par les partisans et les adversaires de ces machines.

Dans notre pensée, le fait de l'accouplement par les longerons du tender conduit à cette situation bizarre que les deux hypothèses que nous venons d'indiquer peuvent se réaliser successivement si la machine est employée sur une voie imparfaitement dressée, ce qui est malheureusement le cas pratique ; de très-légères dénivellations suffisent pour que tantôt le premier essieu du tender ait à supporter une partie du poids de la machine, et que tantôt, au contraire, le tender vienne peser sur le quatrième essieu de la machine.

Découplement de la machine et du tender sur le chemin de fer de l'Est. — Au bout d'une expérience assez longue, la compagnie de l'Est a supprimé la liaison entre la machine et le tender, et a converti la machine en une machine ordinaire à huit roues couplées. Nous insistons avec quelques détails sur les motifs qui ont dicté cette détermination, parce qu'ils ont conduit à la constitution d'un type admis aujourd'hui par un certain nombre de compagnies, la grosse machine à marchandises à huit roues couplées.

Malgré le soin apporté par les constructeurs à l'exécution de la machine et notamment à tout ce qui constituait le pivot autour duquel devait s'effectuer la rotation, l'ensemble de la machine se prêtait mal, même sur la grande ligne de Paris à Strasbourg, aux inflexions de la voie, et tous les mécaniciens s'accordaient à dire que la machine était rude. Il est même plusieurs fois arrivé que, lorsqu'une machine passait d'une voie à l'autre, les rails se déprimaient assez pour que la traverse destinée à réunir les longerons du tender s'engageât sous la chaudière et arrêtât le jeu de l'articulation ; la machine déraillait alors et souvent il fallait huit ou neuf heures pour la remettre sur la voie. On conçoit, en effet, les difficultés que présentait le redressement d'une machine inséparablement liée à son tender, et les perturbations qu'apportait au service la présence d'une telle masse échouée en travers des voies.

Ces accidents furent assez fréquents pour déterminer la

compagnie de l'Est à interdire aux trains remorqués par des machines Engerth les manœuvres de route dans les gares intermédiaires, et à imposer ainsi à l'exploitation une gêne très-grande.

Enfin l'usure du premier essieu du tender était extraordinaire ; les bandages de cet essieu étaient mis au rebut après un parcours de 29,500 kilom., tandis que les bandages de la machine pouvaient faire plus du double, soit 61,400 kilom., ce qui justifiait l'opinion que la machine exerçait sur cet essieu du tender des réactions très-vives.

La suppression des longerons du tender fut donc résolue par les ingénieurs de la compagnie de l'Est, et cette suppression amena une modification capitale.

L'allure de la machine devint douce et semblable à celle des machines ordinaires, les déraillements disparurent, et l'usure des bandages ne présenta plus rien d'anormal.

Constatés sur une première machine transformée, ces résultats se maintinrent sur une deuxième, sur une troisième, et aujourd'hui les vingt-cinq machines Engerth que la compagnie de l'Est possède sont complétement transformées. Cette opération fit reconnaître la nécessité de modifier la répartition des poids sur les essieux dont les bandages présentaient une usure très-inégale, et nous avons, en parlant des roues couplées, insisté sur l'indispensable nécessité du maintien d'un diamètre uniforme.

Les constructeurs avaient annoncé la répartition ci-après :

1ᵉʳ ESSIEU.	2ᵉ ESSIEU.	3ᵉ ESSIEU.	4ᵉ ESSIEU.	ENSEMBLE.
10,550ᵏ	9,800ᵏ	9,900ᵏ	11,100ᵏ	41,350ᵏ.

Des pesages très-minutieux indiquèrent :

1ᵉʳ ESSIEU.	2ᵉ ET 3ᵉ ESSIEU GROUPÉS.	4ᵉ ESSIEU.	ENSEMBLE.
7,250ᵏ	21,488ᵏ	12,002ᵏ	40,720ᵏ.

Il fallut lester la machine sur l'avant et on obtint :

1ᵉʳ ESSIEU.	2ᵉ ET 5ᵉ ESSIEU GROUPÉS.	4ᵉ ESSIEU.	ENSEMBLE.
10,900ᵏ	22,780ᵏ	11,800ᵏ	45,480ᵏ.

L'opération du lestage peut être critiquée, et il est sans doute regrettable de traîner du poids mort ; mais c'est le seul moyen de remédier à l'équilibrage imparfait d'une machine.

Les ingénieurs du chemin de fer du Nord n'ont pas reconnu sur leurs machines les inconvénients qui ont été constatés sur l'Est. Le combustible employé par le Nord étant de meilleure qualité que celui employé par l'Est, les tenders n'ont pas besoin d'avoir un approvisionnement aussi considérable, et une surcharge accidentelle peut être sans influence sur le premier essieu du tender.

Le plan et le profil du chemin du Nord sont moins accidentés que ceux du chemin de l'Est ; enfin, le trafic du Nord est plus régulier que celui de l'Est ; et, de plus, les trains formés aux houillères, à charge complète, n'ont pas à manœuvrer en route.

Constitution d'un nouveau type de machines à marchandises à huit roues couplées. — En résumé cependant, nous ne pensons pas que le mode de prolongement des longerons du tender et leur liaison avec la machine aient été imités par d'autres chemins de fer, tandis que plusieurs compagnies, celle de Paris à Orléans, celle du Nord de l'Espagne, celle de Paris-Lyon-Méditerranée, ont adopté la machine à huit roues couplées avec tender indépendant, et l'on doit aujourd'hui considérer ce type comme acquis à l'exploitation des lignes ayant un grand trafic et placées dans des conditions ordinaires de courbes et de rampes.

Dimensions de quelques machines à huit roues couplées. — Nous avons réuni, dans le tableau ci-après, les dimensions de trois spécimens de ces machines dont le poids à vide est d'environ 45,000 kilog. et la surface de chauffe de 200 mètres carrés. Au concours de Liverpool, en 1829, *la Fusée*, de Georges Stephenson, pesait 4 tonnes.

MACHINES A MARCHANDISES A 8 ROUES COUPLÉES	ORLÉANS CAIL 1862	NORD DE L'ESPAGNE CREUZOT	EST ENGERTH CREUZOT 1857	PARIS-LYON-MÉDI-TERRANÉE GRAFFEN-STADEN 1869
Diamètre des roues.	$1^m.287$	$1^m.500$	$1^m.260$	$1^m.260$
Nombre des tubes.	259	208	219	245
Longueur des tubes.	$5^m.115$	$5^m.117$	$5^m.000$	$5^m.360$
Diamètre des tubes..	$0^m.050$	$0^m.046$	$0^m.056$	$0^m.050$
Surface de chauffe tubulaire..	$199^{mq}.000$	$155^{mq}.580$	$185^{mq}.920$	$189^{mq}.770$
— directe.. .	$10^{mq}.400$	$10^{mq}.050$	$9^{mq}.708$	$9^{mq}.740$
— totale. . .	$209^{mq}.400$	$165^{mq}.610$	$195^{mq}.628$	$199^{mq}.480$
Position des cylindres. . . .	»	»	extérieurs	extérieurs
Diamètre du cylindre.. . . .	$0^m.50$	$0^m.50$	$0^m.50$	$0^m.540$
Course du piston..	$0^m.65$	$0^m.60$	$0^m.66$	$0^m.660$
Poids de la machine vide.. .	37.500^k	59.000^k	41.090^k	43.900^k
Poids de la machine chargée..	45.000	45.500	46.510	50.600
Poids sur le 1er essieu. . . .	»	»	10 800	12.450
Poids sur le 2e essieu.. . . .	»	»	11.625	12.450
Poids sur le 3e essieu.. . . .	»	»	11.625	12.850
Poids sur le 4e essieu.. . . .	»	»	12.260	12.850

Une objection fréquente est faite à ces machines : les quatre essieux couplés forment un ensemble rigide qui s'inscrit mal dans les courbes de petit rayon ; le passage de la machine dans les courbes donne lieu à des réactions aussi funestes à la machine qu'à la voie elle-même, et que le jeu transversal donné au premier essieu ne suffit pas à conjurer. Il n'y a qu'une réponse à faire à cette objection : Sur tous les réseaux français le nombre des machines à huit roues couplées va sans cesse croissant. En donnant du jeu aux boîtes à graisse des essieux extrêmes, en adoptant des dispositions particulières analogues aux plans inclinés des boîtes du chemin d'Orléans, les machines s'inscrivent dans les courbes, et, tant qu'on leur conserve une marche lente, on ne signale pas pour les voies d'usure exceptionnelle.

Nouvelles machines du chemin de fer du Nord. — Nous arrivons à un ou plutôt à trois modèles de machines nouvelles dont l'étude présente le plus vif intérêt, non-seulement à cause de l'importance de l'échelle sur laquelle ces essais ont été faits, mais surtout à cause de l'incontestable autorité attachée au nom de l'ingénieur de la compagnie du Nord, M. Petiet.

Considérations présentées par M. Petiet sur les nouvelles machines du chemin de fer du Nord. — Dans la Notice qu'il a publiée à l'occasion de l'envoi des dessins des types de ses trois nouvelles machines à l'Exposition de Londres de 1862, M. Petiet a indiqué les considérations qui l'ont conduit à la transformation qu'il propose d'apporter aux locomotives. Ces considérations sont au nombre de trois, parmi lesquelles deux ont déjà été plusieurs fois présentées dans ces leçons.

En premier lieu, ce qui constitue la puissance d'une machine, c'est la faculté qu'elle a de produire une grande quantité de vapeur ; il faut donc un tirage énergique avec un foyer capable de brûler le combustible en quantité suffisante.

En second lieu, la force de traction dépend de l'adhérence à laquelle elle est intimement liée, et celle-ci dépend du poids de la machine.

En troisième lieu, et c'est ici qu'intervient la nouvelle considération présentée par M. Petiet, le poids de la machine et de ses approvisionnements doit être comparé au poids utile du train remorqué. Il est incontestable, en effet, que si, pour franchir les rampes tracées avec des déclivités de plus en plus grandes, il faut augmenter le poids des machines, on arrive à traîner un poids considérable par rapport au poids utile du train remorqué. La machine locomotive cesserait évidemment d'être un instrument approprié aux besoins de l'exploitation si, pour obtenir l'adhérence sur une forte rampe, on était forcé de lui donner un poids supérieur ou même égal au poids utile du train. M. Petiet résume très-bien la question en disant :

« En résumé, le but théorique auquel on doit tendre, c'est

d'obtenir une forte production de vapeur et un grand effort de traction avec un poids moteur, approvisionnement compris, aussi restreint que possible. »

Appareil de vaporisation. — Nous avons vu comment, avec la largeur de voie restreinte employée en Angleterre et sur la plus grande partie du continent, on éprouvait de sérieuses difficultés dès qu'on voulait augmenter les dimensions du foyer. Nous avons indiqué comment Stephenson d'abord, et plusieurs autres constructeurs après lui, avaient placé le foyer en porte-à-faux, en arrière du dernier essieu de la machine, et comment on avait essayé de diminuer les inconvénients du porte-à-faux en rattachant le foyer au premier essieu du tender. M. Petiet a résolu, d'une manière aussi complète que hardie, la question de l'agrandissement du foyer en le plaçant au-dessus des roues et des longerons ; il a pu ainsi, sans allonger la chaudière, mettre une quantité plus considérable de tubes, et surtout obtenir une plus grande surface de grille, disposition très-importante pour la combustion sans fumée des charbons qu'emploie la compagnie du Nord. Les progrès réalisés, en ce qui concerne l'augmentation de la surface de grille, sont considérables, comme on peut en juger par le tableau suivant :

MACHINES A VOYAGEURS.

Système Buddicom. — Roue motrice au milieu. .	$0,952 \times 1,059 = 0,985$
Système Crampton. — Roue motrice à l'arrière.	$1,256 \times 1,056 = 1,505$
Système Engerth. — 2 roues couplées à l'avant.	$1,282 \times 1,050 = 1,540$
Machines nouvelles à 4 cylindres.	$1,475 \times 1,775 = 2,620$

MACHINES A MARCHANDISES.

Petites.	3 essieux couplés.	$0,949 \times 0,954 = 0,880$
Moyennes. . . .	3 essieux couplés.	$1,400 \times 1,020 = 1,430$
Grosses Engerth.	4 essieux couplés.	$1,440 \times 1,350 = 1,944$
Fortes rampes. .	4 essieux couplés.	$1,475 \times 1,775 = 2,620$
Machines nouvelles à 4 cylindres, 6 essieux. .		$1,850 \times 1,800 = 5,330$

La surface de grille dans les nouvelles machines à voyageurs est le double de la même surface dans la machine Crampton, et pour les nouvelles machines à marchandises la surface de grille est quatre fois ce qu'elle était autrefois.

La chaudière est cylindrique et ne contient qu'une chambre de vapeur relativement faible ; mais il existe une chambre de vapeur spéciale superposée à la chaudière principale et traversée par un sécheur tubulaire dans lequel passent les gaz de la combustion. Ce sécheur vaporise la quantité d'eau qui peut être entraînée en dehors de la chaudière principale.

Ainsi agrandie, la chaudière occupe toute la hauteur disponible sous les ponts. Par suite, la cheminée consiste en un tube recourbé horizontalement à la suite du sécheur et qui débouche au-dessus de la plate-forme du mécanicien.

Nouvelles machines à voyageurs à 4 cylindres. — Nous avons, en décrivant les machines Crampton, fait ressortir les avantages de ce type célèbre, qui réunit à une très-grande stabilité la faculté de marcher à une très-grande vitesse. Nous avons dit que, par contre, la machine Crampton n'ayant qu'une paire de roues motrices, n'utilisait, pour l'adhérence, qu'une faible partie de son poids, et qu'ainsi elle ne pouvait traîner des trains lourdement chargés ; de plus, dès que la composition du train dépasse dix voitures, les machines Crampton démarrent difficilement, et il faut augmenter la vitesse de marche pour regagner le temps perdu au démarrage. On a dès lors été conduit, quand la charge augmente, à employer des roues couplées, et nous avons fait ressortir les craintes formulées au sujet de cet emploi dans les grandes vitesses : usure inégale des bandages et chance de rupture des bielles d'accouplement. M. Petiet, dans la Notice que nous avons déjà citée, après avoir fait ressortir le défaut d'adhérence des machines Crampton sur les rampes de 0^m,005 avec des trains un peu chargés, conclut à la nécessité d'avoir deux essieux moteurs pour les trains express, mais en évitant l'emploi des bielles d'accouplement, et il arrive aux nouvelles machines à voyageurs à 4 cylindres.

La machine est portée sur 5 paires de roues; les trois du milieu de 1^m,06 de diamètre supportent le foyer et la chaudière; les deux paires de roues extrêmes de 1^m,60 sont les roues motrices; elles sont mues chacune par deux cylindres à vapeur de 0^m,56 de diamètre et de 0^m,54 de course.

Les cylindres et tout le mécanisme sont à l'extérieur de la machine.

La surface totale de chauffe est de. . . . . 166^{mq},820
Le poids de la machine vide. . . . . 59,000^k
Le poids de la machine avec 7,000^l d'eau et 2,000^k de combustible. . . . . 48,000^k
Le poids adhérent sur les 2 essieux moteurs est de.. . . . 21,400^k

ce qui donne, pour chacun d'eux, un poids très-inférieur à la limite de résistance présentée par la voie.

L'écartement des essieux extrêmes est de 5^m,170; les boîtes des trois roues de support laissent aux essieux la faculté de se déplacer dans le sens de leur axe, de 2 centimètres environ; enfin, le centre de gravité est un peu plus élevé que dans les machines Crampton et plus bas que dans les machines à grandes roues employées en Angleterre.

Les machines à 4 cylindres font un service régulier, depuis quatre à cinq années, sans que l'expérience ait révélé soit des inconvénients, soit des avantages exceptionnels : elles ont d'ailleurs été exécutées avec un soin minutieux, et tout ce qui concerne la distribution de la vapeur et le mécanisme est aussi bien conçu que possible.

Machines de fortes rampes. — Les machines de fortes rampes sont des machines à 4 roues couplées qui se rapprochent du type général dont nous avons parlé. Elles en diffèrent par la position du foyer et de la chaudière, placés au-dessus des longerons; elles portent leur eau et leur approvisionnement de combustible. Leurs dimensions principales sont les suivantes :

Diamètre des roues motrices. . . . . $1^m,065$
Surface de chauffe directe. . . . . $10^{mq},06$
    —   tubulaire. . . . . $144^{mq},76$
    —   du sécheur. . . . . $12^{mq},00$
    —   totale. . . . . $166^{mq},82$
Tension de la vapeur. . . . . 9^{atm}
Diamètre du cylindre. . . . . $0^m,48$
Course du piston. . . . . $0^m,48$
Poids adhérent, approvisionnement complet. . . . . . 43.200^k
Répartition sur le 1er essieu d'avant. . . . . $11,000^k$
    —   2e essieu du milieu.   10,500
    —   3e essieu du milieu.   10,500
    —   4e essieu d'arrière.   11,000

Machines à marchandises. — La machine dite de *fortes rampes* que nous venons de décrire est en service régulier sur le chemin de fer du Nord depuis plusieurs années ; les nécessités du trafic, la condition qui s'impose chaque jour aux compagnies de traîner des masses considérables à des prix de plus en plus réduits, ont conduit M. Petiet à augmenter encore la puissance de vaporisation et le poids de ses machines à marchandises. Il est arrivé à la machine à 4 cylindres et à 6 essieux conjugués par groupes de trois. Nous ne pensons pas qu'il existe, sur aucun autre chemin au monde, des engins aussi puissants.

Les dimensions principales sont les suivantes :

Diamètre des roues motrices. . . . . $1^m,065$
Surface de chauffe directe. . . . . $10^{mq},000$
    —   tubulaire. . . . . $189^{mq},000$
    —   du sécheur. . . . . $14^{mq},550$
    —   totale. . . . . $215^{mq},550$
Tension de la vapeur. . . . . 9^{atm}
Diamètre des cylindres.   0,42
Course du piston. . . . . $0^m,44$
Poids adhérent, approvisionnement complet. . . . . . 57.600^k
Répartition sur le 1er essieu.   9,162
    —   2e essieu.   9,162
    —   3e essieu.   9,162
    —   4e essieu.   10,058
    —   5e essieu.   10,058
    —   6e essieu.   10,058

L'écartement entre les essieux extrêmes est de 6 mètres.

La machine passerait donc difficilement dans les courbes de petit rayon si les essieux extrêmes n'avaient pas beaucoup de jeu dans leurs coussinets ; aussi leurs fusées permettent-elles un jeu de 0^m,015 de chaque côté, soit en tout 30 millim. ; en outre l'épaisseur du boudin des roues du milieu de chaque groupe est diminuée.

Cette machine, ainsi que celles à fortes rampes, porte un sablier sur la cheminée, destiné à verser du sable dans les deux sens.

Mises en service régulier, ces machines traînent très-aisément sur des rampes de 0^m,005, 45 wagons chargés à 10 tonnes, ce qui représente un poids brut de 635 tonnes, non compris le poids de la machine elle-même.

Rapport du poids total de la machine à la puissance de vaporisation. — Ainsi que nous l'avons dit en commençant la description des nouvelles machines du chemin du Nord, M. Petiet, outre l'augmentation de la puissance vaporisatrice et du poids adhérent, s'est proposé un troisième but, celui de diminuer le poids mort par rapport à la puissance de traction.

Le tableau ci-après fait voir les résultats obtenus à cet égard sur l'ensemble des machines employées par le chemin du Nord.

DIMENSIONS PRINCIPALES DES MACHINES	PETITES MACHINES 5 ESSIEUX COUPLÉS	MOYENNES MACHINES CREUZOT 5 ESSIEUX COUPLÉS	GROSSES ENGERTH 4 ESSIEUX COUPLÉS	FORTES RAMPES 4 ESSIEUX COUPLÉS	MACHINES A 4 CYLINDRES 6 ESSIEUX COUPLÉS 3 A 5
Surface de grille.	0.8800	1.4500	1.9440	2.6200	5.5500
Surface de chauffe.	74.1000	126.6000	196.9900	166.8200	215.5500
Tension absolue de vapeur..	7 atm.	7 atm.	8 atm.	9 atm.	9 atm.
Diamètre des roues motrices.	1.258	1.425	1.258	1.065	1.065
Poids de la locomotive et tender avec approvisionnement.	59.000^k	51.700	62.800	45.000	56.600
Poids de la machine et par mètre carré de surface de chauffe.	526^k	408	519	258	264

Expérience de Saint-Gobain. — Il était intéressant de savoir comment se comportent les machines à 4 cylindres sur les chemins présentant des déclivités exceptionnelles. Une expérience a été faite à cet égard sur le chemin de fer de Chauny à Saint-Gobain. Ce chemin a une longueur de 14,500 mètres. Les pentes et rampes sur les onze premiers kilomètres ne dépassent pas 15 millim., et le rayon minimum des courbes est de 275 mètres ; mais il se termine par une rampe de 0^m,018 sur 5,800 mètres, coupée aux deux tiers de sa longueur par une rampe de 0,0115. La gare de Saint-Gobain se compose d'une courbe et d'une contre-courbe de 125 mètres de rayon.

Le train d'expérience se composait de 18 wagons pesant ensemble 250,200 kilog. brut, dont la charge utile était de 154,500 kilog.

La machine, avec son approvisionnement complet d'eau et de charbon, a démarré facilement et a parcouru les onze premiers kilomètres avec une vitesse variant de 21 à 27 kilom. à l'heure : sur la rampe, la vitesse est descendue entre 14 et 20 kilom., mais la machine n'a pas patiné un seul instant.

Application du système Beugniot aux machines du chemin de fer du Nord. — La gare de Saint-Gobain se termine par des courbes de 80 mètres de rayon, sur lesquelles on n'avait pas osé, dans l'expérience précédente, engager la grosse machine à 4 cylindres. Il parut utile de pousser l'expérience à cette limite, et sur la proposition de M. Petiet, une des machines à 4 cylindres fut envoyée à Mulhouse pour recevoir dans les ateliers de MM. Kœchlin et Cie l'application des procédés imaginés par M. Beugniot, et que nous avons fait connaître. A cet effet, les boudins des roues des essieux du milieu de chaque groupe, c'est-à-dire le deuxième et le cinquième de l'ensemble de la machine, furent réduits d'épaisseur. Le jeu des quatre autres essieux fut porté de 30 à 46 millim., mais ils furent réunis par un balancier horizontal qui oblige chaque essieu à se déplacer à droite quand son conjoint se déplace à gauche, et inversement.

Grâce à ces dispositions, les boudins des 6 paires de roues se déplacent facilement et s'inscrivent dans les courbes.

La locomotive ainsi modifiée a fait, comme le déclare M. Petiet, dans une Note publiée le 21 janvier 1864, pendant 8 jours, tout le service de Chauny à Saint-Gobain, et elle a circulé dans la courbe de 80 mètres de rayon, sans plus de difficultés que les machines de fortes rampes à 4 essieux couplés, affectées habituellement à cette exploitation.

Depuis le commencement de l'année 1864, dix machines à marchandises à 4 cylindres ont été mises en service régulier, et elles traînent à la vitesse de 20 kilom. à l'heure, 45 wagons chargés à 10 tonnes. L'expérience indiquera si l'usure des bandages et des organes de ces grandes machines est plus rapide que celle des machines ordinaires : mais dans l'état actuel de la question, on doit considérer la machine à 4 cylindres comme répondant parfaitement au programme que s'était tracé M. Petiet, et comme la dernière expression du progrès réalisé dans l'augmentation de la puissance des machines locomotives.

§ 7. — Machines pour les chemins de fer à petite voie. — Machines du mont Cenis.

Question de la voie étroite et de la voie large. — Nous n'avons pas à discuter ici la question de l'uniformité à conserver ou à abandonner dans la largeur des voies des chemins de fer.

Si pour toutes les lignes qui constituent le réseau d'un grand pays, la convenance de cette uniformité ne peut être mise en doute, nous reconnaissons que l'on peut invoquer des motifs sérieux en faveur de l'établissement de lignes secondaires à voie étroite, et, nous le répétons, sans examiner si on a eu raison de construire des lignes dans de telles conditions ; il suffit qu'elles existent pour qu'il y ait lieu d'étudier les machines qui leur sont destinées.

L'Exposition universelle de 1867 contenait des spécimens très-intéressants de ces machines à voie étroite.

Machine à voie étroite du Creuzot. — La machine à voie étroite du Creuzot est une machine-tender à 4 roues couplées à cylindres extérieurs. La machine exposée était faite pour une voie de 0^m,80 de largeur (mines de Blanzy); mais elle a été exécutée pour des largeurs variant entre 0^m,74 (mines de Sardaigne) et 1^m,08 (mines de Donchy); elle peut tourner dans des courbes de 15 à 20 mètres de rayon et gravir des rampes de 0^m,07 par mètre. Tout le mécanisme est extérieur et d'un entretien très-facile. Les dimensions principales de la machine sont les suivantes :

Surface de chauffe directe..	2^{mq},174
— tubulaire (75 tubes de 0,055). . . .	14^{mq},526
— totale.	16^{mq},500
Cylindres extérieurs, diamètre..	0,204
Course du piston.	0,560
Poids de la machine vide.	5,210^k
— en ordre de marche.	6,610

Les poids sont bien répartis : chaque essieu porte au maximum 3,400 kilog.

Charge des essieux des machines à petite voie. — Nous pensons que la machine exposée par le Creuzot répond à toutes les conditions du problème de la circulation sur les lignes à petite voie : grande facilité d'évolution dans les courbes de petit rayon; simplicité dans la construction; visite facile de toutes les pièces du mécanisme; enfin, charge sur l'essieu aussi faible que possible. A cet égard même, on a peut-être été trop loin, et les voies doivent pouvoir supporter plus de 3,500 kilog. MM. Boigues, Rambourg et Cie avaient exposé une machine pour voie étroite à 3 essieux couplés, et en ordre de marche chaque essieu portait environ 6 tonnes et demie. Cette limite nous paraît devoir être atteinte, mais nous ne saurions conseiller l'emploi de petites machines dans lesquelles les essieux moteurs sont chargés de 10 tonnes ; autant alors conserver la voie large et les machines ordinaires.

Machine du chemin de fer de Broelthal près Cologne. — Il existe aux environs de Cologne un chemin de fer à voie de $0^m,80$, de 20 kilom. de longueur, établi sur l'accotement d'une route vicinale dont il suit tous les contours, et exploité à l'aide de 2 machines locomotives de dimensions extrêmement réduites.

Les courbes de la route ont 38 mètres de rayon minimum ; les déclivités maximum sont de 0,0125.

Les machines, construites à Carlsruhe, sont à 6 roues couplées ; elles pèsent pleines $12^T,500$, ce qui donne $4^T,125$ par essieu (les rails ne pèsent que 15 kilog., mais les traverses sont espacées de $0^m,60$).

La grille a une surface de $0^m,84 \times 0^m,47 = 0^{mq},40$. Les tubes, au nombre de 75, d'un diamètre de $0^m,035$, ont une longueur de $1^m,70$.

Surface de chauffe directe.	$2^{mq},50$
— tubulaire.	$13^{mq},50$
Total.	$16^{mq},00$
Diamètre du corps cylindrique.	0,86
Tension de la vapeur.	7^{atm}
Diamètre des cylindres.	0,275
Course des pistons.	0,555
Diamètre des 6 roues motrices.	0,693
Écartement des essieux extrêmes.	2,014

Tout le trafic de ce petit chemin de fer est à la descente ; la machine traîne en service courant 28 wagons chargés à 5 tonnes, soit 140 tonnes de poids utile. La vitesse est de 15 kilom. à l'heure, réduite à 9 kilom. dans la traversée des villages.

Chemin de fer pour la traversée du mont Cenis. — Nous n'avons pas à juger cette entreprise au point de vue commercial. Seulement nous pensons qu'elle a été conçue dans des conditions extrêmement mauvaises. Le capital de construction sera

complétement perdu, et il est douteux que les recettes annuelles
payent les dépenses de l'exploitation. On a voulu vaincre trop
de difficultés à la fois : tracé défectueux, rampes excessives,
conditions de climat et de température très-rigoureuses, etc.
En abordant le problème plus simplement, en se donnant surtout un tracé moins sinueux, le système expérimenté au mont
Cenis aurait, à notre avis, des chances d'avenir, et en tout
cas les dispositions prises pour augmenter l'adhérence sur les
pentes fortes méritent d'être étudiées.

La route du mont Cenis entre Saint-Michel et Suze a une
longueur de 77 kilom. Sur la plus grande partie des deux versants la route a une pente comprise entre 70 et 80 millim. par
mètre; ce chiffre s'élève à 85 ou 90 millim. dans quelques
passages. Sur le versant français, la route se développe en lacets dont les courbes sont encore assez douces ; mais sur le
versant italien, les lacets sont très-raides et le rayon des
courbes descend à 10 mètres.

Le point culminant est à 2,125 mètres au-dessus du niveau
de la mer.

La société anglaise représentée par MM. Brassey, Fell et Cie,
a été autorisée à occuper, sur toute la route impériale, une
largeur de 4 mètres pour l'établissement d'une voie de 1 mètre
de largeur. Sur un grand nombre de points, la voie a dû être
placée en dehors de la route, notamment pour les courbes dont
le rayon minimum a été fixé à 40 mètres. Au sommet du versant italien particulièrement, on a abandonné complétement la
portion de la route dite des Échelles, et la voie Fell a été posée
le long d'un ancien tracé de la route.

La voie de fer établie, il fallait trouver un moteur capable de
la parcourir et de conserver une force suffisante pour remorquer derrière lui un train de quelques voitures. Avec des
rampes de 80 millim., aucune machine locomotive n'aurait pu
se traîner elle-même à des vitesses acceptables. M. Fell eut
l'idée de demander à un rail central saisi latéralement par des

roues tournant autour d'axes verticaux le complément de l'adhérence nécessaire au déplacement de la machine et du train. Cette idée d'un rail central n'était point nouvelle ; elle avait dès 1846 été présentée par M. le baron Séguier, plus peut-être comme un moyen d'attacher en quelque sorte la machine au sol et prévenir les déraillements que comme un moyen de franchir les fortes rampes.

Après plusieurs essais, M. Fell est arrivé à un type de machine locomotive à 8 roues savoir :

4 roues verticales porteuses accouplées et semblables aux roues ordinaires des machines ;

4 roues horizontales commandées par les mêmes pistons au moyen de bielles distinctes et pinçant entre elles le rail central.

Des ressorts règlent la pression de ces quatre dernières roues contre le rail central, et cette disposition assure à la descente un frein puissant.

Les machines Fell pèsent 21 tonnes : en supposant 1/6 pour le coefficient d'adhérence, elles peuvent exercer par leur poids seul un effort de traction de 3,500 kilog., en temps ordinaire.

Le train remorqué pesant 50 tonnes brutes, il faut pour remorquer machine et train un effort de 85 à 90 kilog. par tonne, soit 4,590 kilog. ; les roues qui compriment le rail central doivent donc fournir cet effort supplémentaire de 1,100 kilog., effort qui doit être beaucoup plus grand dès que par le brouillard ou la neige, ou les deux réunis, l'adhérence diminue.

Dimensions des machines du mont Cenis. — Les dimensions principales des premières machines construites pour le mont Cenis sont les suivantes :

Diamètre des roues porteuses.	0,712
— horizontales.	0,712

Surface de chauffe directe. . . . . $5^{mq},400$

— tubulaire. . . . . $54^{mq},400$

— totale.. . . . . $59^{mq},800$

Position des cylindres. . . . . intérieurs.

Diamètre des cylindres. . . . . $0^{m},406$

Course du piston. . . . . $0^{m},406$

Poids de la machine vide.. . . . . $18,500^{k}$

— en ordre de marche.. . . . . . . $22,500$

Les machines du mont Cenis fonctionnent depuis près de deux ans. Le service a été plusieurs fois interrompu par les neiges et par les accidents indépendants des machines ; l'usure de ces dernières est cependant rapide.

On a fait du reste à ces premières machines un reproche qui nous paraît sérieux : c'est la solidarité établie entre les roues porteuses et les roues horizontales. Quand la machine passe dans des parties de voie sur lesquelles, pour un motif ou pour un autre, on a supprimé le rail central, les roues horizontales tournent à vide et il en résulte une grande perturbation dans la machine. Il convenait, selon nous, d'avoir des cylindres et une transmission pour chaque espèce de roues. Cette disposition vient d'être réalisée dans quatre nouvelles machines construites par la maison Cail pour le chemin du mont Cenis et qui sont plus puissantes que les précédentes.

Les roues porteuses ont $0^{m},86$ de diamètre.

Les roues horizontales n'ont plus que $0^{m},50$.

La surface de chauffe totale est de 80 mètres carrés.

Les deux cylindres qui actionnent les roues porteuses sont à l'extérieur, les deux autres sont à l'intérieur.

Les poids de la machine vide et en ordre de marche sont respectivement de 21,500 et 25,500 kilog.

§ 8. — Chemins de fer avec plans inclinés. — Chemins atmosphériques.
Moteur Agudio.

Chemins de fer avec plans inclinés. — Nous n'avons pas à
décrire les dispositions adoptées pour la construction des chemins de fer avec plans inclinés ; nous devons seulement dire
un mot des moteurs employés : ces moteurs sont des machines
fixes.

Les plans inclinés les plus connus sont les plans de Liége ;
ils sont au nombre de deux rachetant chacun la même hauteur, 55 mètres, au moyen de la même longueur, 1,950 mètres,
et des mêmes pentes également réparties sur chacun d'eux, le
maximum étant de $0^m,030$ et le minimum de $0^m,014$.

Ils sont séparés par un palier de 550 mètres de longueur sur
lequel est placé le massif des machines qui desservent à la fois
le plan incliné supérieur et le plan incliné inférieur.

Les machines sont au nombre de 4 ; elles sont à basse pression et à balancier inférieur comme les machines de bateau ;
elles sont groupées deux à deux.

Chaque groupe agit sur un arbre parallèle aux voies et portant les poulies motrices à cinq gorges sur lesquelles s'enrou-
lent les câbles de traction.

La tension des câbles est réglée par un chariot roulant placé
en arrière du bâtiment, des machines, sur un chemin de fer
incliné qui tend à l'éloigner sans cesse du bâtiment ; un contre-poids de 7,000 kilog., qui peut se mouvoir dans un puits de
50 mètres de profondeur, retient en arrière le chariot de tension.

Toutes ces dispositions ont été parfaitement étudiées et les
plans inclinés de Liége ont joui d'une légitime réputation. Nous
pensons toutefois qu'il eût mieux valu employer des machines
à haute pression moins encombrantes que celles dont on a fait
choix.

Les progrès réalisés dans la construction des machines locomotives ne tarderont pas à rendre les plans inclinés de Liége sans emploi ; dès aujourd'hui (1870) ces plans ne servent plus aux trains de voyageurs : ceux-ci sont remorqués à la descente et poussés à la remonte par des locomotives ; les trains de marchandises seuls à la remonte se servent des câbles et de la machine fixe. A la descente des trains, on place devant la machine un traineau lesté par cinq voitures à voyageurs ou par quatre wagons chargés à cinq tonnes. L'emploi de la contre-vapeur dont nous parlerons dans le chapitre suivant supprimera dans un court délai tout cet attirail.

Plan incliné de la Croix-Rousse à Lyon. — Le mouvement de voyageurs entre la partie basse de la ville de Lyon et le quartier de la Croix-Rousse est incessant, et on a eu l'idée d'offrir au public un chemin de fer rachetant la différence de niveau considérable qui existe entre ces deux quartiers.

La longueur à parcourir est de 489 mètres seulement, mais la hauteur à franchir est de 70 mètres. On ne pouvait songer qu'à un plan incliné avec câbles ; le rail a été établi avec une pente de $0^m,1608$.

Au sommet du plan incliné se trouvent deux machines à vapeur horizontales fixes de 150 chevaux chacune, destinées à se suppléer l'une l'autre en cas d'avarie.

Chaque machine fait marcher un tambour de $4^m,50$ de diamètre, sur lequel s'enroule le brin montant et se déroule le brin descendant : de cette manière on utilise le poids du train descendant pour la remonte du train montant.

La pression de la vapeur est de cinq atmosphères. La machine n'a ni condenseur ni détente variable : elle est, par conséquent, d'une extrême simplicité. Le changement de marche se fait avec une coulisse Stéphenson.

La consommation journalière est d'environ 5,500 kilog. de houille.

Durée d'un voyage : 2 min. 50 ; départ toutes les cinq minutes.

Le plan incliné de la Croix-Rousse a pu desservir un jour de fête un mouvement de 52,000 voyageurs.

On peut regarder son installation comme répondant complétement aux données mécaniques de la question.

Chemins de fer atmosphériques. — Nous ne parlerons ici que du principe même sur lequel repose l'idée du chemin de fer atmosphérique et de l'application qui a été tentée en France à Saint-Germain. Nous donnerons dans le chapitre XXI, consacré aux moyens d'utiliser et de transmettre les forces naturelles, quelques détails sur les moyens qui ont été récemment proposés pour l'emploi des fluides comprimés, air ou eau.

Principe du chemin de fer atmosphérique. — Le projet de lancer dans un tube fermé un piston entraînant à sa suite des marchandises a été formulé, il y a plus de soixante ans, par un ingénieur danois, qui pour avoir émis une idée aussi nouvelle a bien risqué de passer pour fou. Le raisonnement présenté par Medhurst était cependant inattaquable. En faisant le vide à une extrémité du tube, l'effort exercé par la pression atmosphérique était considérable et devait suffire à entraîner le piston.

Medhurst indiqua lui-même la possibilité de placer le chariot hors du tube et de le faire glisser à l'aide d'une tige reliée au piston à travers une rainure longitudinale fermée par une soupape. La difficulté était de trouver une soupape fermant hermétiquement et s'ouvrant rapidement pour laisser passer la tige reliée au piston. Cette soupape ne fut découverte que par MM. Clegg et Samuda, et appliquée par eux au chemin de Kingstown à Dalkey en Irlande, et au chemin de Saint-Germain aux environs de Paris.

Chemin atmosphérique de Saint-Germain. — Pendant plusieurs années le chemin de fer de Paris à Saint-Germain s'est arrêté au Pecq, et on considérait comme impossible de faire arriver les locomotives sur le plateau de Saint-Germain. Le succès du chemin irlandais de Dalkey à Kingstown détermina l'application du système atmosphérique, et une voie avec rampe de

55 millim. par mètre fut construite entre la plaine du Vésinet et le plateau de Saint-Germain.

L'expérience a été faite sur une grande échelle : elle a duré près de quinze ans, et tout l'appareil atmosphérique a été démonté pour faire place aux locomotives. Celles-ci franchissent aisément des rampes de $0^m,055$, surtout lorsqu'elles n'ont que des trains de faible poids à remorquer. On ne peut donc pas dire que l'expérience a été complète ; elle ne l'eût été que si on eût adopté pour la déclivité du chemin de fer une limite tout à fait inabordable pour les machines locomotives.

Le tube dans lequel marchait le piston propulseur avait un diamètre de $0^m,65$ et par conséquent une surface de 5,115 centimètres carrés. Les machines puissantes (elles représentaient 456 chevaux), qui faisaient la raréfaction de l'air en avant du piston, produisaient un vide qui atteignait 66 centimètres de mercure. On avait donc d'un côté à l'autre du piston une pression qui représentait plus de 8/10 d'atmosphère, soit au minimum 800 grammes par centimètre carré. Le train était ainsi sollicité par un effort de traction de 2,520 kilog. très-suffisant pour entraîner sur une rampe de 55 millim. un train de 50 à 60 tonnes marchant à une assez faible vitesse. Le diamètre du tube atmosphérique était trop faible, et si on recommence, ce que nous espérons, l'expérience de ce mode de propulsion des trains sur des rampes exceptionnelles, nous pensons qu'il conviendra d'augmenter beaucoup la surface du piston. Nous indiquerons dans le chapitre XXI les motifs qui conduiront peut-être à adopter un tube d'un diamètre assez grand pour que le train tout entier puisse être entraîné à la suite du piston propulseur.

Lorsque l'on s'est demandé si l'emploi du système atmosphérique expérimenté à Saint-Germain pouvait être généralisé et appliqué à une ligne de grande étendue, Paris à Lyon par exemple, la question de l'espacement des moteurs a donné lieu à une vive controverse. On a pensé que cet espacement ne devait pas excéder 5 à 4 kilom.; en insistant sur les difficultés que présentait dès lors entre Paris et Lyon l'installation de 125 à 150 grandes usines pour l'aspiration de l'air dans les tubes : on s'est demandé comment on pourrait assurer, dans des points déterminés en quelque sorte mathématiquement, la quantité d'eau nécessaire à la mise en marche de machines de premier ordre, vaporisation, condensation, etc. Les inconvénients que présenterait sur un chemin à grand trafic l'arrêt d'une seule machine eussent été tels que partout il serait indispensable d'avoir double moteur et double appareil de vaporisation. On a reconnu, en un mot, que sur de grandes longueurs l'installation d'une ligne atmosphérique entrainait des inconvénients sans nombre, une grande dépense d'abord, une chance considérable d'irrégularités ensuite. Posée dans ces termes, la question ne pouvait avoir d'autre solution, et pour avoir voulu trop demander au système atmosphérique, on l'a mal jugé. En limitant cette application à des cas particuliers, au passage d'un faîte exceptionnel, on reconnaîtra que le système atmosphérique présente sur les machines locomotives des avantages sérieux. Dans ce cas alors les dispositions autrefois employées à Saint-Germain deviendront le point de départ d'études nouvelles, et, à cet égard, elles méritent complétement d'être sauvées de l'oubli.

Locomoteur funiculaire Agudio. — Nous empruntons au rapport du Jury international de l'Exposition universelle de 1867 le résumé ci-après présenté par M. l'inspecteur général des mines Couche sur le système Agudio.

« Le système est fondé sur l'emploi des moteurs fixes et sur la transmission de leur travail au train au moyen d'un câble marchant à grande vitesse comme dans les transmissions télodynamiques (voy. chapitre XXI). — C'est en réalité une combinaison du plan incliné à câbles, de la locomotive et du rail central.

« Sans entrer dans des détails que ce rapport ne comporte

pas, il suffit de dire que ce système se résume en ces deux points essentiels :

« 1° Le brin descendant du câble est moteur comme le brin montant ; au haut de la rampe est placé un puissant moteur qui tire le brin ascendant du câble en même temps que le brin descendant est tiré en bas par un autre moteur. Ces moteurs peuvent être des machines à vapeur ou des machines hydrauliques qui utiliseraient les forces naturelles souvent sans emploi dans les vallées.

« 2° La vitesse de translation du câble est beaucoup plus grande que celle du train, de sorte que la tension et le diamètre du câble peuvent, par ce double artifice, être réduits autant qu'on le veut.

« Il est clair dès lors que le câble n'agit pas directement sur le train ; il faut un intermédiaire modifiant les vitesses du câble et faisant en outre agir les deux brins animés de vitesses contraires dans le sens de la progression du train. Cet intermédiaire est un véhicule spécial auquel le train est attelé, le *locomoteur*, représentant pour ainsi dire ce qui reste de la locomotive.

« Les tensions des deux brins du câble sont employées à imprimer à des poulies portées par le locomoteur une rotation autour de leur axe, rotation d'où dérive le mouvement de translation comme avec la locomotive.

« Le locomoteur est un poids mort comme la locomotive elle-même ; mais il y a une différence capitale, c'est que le locomoteur est un poids mort constant (10 à 12 tonnes), indépendant du poids du train et de l'inclinaison de la rampe, tandis que le poids de la locomotive croît rapidement avec les deux éléments. De plus, la puissance d'une machine locomotive est limitée par les dimensions restreintes de sa chaudière, tandis que celle de l'appareil de M. Agudio est presque sans limites. Avec une vitesse de 20 mètres par seconde et un effort de traction de 2,500 kilog. sur le câble, le locomoteur transmettra une force de 1,200 chevaux-vapeur et pourra remorquer des trains de 100 tonnes à la vitesse de 20 kilom. à l'heure sur des rampes de 0^m,100. Dans ces mêmes conditions, le poids utile remorqué par une machine locomotive serait presque nul. »

Le système Agudio a été expérimenté une première fois sur une partie abandonnée du chemin de Turin à Gênes, à Duisno près Villanova. Les poulies motrices du locomoteur se touaient sur un troisième câble fixe enroulé sur elles et tendu par un poids. Les expériences ont été satisfaisantes et ont fait concevoir l'espoir d'un succès dans une application définitive.

« Mais depuis, dit encore le rapport, M. Agudio a introduit dans son appareil un perfectionnement réel en empruntant à M. Fell le trait essentiel de son système, c'est-à-dire le rail central qui remplace le câble fixe sur lequel se touaient des tambours verticaux. Ce rail est saisi par les poulies motrices du locomoteur, placées horizontalement. Cela conduisait naturellement, et M. Agudio n'y a pas manqué, à utiliser aussi l'adhérence des roues qui est de 12 tonnes ; l'effort de traction appliqué au rail central est réduit d'autant.

« Cette combinaison des deux systèmes est assurément très-logique. Le locomoteur Agudio, dans lequel le poids mort est invariable, est par cela même d'autant plus avantageux que les rampes sont plus fortes, et le rail central a, de son côté, la propriété très-précieuse de se prêter à des moyens d'arrêt très-énergiques. »

§ 9. — Projets de machines locomotives présentés par diverses personnes, mais non encore exécutés.

Nous avons décrit, dans les paragraphes précédents, des machines toutes en service régulier ; il nous reste à parler de quelques machines qui sont restées à l'état de projet, mais qui ont

fait l'objet d'un examen attentif de la part de commissions ou
d'ingénieurs désignés par l'administration supérieure. Nous ne
saurions d'ailleurs entreprendre la discussion d'une quantité
considérable de projets émis, pour ainsi dire chaque jour, par
des personnes étrangères aux plus simples notions de la mécanique, et qui n'ont même pas une idée précise du problème à
résoudre. Souvent aussi les propositions nouvelles ne sont
qu'une reproduction, faite de bonne foi d'ailleurs, des procédés
essayés de 1812 à 1835, dans cette période d'expériences et de
tâtonnements dont nous avons indiqué les faits les plus saillants.

Machine de M. Lucien Barchaert. — La machine de M. Barchaert est une machine à 12 roues accouplées. Le problème dont
M. Barchaert a cherché la solution est le même que celui qui
s'est offert à l'esprit de M. Engerth, de M. Beugniot, en un
mot, de tous les ingénieurs qui ont voulu utiliser pour l'adhérence le poids du tender en même temps que celui de la machine, et qui ont cherché à transmettre aux roues du tender le
mouvement imprimé par les pistons aux roues de la machine,
tout en permettant à ces groupes de roues de s'infléchir et de
s'inscrire dans des courbes de rayon de plus en plus petit.

En ligne droite, en effet, la connexion des roues de la machine et des roues du tender ne présente, théoriquement au
moins, aucune difficulté; mais, il n'en est plus de même en
courbe, et la transmission ne peut plus se faire par des pièces
restant dans des plans parallèles. Nous avons déjà vu M. Engerth
essayer de réaliser la connexion par des engrenages au Sommering; puis, sur le chemin de fer de Steierdorf, par des bielles
agissant sur un faux essieu porté sur le premier essieu du tender par des tiges à boutons sphériques qui lui permettent de
s'élever ou de s'abaisser en restant horizontal. La combinaison
proposée par M. Barchaert repose également sur l'emploi d'un
faux essieu horizontal fixé au-dessous de la machine et pouvant
osciller autour d'un axe vertical passant par son centre. Ce faux
essieu, placé entre le groupe des 6 roues d'avant et le groupe

des 6 roues d'arrière, est terminé à chaque extrémité par un levier à deux branches égales oscillant dans un plan vertical, et dont les extrémités sont à leur tour réunies par une bielle articulée avec le manneton de la roue motrice de chaque groupe la plus voisine.

D'après ce mode de liaison, quand la machine est en marche, chacune des extrémités de ces leviers décrit, pour un demi-tour de la roue motrice, un petit arc de cercle, et quand elle est en ligne droite, les positions moyennes autour desquelles oscillent les balanciers sont verticales. Lorsque le système est en courbe, ces deux positions moyennes s'inclinent en sens contraire, en rachetant, par la somme des déplacements horizontaux de leurs extrémités, la différence des distances des essieux mesurées sur l'axe extérieur et sur l'axe intérieur.

La transmission du mouvement d'un groupe d'essieux à l'autre se fait par l'intermédiaire de ces balanciers oscillant autour de l'extrémité du faux essieu. Pour que ce faux essieu soit stable dans chacune des positions où l'entraîne la convergence des essieux, M. Rarchaert a doublé le système de connexion des deux essieux extrêmes de manière que le second système de manivelles soit à angle droit sur le premier.

Difficultés que présenterait l'accouplement de 6 essieux. — Géométriquement, la solution que nous venons d'indiquer est irréprochable, et plus simple peut-être que celle de M. Engerth expérimentée sur le chemin de fer de Steierdorf ; mais elle n'a pas reçu la sanction de l'expérience, et nous ne croyons pas utile de discuter les dispositions ingénieuses proposées par M. Rarchaert, pour résoudre pratiquement les questions que nous venons d'exposer. Si quelque chose est à critiquer, ce n'est pas la solution, c'est le problème proposé : l'idée d'accoupler 6 essieux ou 12 roues, n'est pas, selon nous, facilement réalisable.

En parlant, pour la première fois, de l'accouplement de deux essieux, pour utiliser une part plus grande du poids de la machine, nous avons fait ressortir comme condition capitale de l'accouplement la nécessité d'avoir des roues d'un diamètre toujours égal. Si cette condition est difficile à réaliser pour 4 ou pour 6 roues, comment la résoudre pour 12? Avec une machine neuve on obtiendra cette égalité; mais qui peut la garantir après un parcours de quelques milliers de kilomètres, avec une machine lourde circulant dans une série de courbes et de contre-courbes, et exposée à de vives réactions de la voie? Qu'un seul bandage soit altéré, et les onze autres devront être mis sur le tour, et la machine sera arrêtée plusieurs jours. M. Forquenot, au chemin d'Orléans, a admis 10 roues couplées, et il s'est bien rapproché de la disposition marquée par M. Barchaert; mais il s'est imposé l'obligation de marcher à des vitesses excessivement faibles, ce qui limite singulièrement l'emploi de la machine.

Dans les grosses machines du Nord, M. Petiet a repoussé la solidarité des 6 essieux et les a divisés endeux groupes indépendants. Nous allons retrouver cette division dans le dernier modèle qui nous reste à examiner.

Machine de MM. Meyer et fils. — MM. Meyer et fils, ingénieurs attachés à la Société des chemins de fer autrichiens, ont présenté le projet d'une machine locomotive contenant des dispositions toutes nouvelles, et que recommandait d'abord le nom de ces ingénieurs. M. Meyer est en effet l'inventeur d'un des meilleurs systèmes de détente variable qui existe, et, ainsi que le fait remarquer M. l'inspecteur général Couche dans un rapport très-intéressant qu'il a fait sur cette machine, le projet de MM. Meyer et fils occupe un rang tout à fait à part au milieu des conceptions que chaque jour voit éclore.

Nous empruntons au rapport de M. Couche les détails suivants :

« Le problème dont MM. Meyer et fils se sont proposé la solution est celui-ci : combiner une locomotive d'une puissance illimitée au besoin, portant son approvisionnement d'eau et de charbon, ayant le poids le plus faible possible par unité de puissance, c'est-à-dire par unité de surface de chauffe, supportée par un nombre d'essieux assez grand pour que la charge par paire de roues ne dépasse pas un maximum aussi peu élevé que l'exigera la constitution de la voie (9 à 10 tonnes pour les lignes principales, 7 tonnes pour les lignes secondaires construites avec des rails légers), utilisant tout son poids pour l'adhérence, sans cependant assujettir plus de 6 roues à un mouvement angulaire commun ; enfin ayant un entre-axe d'essieux parallèles assez restreint pour permettre la circulation facile de l'appareil dans des courbes de faible rayon : 150 mètres et même au-dessous. »

Un tel programme était évidemment aussi complet que possible ; MM. Meyer le réalisent en construisant un générateur considérable porté sur les trains articulés. Chaque train a une paire de cylindres faisant marcher les essieux accouplés par des bielles ordinaires. La vapeur est distribuée à ces cylindres par des tuyaux flexibles, de sorte que les trains articulés fonctionnent comme des machines attelées ensemble ; seulement, au lieu d'avoir une chaudière sur chaque train, on a une chaudière commune.

Rien ne semble limiter le nombre de ces trains et, par suite, la puissance de la machine, que pour cette raison MM. Meyer nomment *machine universelle*. Ces ingénieurs donnent, en effet, les dessins d'une succession de machines dont les dimensions vont toujours croissant, et ils considèrent comme possible la construction d'une machine à chaudière de 12 mètres de longueur environ portée sur quatre trains de 6 roues. On aurait ainsi une machine à 24 roues motrices.

Le mode d'attache de la chaudière cylindrique sur les trains, ainsi que la répartition des charges sur ces trains, est étudié avec soin, et, pour nous limiter à une machine à deux trains, l'avant-train porte les caisses à eau fixées solidement à ses bâtis, et l'arrière-train la soute à combustible, les agrès et le tablier du mécanicien également reliés à ses longerons. Les caisses, la soute et le tablier, d'une part, les cylindres, d'autre part, sont disposés de manière que le centre de gravité de chaque train tombe dans le plan vertical passant par l'essieu du milieu quand les provisions d'eau et de coke sont à moitié épuisées.

Pour l'établissement de la chaudière, il n'y a plus de châssis général ; elle résiste en vertu de sa propre forme. C'est, du reste, un des avantages du système proposé d'assurer la libre dilatation du générateur et l'invariabilité des lignes de montage. — L'avant de ce générateur repose sur l'avant-train par l'intermédiaire d'un pivot, support unique solidement fixé au centre de figure du train et dont l'axe se confond avec la verticale passant par le centre de gravité du train. L'arrière de la chaudière repose sur l'arrière-train par l'intermédiaire de deux pivots supports demi-sphériques, latéraux au foyer, placés au-dessus de l'essieu du milieu de ce train. Les axes de ces pivots se trouvent donc ainsi dans le plan vertical du centre de gravité de l'arrière-train. Quand la chaudière n'est pas en place, l'avant-train est plus lourd que l'arrière-train, puisqu'il porte les caisses à eau qui sont plus lourdes que le combustible et la soute ; mais lorsque la chaudière est placée, la charge des deux trains s'égalise, les supports étant placés de manière à reporter la charge sur l'arrière de la quantité nécessaire.

Pour la traction à grande vitesse et sur de très-fortes rampes, le système de MM. Meyer et fils serait également applicable. Cependant dans ce cas, l'accouplement de deux ou d'un plus grand nombre de trains n'est pas praticable ; alors, comme pour le type à deux trains de six roues couplées, la chaudière s'appuie sur les deux trains par trois pivots articulés, et les deux trains s'attellent entre eux et au convoi par deux barres. Dans chaque train de six roues, il y a une seule paire de roues motrices à grand diamètre, ce qui permet de doubler la puissance de la machine dans le cas particulier où nous nous sommes placés.

Toutes ces dispositions s'exécuteraient probablement sans de grandes difficultés ; une seule chose reste incertaine, c'est la distribution de la vapeur à l'aide d'organes essentiellement mobiles.

MM. Meyer et fils ont proposé pour cela trois systèmes différents :

1° Un système entièrement métallique à emmanchement et à double rotule analogue au mode de communication autrefois employé pour la machine et le tender ;

2° Un système de tuyaux métalliques avec manchons en caoutchouc maintenus par des ressorts à boudins ;

3° Un système de tuyaux métalliques avec assemblage à rondelle en caoutchouc.

Nous n'analyserons pas les difficultés que présenterait chacun de ces systèmes, fuites dues à la pression de la vapeur, destruction du caoutchouc par la chaleur, etc., etc.; l'expérience seule pourrait prononcer d'une manière définitive à cet égard.

Depuis que les lignes qui précèdent ont été écrites, MM. Meyer et fils ont fait construire une machine de leur système dans les ateliers de Fives-Lille. Cette machine, nommée *l'Avenir*, se compose de deux trains de quatre roues chacun couplées deux à deux ; les dimensions principales sont les suivantes :

Diamètre des roues.	$1^m,500$
Nombre des tubes.	200
Longueur des tubes.	$4^m,825$
Surface de chauffe totale.	$152^{mq},55$
Cylindres.	extérieurs.
Diamètre des cylindres.	$0^m,540$
Course des pistons..	$0^m,500$
Poids en ordre de marche..	$47,667^k$

Les poids se répartissent de la manière suivante d'après un pesage fait au chemin de fer du Nord : 11,889 kilog.,

11,452 kilog., 12,564 kilog., 11,762 kilog., ce qui revient toujours à la limite de 12 tonnes par essieu.

Dans les expériences faites au Nord, la machine *l'Avenir* a traîné 645 tonnes de poids brut à une vitesse de 20 kilom. à l'heure sur des rampes de 5 millim. Elle démarre facilement et a pu à faible vitesse circuler sur une courbe de raccordement de 47 mètres de rayon.

Dispositions essayées sur la Wiener-Neustadt au concours du Sömmering. — Nous venons de voir MM. Meyer et fils répartir le poids de la chaudière sur des trains isolés transformés en autant de machines indépendantes. Cette idée avait été proposée par les constructeurs d'une des machines du concours de Vienne, *la Wiener-Neustadt*. Cette machine avait, en effet, un seul générateur porté par deux trains moteurs mobiles articulés entre eux et commandés chacun par deux cylindres extérieurs. Mais la chaudière, les caisses à eau et à combustible formaient un ensemble solidaire porté par un grand cadre spécial, composé de deux longerons et de nombreuses traverses, et pourvu, à chaque extrémité, de quatre patins plats reposant sur des tasseaux également plats, fixés aux châssis spéciaux des trains moteurs.

Les deux trains à quatre roues seulement s'articulaient autour de deux chevilles ouvrières placées en dedans des deux trains, vers le milieu de la machine. Deux autres chevilles solidaires des trains, et placées l'une à l'avant, l'autre à l'arrière de la machine, guidaient ces trains dans leur mouvement de convergence, en glissant dans des coulisses d'un rayon approprié fixées au grand cadre. Du reste, le mouvement des huit tasseaux des trains par rapport aux huit patins fixés au grand cadre fut d'une si grande amplitude, et le frottement qui résulta de ce mouvement si important, que la voie souffrit beaucoup et que l'effet utile du moteur fut considérablement diminué.

Envoi de la vapeur de la machine dans des cylindres placés

sur le tender ou sur les voitures. — Nous avons parlé de l'idée émise par M. Verpilleux d'utiliser le poids du tender pour l'adhérence, et nous avons indiqué les essais tentés, en ce moment même, sur le chemin de fer de l'Est pour la construction d'une machine avec tender moteur. M. Flachat a été plus loin encore. Dans une Étude publiée en 1859 sur les moyens de traverser les Alpes par un chemin de fer, il a émis la pensée d'utiliser pour l'adhérence, non plus seulement la machine et son tender, mais le train tout entier. Chaque véhicule est muni d'une paire de cylindres dans lesquels agit la vapeur produite par le générateur. Dans ces conditions, *il n'y a de limite au poids du train que la quantité de vapeur produite par le générateur.* Il y a bien une autre limite dont il importe de tenir grand compte, c'est la conservation de la force élastique de la vapeur. Entre la machine et le tender il n'y a qu'un faible espace à franchir, et la tension de la vapeur dans les cylindres du tender peut être sensiblement la même que dans les cylindres de la machine ; mais si l'on suppose un train de huit à dix voitures, la vapeur entre la machine et la dixième voiture aura à faire un grand parcours, et on risquera beaucoup de ne trouver que de l'eau chaude dans la dernière paire de cylindres.

Nous l'avons déjà dit, et nous le répéterons plusieurs fois encore, nous ne croyons pas que la machine locomotive actuelle soit la solution du problème de la traction sur les rampes fortes, c'est-à-dire sur les rampes de plus de 50 à 55 millimètres par mètre.

§ 10. — Emploi de la double traction. — Résumé général.

Solution de la question des rampes exceptionnelles par l'emploi de la double traction. — Nous avons fait connaître les recherches entreprises sur divers points de l'Europe pour

augmenter la puissance des machines, soit pour parcourir des
sections présentant des déclivités exceptionnelles, soit pour remorquer sur des sections à profil ordinaire des trains exceptionnellement lourds. Nous sommes arrivés ainsi à des machines ayant plus de 200 mètres carrés de surface de chauffe et
un poids adhérent de 56,000 kilog., répartis sur 4, 5 ou même
6 essieux.

Comme puissance de vaporisation, comme puissance d'adhérence, ne peut-on pas dire que ces lourdes machines sont la
représentation de deux machines ordinaires possédant déjà une
grande force?

Ne peut-on pas dès lors se demander s'il n'aurait pas suffi de
remplacer chacune de ces grosses machines par deux machines
ordinaires attelées ensemble à un même train? C'est ce qui
nous reste à examiner.

Constatons d'abord que l'expérience n'a pas prononcé d'une
manière définitive sur cette grave question. Si nous re-
gardons ce qui se passe sur les deux réseaux français en possession du plus fort trafic, nous voyons le chemin du Nord
donner la préférence aux machines exceptionnelles, tandis que
le chemin de Paris-Lyon-Méditerranée reste fidèle aux machines
de force moyenne, et déclare que la locomotive à 3 essieux mo-
dérément chargés suffit aux exigences de l'énorme trafic de la
ligne de Paris à Marseille [1].

Nous avons fait connaître le motif invoqué par l'éminent
ingénieur qui a construit les machines du Nord. Avec une seule
machine le poids mort du moteur est, par rapport au poids
utile remorqué, beaucoup plus faible que dans le cas où l'on a
recours à deux moteurs distincts. A ce point de vue, l'emploi

[1] Vraie à l'époque à laquelle M. l'inspecteur général des mines Couche la for-
mulait dans le rapport du jury de l'Exposition universelle de 1867, cette conclusion
n'est plus aussi nette aujourd'hui. La compagnie Paris-Lyon-Méditerranée, sans
admettre les grosses machines que l'on peut considérer comme la représentation
de deux machines ordinaires, fait construire des machines à 4 essieux accouplés
qui seront plus fortes que celles en service sur d'autres réseaux; nous en avons
décrit les dimensions principales.

d'une seule machine est préférable à celui de deux machines ; mais il reste à examiner si, dans les circonstances ordinaires du service, cette considération a une importance décisive.

Solution immédiate en cas d'accident. — L'emploi de deux machines est pour ainsi dire commandé dans des circonstances qui se présentent trop souvent encore dans l'exploitation des chemins de fer. La rupture d'un pont, d'une levée à la suite des inondations, nécessite la construction rapide d'une voie provisoire qui présente des conditions de tracé et de profil bien différentes de celles qui sont usitées dans la construction de la ligne. Il faut lancer les trains sur ces voies provisoires. Qu'arriverait-il si elles ne pouvaient être parcourues que par des machines de 200 mètres carrés de surface de chauffe et de 56 tonnes de poids adhérent ? Comme il n'existe qu'un très-petit nombre de ces machines, la circulation serait interrompue.

L'emploi de deux machines ordinaires répond à toutes ces difficultés, et, grâce à cette disposition si simple, si élémentaire, la circulation sur les voies provisoires est rétablie dès que le dernier rail est posé. Il n'existe, pour ainsi dire, pas de chemin de fer sur lequel cette disposition n'ait été adoptée ; nous n'en citerons que deux ou trois exemples.

Service entre Saint-Étienne et Terre-Noire. — Une œuvre considérable a été entreprise, il y a quelques années : le chemin de fer de Lyon à Saint-Étienne a été entièrement reconstruit pour ainsi dire sur place, sans interrompre un seul instant la circulation des voyageurs et des marchandises, lesquelles comprenaient le transport annuel de plus de deux millions de tonnes de houille.

Un succès complet couronna les efforts des ingénieurs sur tous les points, sauf sur un seul : la voûte du souterrain de Terre-Noire refaite pendant l'exploitation à travers un terrain coupé en tous sens par les exploitations des mines, s'est affaissée sur quelques mètres, et la circulation a été interrompue.

On ne pouvait songer à priver Lyon de combustible ; on ne

pouvait pas songer davantage à faire avec des chars un transport de masses semblables. On prit le parti de poser une voie provisoire franchissant la montagne avec des déclivités de $0^m,05$ par mètre, et pendant plus d'un an cette voie a été parcourue par tous les trains attelés à deux machines à six roues couplées.

Chemin de fer de l'Ohio. — Nous venons de citer l'emploi de deux machines pour circuler sur des voies établies à la suite d'un accident : nous indiquerons le même système suivi sur des voies construites provisoirement, en attendant l'exécution d'un ouvrage difficile et long, d'un souterrain à percer dans des roches dures par exemple.

Sur le chemin de fer central de la Virginie, sur la ligne de Richemond à l'Ohio, pour la traversée des montagnes Bleues, on a fait un tracé provisoire pendant l'exécution d'un souterrain de 1,500 mètres de longueur à ouvrir à travers des roches de trapp

Le plan incliné du côté de l'ouest a 5,426 mètres de long à répartir sur une différence de niveau de $157^m,20$. La pente moyenne est de $0^m,0422$ et la pente maxima de $0^m,055$.

Du côté de l'est, on a à descendre $185^m,90$ sur une longueur de 5,800 mètres. La pente moyenne pour ce versant est, par suite, de $0^m,0488$, et la pente maxima de $0^m,056$ sur 805 mètres.

Le rayon des courbes est en tracé ordinaire de $91^m,40$, et en courbe exceptionnelle de $71^m,50$, avec une pente de $0^m,0449$.

Le service régulier se fait avec des machines à 6 roues couplées de $1^m,06$ de diamètre, dans lesquelles les roues extrêmes sont reliées par des bielles articulées comme les machines Beugniot. L'espacement de ces roues extrêmes est de $2^m,74$, le diamètre des cylindres $0^m,418$, la course du piston $0^m,507$, le poids de la machine chargée 27,000 kilog. La locomotive traîne trois véhicules pesant ensemble 45 à 50 tonnes, avec une vitesse de 12 kilom. à l'heure à la montée, et de $8^k,85$ à la descente

Sur deux sections du chemin de fer de Baltimore à l'Ohio, on a marché dans des conditions encore plus surprenantes. Le tracé se composait de zigzags en rampe de $0^m,055$ et $0^m,064$, et avec des courbes de $91^m,50$, et il comprenait une voie provisoire en rampe de $0^m,10$ pendant le percement du souterrain de Ringwood.

On se servait pour la traction sur ces voies exceptionnelles de machines à 8 roues couplées, à essieux parallèles et fixes, à tender séparé, pesant pleines 27,000, kilog., le tender 13 tonnes. Le moteur pesait ainsi 40 tonnes et n'en remorquait que 13 à une vitesse de 15 kilom. à l'heure, sur la rampe de $0^m,10$.

Ces conditions étaient évidemment outrées ; mais elles montrent combien on a pu dépasser des limites considérées autrefois comme infranchissables.

Dans les deux cas qui précèdent, on marchait avec une seule machine quand la charge était faible, et on en ajoutait une seconde dès que la charge augmentait.

Rupture des attelages dans les trains fortement chargés. — Le nombre des accidents, au moins sur les chemins de fer français, est extrêmement faible comparativement au nombre immense de trains mis en marche chaque jour sur chaque réseau. On est arrivé à conjurer la plupart des causes de ces accidents, et on peut dire qu'il n'en reste plus que deux : le choc d'un train marchant lentement par un train marchant plus vite, et la rupture des attelages. On s'efforce de prévenir la première de ces causes par un ensemble de signaux et de prescriptions particulières ; mais, pour la seconde, si la force des attelages est augmentée, si le fer de première qualité est seul employé, si les secousses par l'interposition de ressorts sont diminuées, jamais on n'arrive pour cela à une sécurité parfaite, et la rupture des attelages dans un train fortement chargé reste une éventualité d'autant plus grave, que le profil du chemin à parcourir présente de plus grandes déclivités.

Emploi d'une machine en tête et en queue d'un train. — Le seul moyen de prévenir les accidents que peut entraîner la rupture d'un attelage dans un train gravissant une rampe, est de mettre une seconde machine en queue. Cette machine, agissant sur les attelages en sens inverse de la machine placée en tête, diminue considérablement les efforts que subissent les chaines ou les crochets d'attelage et dans le cas même où un de ces crochets vient à se rompre, elle retient la partie détachée du train et la pousse jusqu'au sommet de la rampe.

Préjugés à l'égard de l'emploi des machines en queue. — L'emploi des machines en queue des trains a été longtemps critiqué. On a supposé la première machine arrêtée par un obstacle quelconque, et on a dit que la seconde machine continuant à pousser les wagons les précipiterait sur la première, en les soulevant en dehors de la voie. Ces craintes sont sans fondement.

Les mécaniciens doivent d'abord marcher de concert, et si, pour une cause quelconque, le premier ralentit, le second doit immédiatement ralentir. Si le premier s'arrête, le second doit également s'arrêter ; d'ailleurs, sa machine sera impuissante à faire mouvoir le train augmenté du poids de la première machine rendue inerte.

Du reste, nous ne connaissons aucun accident dont les conséquences aient été aggravées par la présence d'une machine en queue. Cette machine a toujours été, au contraire, une ressource précieuse pour diminuer les retards qu'entraîne tout accident. On a bien des fois répété que la gravité de l'accident survenu le 8 mai 1842, sur le chemin de fer de Versailles (rive gauche), était due à la présence d'une machine en queue qui avait poussé les dernières voitures dans l'incendie allumé par les débris de la première machine, *le Mathieu-Murray*. Ce fait est complétement inexact, et nous croyons devoir reproduire ci-après une note rédigée par un témoin qu'on ne saurait récuser, le chef de gare de Versailles, M. Lamoninari, aujourd'hui chef du Mouvement de la compagnie du chemin de fer de l'Est.

Il n'y avait pas de machine en queue au train du 8 mai 1842 sur le chemin de Versailles (R. G.). — « C'est une erreur de croire que le train sur lequel a porté l'accident du 8 mai 1842 était terminé par une machine qui aidait les locomotives attelées en tête du train en poussant à l'arrière.

« J'étais, à cette époque, le chef de gare de Versailles (rive gauche); c'est moi qui ai composé et fait partir ce train et j'affirme qu'il n'était terminé et n'a été poussé par aucune machine. M. Perdonnet, alors administrateur de ce chemin, et qui se trouvait en ce moment sur le quai de départ avec moi, pourrait au besoin confirmer ma déclaration.

« Il n'était d'ailleurs nullement besoin de machine pour pousser ce train, le chemin étant en pente presque continue jusqu'à Paris. Cela est si vrai que je me souviens encore d'expériences faites sur des trains de voitures qui, dès qu'ils étaient abandonnés à eux-mêmes au sortir de la gare de Versailles, parcouraient seuls les deux tiers du chemin avant de s'arrêter.

« Ce qui a donné lieu à l'erreur précitée, c'est la présence, après l'accident, d'une des machines du train suivant qui, après avoir été longtemps arrêtée à distance par des signaux d'arrêt avait été envoyée en reconnaissance afin de juger s'il était possible d'espérer ou non un prochain dégagement de la voie. Cette machine accompagnée par M. Bricogne, actuellement ingénieur du matériel roulant au chemin de fer du Nord, a même été utilisée alors pour éloigner du lieu de l'accident les voitures formant l'arrière-train déraillé, voitures qui étaient intactes. »

« Le chef du Mouvement,

« Lamoninari. »

Emploi régulier des machines en queue des trains. — La solution que nous indiquons de placer une machine en queue d'un train qui doit gravir une rampe est du reste sortie depuis

longtemps des considérations théoriques, et elle est appliquée
en service régulier sur un grand nombre de points. La compagnie du chemin de fer de Paris à Lyon, depuis dix ans peut-être,
fait pousser en queue les trains chargés qui franchissent les
rampes de Blaisy entre Montbard et Dijon. Elle agit de même
sur les lignes d'Alais à la Grande-Combe, de Dôle à Pontarlier,
de Toulon à Nice, partout, en un mot, où le profil présente des
déclivités exceptionnelles. La compagnie des chemins de fer de
l'Est ne procède pas autrement dans des circonstances semblables, et même, sur un point de son réseau entre Givet et Char-
leroy, l'emploi d'une machine en queue a été l'objet d'une
prescription ministérielle.

RÉSUMÉ DES PARAGRAPHES PRÉCÉDENTS.

**Progrès considérables réalisés dans la construction des ma-
chines locomotives.** — On a plusieurs fois exprimé l'opinion
que depuis plusieurs années la machine locomotive était demeurée stationnaire et que les constructeurs se bornaient à reproduire sans changement appréciable des modèles anciens.
Le développement que nous avons donné à ce chapitre répond
à cette assertion.

Sans aucun doute, s'il s'agit des dispositions fondamentales
et constitutives de la machine, peu de progrès sont à espérer.
La locomotive est, avons-nous dit, une machine simple; lui
enlever son caractère de simplicité ne serait pas une amélioration. M. l'inspecteur général des mines Couche, que nous avons
déjà tant de fois cité et que nous citerons encore bien souvent,
a très-nettement précisé cette situation dans son rapport sur
l'Exposition universelle de 1867 :

« Tant que la machine sera fondée sur les mêmes principes,
tant qu'elle sera une des formes de la production du travail
par la combustion du charbon et de la transmission de ce tra-

vail par la vapeur d'eau, il est assez probable qu'elle ne recevra pas de modifications profondes. »

Mais, en dehors de la question de principe, on peut dire que depuis vingt ans les progrès les plus sérieux ont été réalisés dans la construction des machines.

Notons d'abord la spécialisation. Tous les besoins de l'exploitation ont été étudiés, et pour chacun d'eux, on a su trouver un type de machine parfaitement approprié; peut-être même a-t-on dépassé le but et convient-il mieux de se contenter de quelques types simples avec lesquels on pourvoit à tous les besoins du service, que de poursuivre la spécialisation dans ses dernières limites. Toujours est-il que la machine a su, avec une extrême flexibilité, se prêter à toutes les exigences du constructeur.

Au point de vue de la puissance, il suffit de parcourir les tableaux insérés dans les paragraphes précédents pour constater l'élévation parallèle de la surface de chauffe et du poids adhérent.

Au point de vue de la vitesse et de la stabilité, de la répartition du poids, on a obtenu des résultats inespérés.

Les machines de 1845 étaient timbrées à 5 atmosphères; elles le sont aujourd'hui à 9. Un tel changement n'a pu s'obtenir qu'à l'aide d'une perfection chaque jour plus grande dans les moyens d'assembler et de travailler la tôle. L'extrême rareté des explosions dans les machines locomotives démontre que cet excès de puissance n'est pas payé au prix d'une moins grande sécurité.

En abordant l'étude des organes de la machine locomotive et de ses consommations, nous constaterons la réalisation des progrès les plus sérieux :

L'ensemble du mécanisme chaque jour plus simple ;

La tôle de fer, le fer, la fonte elle-même remplacés par l'acier ;

L'alimentation rendue certaine :

Le frein à vapeur entré dans la pratique journalière de l'exploitation ;

Les garnitures de chanvre ou de minium remplacées par des garnitures métalliques ;

La stabilité assurée par une entente parfaite de la répartition des poids ;

La houille substituée au coke.

Nous trouvons enfin aujourd'hui la machine locomotive infiniment plus puissante, plus simple, moins chère de construction et coûtant beaucoup moins en service qu'il y a vingt ans ; et si cet immense progrès a été réalisé sans bruit, il n'en est pas moins incontestablement acquis à la fortune publique.

Question du moteur unique ou du moteur double. — Une 'question sérieuse divise cependant les ingénieurs. Si tous sont d'accord que l'augmentation de puissance ne peut être demandée qu'à l'augmentation en quelque sorte parallèle de la surface de chauffe et du poids adhérent ; si tous reconnaissent également que la limite de charge des essieux ne doit point dépasser la limite d'élasticité des rails ; si tous enfin admettent que la diminution du poids mort par rapport à la surface de chauffe est très-désirable, on doit constater une profonde divergence d'opinion sur la question de savoir s'il convient d'accumuler cette augmentation de puissance sur un moteur unique, ou s'il vaut mieux la répartir sur deux moteurs attelés à un même train, soit tous deux en tête, soit l'un en tête et l'autre en queue.

Les machines proposées par M. Engerth pour la traversée du Sömmering et, plus récemment, pour l'exploitation du chemin de Steierdorf, les machines Beugniot pour la traversée des Apennins, les grosses machines Engerth primitivement construites aux chemins de fer du Nord et de l'Est français, et enfin, en première ligne, les belles machines à quatre cylindres du chemin de fer du Nord français résument les idées émises par les partisans d'un moteur unique.

Les machines accouplées du chemin de fer de Turin à Gênes, l'emploi régulier de la double traction avec des machines ordinaires sur la plus grande partie du réseau français et sur la totalité du réseau anglais, répondent aux idées, à coup sûr plus modestes, des partisans du moteur double.

Nous avons, dans l'un des paragraphes précédents, montré combien l'emploi de deux machines placées, l'une en tête et l'autre en queue des trains, était la seule mesure capable de prévenir les dangers que présente la rupture de l'attelage de deux voitures. Cet avantage est loin d'être le seul.

Le relief des grandes montagnes présente presque toujours une très-grande différence dans les déclivités de chaque versant. L'un est très-court et très-abrupt ; l'autre, très-long et par conséquent moins escarpé. Un chemin de fer, tracé de chaque côté de cette montagne, présente donc d'un côté des courbes et des pentes extrêmement roides, et, de l'autre côté, un plan et un profil beaucoup plus favorables.

Souvent encore, un tracé doit sortir d'une vallée pour gagner un plateau d'une très-grande étendue ; on aura alors une rampe de 10 à 12 kilomètres suivie d'une partie relativement plane de 100 à 150 kilomètres.

Dans des conditions semblables, l'emploi d'un moteur unique, capable de trainer le train sur les parties en rampe, devient une gêne et une dépense sur les parties ordinaires. Avec deux moteurs, au contraire, on a un supplément de force qu'on utilise pour franchir le passage difficile, mais qui se repose et ne dépense plus dès qu'une seule machine suffit à la traction du train. Les anciens messagistes prenaient quatre chevaux de renfort pour franchir une côte ; mais, arrivés au sommet, ils les congédiaient et continuaient avec l'attelage ordinaire.

La question de la réparation des machines a une grande importance dans l'appréciation de l'emploi d'un moteur unique ou de deux moteurs. Avec un moteur unique, le plus léger accident, la réparation la plus ordinaire peut arrêter tout le service ; avec deux moteurs, au contraire, les réparations à faire à l'un d'eux n'empêchent point l'emploi du second. En se servant d'ailleurs des machines ordinaires pour les rampes exceptionnelles, on a toujours des machines en nombre suffisant ; en employant des machines spéciales, on peut être complétement arrêté.

L'un des ingénieurs piémontais chargés du service des rampes de Gênes, service installé depuis plus de dix ans, M. Biglia, déclare dans une Note publiée en 1863, à Turin :

« Qu'aucun ingénieur connaissant l'entretien et la réparation des machines ne pourra hésiter à donner la préférence, les autres circonstances étant égales, à un moteur composé de deux machines séparées de 26 tonnes chacune, comme celles des Giovi, sur une machine monstrueuse de 47 tonnes. »

Il est impossible de ne pas tenir compte de telles paroles émises après une expérience déjà longue.

On a, en faveur de la machine unique, invoqué l'économie de construction, l'économie de conduite, l'économie de consommation. Une seule de ces économies est bien prouvée, celle de conduite, mais nous l'apprécierons.

L'économie de construction est douteuse ; on a encore trop peu fait de machines de 50 à 56 tonnes pour connaître bien exactement leur prix de revient, et il n'est pas sûr que le prix du kilogramme de fabrication soit inférieur à celui d'une machine de 25 à 26 tonnes. A cet égard, intervient la considération que nous avons présentée sur la question des réparations, considération que nous trouvons exprimée avec une grande autorité par M. l'inspecteur général Couche :

« Deux machines distinctes peuvent être réparées et utilisées séparément ; quand l'une rentre aux ateliers, l'autre continue son service. Avec l'unité, une réparation paralyse tout le système, et, comme il faut bien assurer le service, il faut augmenter en conséquence le nombre des moteurs ; le parti pris de l'unité aboutit donc nécessairement à augmenter, toutes choses égales d'ailleurs, le capital affecté aux moteurs. »

En résumé, ce n'est pas le prix du kilogramme de machine qu'il faut considérer, c'est la dépense totale à faire, et elle paraît devoir être plus considérable avec les moteurs exceptionnels qu'avec les moteurs uniques.

L'économie de consommation est loin d'être authentique, et nous laissons encore ici la parole à M. Couche (*Rapport sur les locomotives Meyer*).

« Ce qui fait qu'un générateur est économique, ce n'est pas sa dimension absolue, c'est l'harmonie de ses proportions, c'est la relation entre les dimensions du foyer et la surface de chauffe, entre la longueur des tubes et leur diamètre. Il y a assurément une limite au-dessous de laquelle le volume de la chaudière ne peut pas s'abaisser sans accroissement de la consommation par unité de vapeur produite; mais tout indique que cette limite est loin d'être atteinte dans les machines ordinaires maintenant en usage, et, je le répète, on a souvent dit, mais on n'a jamais prouvé qu'une chaudière de 100 mètres carrés de surface de chauffe, par exemple, utilise moins bien le combustible qu'une chaudière de 200 mètres carrés. »

Nous trouvons la confirmation de ces considérations dans les chiffres publiés par M. Brühl, dans une *Étude sur les locomotives à marchandises de grande puissance.* (Paris, Lacroix, 1864.)

Les machines de fortes rampes du chemin de fer du Nord, qui comportent 176 mètres carrés de surface de chauffe, ont, dans un parcours de 550,000 kilom., brûlé $11^k,90$ de charbon tout venant par kilomètre; soit, par mètre carré de surface de chauffe, $0^k,0676$.

Les machines à 4 cylindres du Nord ont, avec 222 mètres carrés de surface de chauffe, et dans un parcours de 140,000 kilom., brûlé $16^k,5$ de charbon tout venant, soit, par mètre carré de surface de chauffe, $0^k,0733$.

Si l'augmentation de consommation eût été proportionnelle à l'augmentation de surface de chauffe, les machines à 4 cylindres n'auraient dû brûler que 15 kilog., tandis qu'elles en ont brûlé 16^k,5.

Au point de vue de la charge utile remorquée, on peut reconnaître dans le travail de M. Brühl des différences de même ordre.

Les machines de fortes rampes pour une consommation de 11^k,900 de tout venant remorquent 550 tonnes de charge utile ; soit 0^k,0540 par tonne.

Les machines à 4 cylindres, pour une consommation de 16^k,500 de tout venant, remorquent 450 tonnes de charge utile; soit 0^k,0562 par tonne.

La différence est faible, mais elle n'est pas à l'avantage de la plus grosse machine.

M. Brühl constate une économie considérable réalisée par les deux types de machines que nous venons de citer sur les locomotives moyennes du Creuzot, sur les locomotives Engerth, qui ont consommé, les premières 12^k,5, et les secondes 14^k,5 de grosse houille à 20 fr., tandis que le tout venant ne coûte que 15 fr. Toutefois, ici, interviennent d'autres dispositions réalisées dans les machines nouvelles, dispositions extrêmement importantes, mais, selon nous, indépendantes de l'augmentation de la surface de chauffe.

Reste l'économie de conduite : une grosse machine n'exige qu'un mécanicien et deux chauffeurs, tandis que l'emploi de deux machines exige deux mécaniciens et deux chauffeurs. Le moteur unique supprime donc un homme : mais quand nous étudierons la dépense de la traction, nous verrons que, sur un prix moyen de 0^f,900 par kilomètre de train remorqué, les frais afférents au traitement des chefs et sous-chefs de dépôt, des mécaniciens et des chauffeurs ne s'élèvent qu'à 0^f,144 ; la suppression d'un mécanicien sur quelques machines d'un grand réseau ne ferait donc qu'une économie bien secondaire.

Enfin, une dernière considération s'ajoute encore à l'avantage des machines de force moyenne attelées à chaque extrémité du train : c'est la résistance propre des attelages. Sur tout le matériel de voitures et wagons qui existe en Europe, les attelages n'ont qu'une force proportionnée à la puissance des machines actuellement en usage : si l'on venait à augmenter dans une grande proportion la puissance de ces machines, les attelages deviendraient insuffisants, et leur renouvellement entraînerait une dépense considérable, inutile cependant dans bien des circonstances.

Cette question si importante du choix à faire entre un moteur unique, puissant, et deux moteurs ordinaires, a fait l'objet d'une discussion très-intéressante, publiée dans les procès-verbaux de l'*Institution of mechanical Engineers* à Birmingham; nous en extrayons les conclusions suivantes :

« En Angleterre, l'usage de plus de 6 roues couplées dans une machine a été évité. Trois roues couplées sur une seule bielle paraissent donner une puissance suffisante et exiger un assujettissement de surveillance assez grand : on préfère suppléer à la puissance nécessaire dans certains cas par une machine additionnelle.

« Une base flexible roulante est indispensable, et deux machines ordinaires réunies l'une à l'autre travailleraient beaucoup plus efficacement et plus économiquement que les lourdes masses employées sur le continent. » (Rapport de M. D. K. Clarke, *Proceedings*, mai 1865, pages 102 et 105.)

Si l'on nous demande une conclusion, nous n'hésitons pas à la formuler. Nous admirons les grosses machines, mais pour la pratique de l'exploitation, nous donnons la préférence aux machines de dimensions moyennes.

La machine locomotive est-elle la solution du problème de la traction sur les rampes exceptionnelles? — Nous avons vu la machine locomotive se prêter avec une docilité merveilleuse à toutes les nécessités du service de l'exploitation des chemins de

fer ; nous l'avons vue supplanter le système atmosphérique et
remplacer les plans inclinés dans beaucoup de circonstances.
Mais il n'en faudrait pas conclure que la machine locomotive soit
le seul moyen à employer pour la traction des trains. Les chemins atmosphériques et les plans inclinés ne sont pas condam-
nés à tout jamais, et l'air comprimé employé pour le percement
du mont Cenis servira peut-être prochainement à remorquer
des trains.

On a déjà reconnu que sur les fortes rampes, quand les machines ont à employer une partie de leur force pour monter
leur propre poids, il y avait lieu de diminuer ce poids ; mais,
dès qu'on sera forcé d'admettre dans la construction des chemins de fer des rampes supérieures à celles acceptées jusqu'à
ce jour, c'est à d'autres moyens qu'il faudra demander la solution du problème de la traction, et à ce point de vue les machines
Petiet réalisent un progrès extrêmement remarquable. Toutefois, si les rampes augmentaient, il est une limite que le rapport du poids mort au poids utile ne saurait dépasser.

Nous ne saurions mieux caractériser la voie dans laquelle on
doit chercher le véritable progrès, qu'en reproduisant les conclusions formulées par M. Couche dans un rapport inséré aux
Annales des min s, au sujet des machines à 4 cylindres du chemin de fer du Nord.

« Abandonner la locomotive sans abandonner ses principes
fondamentaux, et notamment l'adhérence, chercher à augmenter
sa puissance, sa flexibilité, en utilisant son poids pour l'adhérence et en le répartissant sur un grand nombre de roues pour
ne pas trop concentrer la pression sur les rails ; diviser le mécanisme moteur et les roues en deux groupes indépendants ;
s'efforcer en même temps de ne pas dépasser pour l'inclinaison
des rampes la limite au delà de laquelle une machine ainsi
perfectionnée ne donnerait plus qu'un effet utile dérisoire :
puis, s'il est absolument impossible de se maintenir au-dessous
de cette limite, renoncer franchement à la locomotive et de-

mander à d'autres principes ce qu'elle ne peut plus donner ; pas plus et même moins sans l'intermédiaire de l'adhérence qu'en l'utilisant. »

Organisation immédiate d'un service de traction sur un réseau placé dans des conditions ordinaires. — Bien que le développement du réseau des chemins de fer français ne doive plus s'effectuer que progressivement par l'ouverture annuelle d'un certain nombre de petites lignes à trafic moyen, ou faible, pour de longues années, nous devons examiner un dernier problème qui peut se présenter en dehors de notre pays. Nous voulons parler de l'organisation immédiate d'un service de traction sur un réseau auquel nous donnerons 500 kilomètres de développement, et que nous supposerons tracé dans des conditions ordinaires de plan et de profil, c'est-à-dire avec des rampes ne dépassant pas $0^m,008$ ou même $0^m,040$ par mètre.

Nous n'hésitons pas à dire que l'ingénieur chargé du service dans les conditions que nous venons de désigner, pourvoira d'une manière complète aux besoins de l'exploitation en commandant 125 machines réparties approximativement de la manière suivante :

20 machines à grande vitesse du système Crampton :

> Roues de $2^m,10$ de diamètre,
> Surface de chauffe : 90 à 100 mètres carrés,
> Diamètre du cylindre : $0^m,40$,
> Course du piston : $0^m,55$,
> Poids à vide : 24,000 kilog.

60 machines mixtes à 4 roues couplées :

> Roues motrices de $1^m,70$,
> Surface de chauffe : 90 à 100 mètres carrés,
> Diamètre du cylindre : $0^m,42$,
> Course du piston : $0^m,56$,
> Poids à vide : 24,000 kilog.

55 machines à marchandises à 6 roues couplées :

>Roues de 1^m,30,
>Surface de chauffe de 110 à 120 mètres carrés,
>Diamètre du cylindre : 0^m,42,
>Course du piston : 0^m,60,
>Poids à vide : 26,000 kilog.

10 machines-tender ou de gare :

>Roues de 1^m,10,
>Surface de chauffe : 70 à 75 mètres carrés,
>Diamètre du cylindre : 0^m,40,
>Course du piston : 0^m,45,
>Poids à vide : 22,000 kilog.

En s'adressant à des constructeurs d'une honorabilité et d'une capacité éprouvées, en choisissant des modèles consacrés par l'expérience, en s'attachant de préférence aux formes simples, le chef de traction que nous venons d'improviser se placera immédiatement dans des conditions de sécurité et d'économie auxquelles on n'est arrivé aujourd'hui qu'au prix d'une longue expérience[1].

[1] Le nombre des locomotives sorties de chaque grand atelier de construction est aujourd'hui considérable. On remarquait à l'Exposition de 1867 les machines 1078, 1079, 1080 expédiées par le Creuzot, qui avait livré sa première machine en 1858. Ce grand atelier fournit à peu près 50 machines par an; il pourrait facilement en donner 100 à 120; plus de 2 par semaine. Les ateliers de M. Borsig, de Berlin, avaient envoyé la machine n° 2077.

CHAPITRE VIII

Caractère général de l'étude des organes des machines. — Nous avons, dans les trois chapitres précédents, essayé de faire connaître, au point de vue de l'ensemble, les principaux types de machines à vapeur. Maintenant nous devons, sans entrer dans des détails qui seuls comporteraient déjà un cours très-étendu, décrire les principaux organes des machines, en nous attachant plus spécialement aux organes des locomotives.

Sauf de rares exceptions, nous n'aborderons pas l'étude des dimensions à donner aux principales pièces.

Les ingénieurs des ponts et chaussées se trouvent dans la même situation qu'un grand nombre de chefs d'industrie : ils n'ont pas à faire le projet d'une machine, ils ont à en commander aux constructeurs, et le choix approfondi d'un modèle approprié à des besoins définis importe infiniment plus que l'étude détaillée d'une soupape ou d'un palier.

Les ingénieurs qui voudront se livrer aux études de détail et se rendre compte des dimensions de chacune des pièces qui composent une machine trouveront des renseignements très-complets dans de nombreuses publications, parmi lesquelles nous citerons :

Armengaud aîné, *Traité théorique et pratique des moteurs à vapeur;*

E. Flachat. *Navigation à vapeur transocéanienne;*

Fréminville, *Cours pratique de machines à vapeur marines;*

Gaudry, *Traité des machines à vapeur;*

Jullien et Bataille, *Traité théorique et pratique de la construction des machines;*

Le Chatelier, Flachat, Petiet et Polonceau, *Guide du mécanicien;*

Ledieu, *Traité élémentaire des appareils de navigation;*

Général Morin et Tresca, *des Machines à vapeur.*

Harmonie à conserver dans les formes générales d'une machine. — Dans tous les cas, si on arrive à l'étude détaillée des organes d'une machine, il faut calculer, avec le plus grand soin, la valeur des efforts qui sont demandés à chacun de ses organes. Il arrive souvent que les constructeurs perdent de vue la continuité de la transmission du travail, et quelquefois à la suite de pièces très-robustes on conserve des pièces très-maigres et très-grêles, bien que les unes et les autres transmettent les mêmes efforts.

On ne doit pas non plus craindre de donner de la masse aux pièces exposées à des vibrations : en agissant ainsi on n'augmente la dépense que dans de très-faibles proportions, et on se place dans des conditions excellentes de résistance et de stabilité.

Simplicité dans les dispositions adoptées. — Enfin, nous pensons qu'il importe à un haut degré d'adopter des dispositions générales d'une extrême simplicité. On a cessé de considérer comme des perfectionnements utiles des dispositions ingénieuses sans doute, mais dont la complication détermine une résistance intérieure absorbant une partie du travail moteur, et qui sont ainsi en définitive plus nuisibles qu'utiles. Aussi, après de longs tâtonnements les constructeurs les plus expérimentés reviennent-ils à des modèles qui ne sont que la réalisation pratique des idées théoriques les plus élémentaires.

Ajoutons que les machines à vapeur peuvent être quelquefois conduites par des ouvriers peu expérimentés. Il ne faut pas qu'elles soient exposées à la merci d'un ignorant ou d'un fou qui touchera à une pièce délicate et respectera un organe de forme simple et de dimensions robustes.

Sans doute on peut prévoir des exceptions à ces règles ou au moins à ces conseils ; on pourra expérimenter sur des machines des appareils délicats, analogues à ceux que présentaient, à l'Exposition universelle de 1867, quelques machines anglaises ou américaines, pour couper l'introduction de la vapeur ; mais nous pensons que ces appareils ne pourront être employés que dans des usines renfermant des ouvriers instruits et attentifs. Dans la plupart des cas, il vaudra mieux se contenter des machines simples.

§ 1ᵉʳ. — Chaudière et appareil de vaporisation.

Forme de la chaudière. — Les indications théoriques que nous avons données en parlant des chaudières des machines fixes s'appliquent évidemment aux chaudières des machines locomotives. On est d'ailleurs arrivé, en ce qui les concerne, à un type à peu près uniforme, un corps cylindrique contenant le faisceau tubulaire raccordé d'une part à la boîte à feu, d'autre part à la boîte à fumée ; la boîte à feu, comme son nom l'indique, contient le foyer.

L'ensemble de la chaudière d'une machine locomotive rentre donc complétement dans la catégorie des chaudières à foyer intérieur.

Nature du métal employé. — Les questions relatives au choix et à l'emploi des métaux qui entrent dans la construction des machines seront traitées dans le chapitre IX. Nous résumerons ici quelques indications sommaires relatives aux métaux employés dans les chaudières.

On n'a employé pour la construction des chaudières que trois substances : la fonte, le cuivre, la tôle.

La fonte est aujourd'hui rejetée d'une manière à peu près générale, elle se prête mal à la réalisation d'assemblages parfaitement étanches ; le coulage peut donner lieu à des inégalités dans le retrait constituant des tensions moléculaires intérieures qui préparent et déterminent des ruptures imprévues; enfin le défaut à peu près absolu d'élasticité de la fonte la rend impropre à un service qui comporte des variations de température incessantes et d'une grande amplitude.

La fonte est cependant adoptée par quelques inventeurs d'appareils à circulation rapide qui ne contiennent qu'une très-faible quantité d'eau à la fois et qui, à cause de la complication de leurs formes, ne peuvent être demandés qu'au coulage d'une matière liquide. Les chaudières sphériques Harrisson sont des chaudières en fonte; mais ces chaudières et toutes celles qui reposent sur des principes semblables sont en somme très-peu nombreuses et l'emploi de la fonte est exceptionnel, toutes les chaudières en fonte qui existent encore doivent être l'objet d'une surveillance particulière.

Le cuivre présenterait toutes les qualités que l'on peut désirer pour le métal d'une chaudière, ductilité, douceur, résistance à l'extension, facilité dans le travail ; malheureusement son prix élevé n'en permet l'emploi que dans des machines de luxe. Tandis qu'il faut payer le cuivre 5 fr. le kilogramme, on a de la tôle de fer pour 0 fr. 30 à 0 fr. 40, et l'industrie ne peut supporter de pareilles différences.

La tôle de fer ou d'acier est donc le métal universellement employé dans la construction des chaudières. Nous verrons qu'on peut l'obtenir à toutes les épaisseurs, la travailler, l'assembler d'une manière parfaite : il faut seulement rejeter d'une manière absolue les tôles aigres, c'est-à-dire les tôles qui se rompent brusquement sans accuser par un allongement et une déformation le travail auquel elles sont soumises.

Épaisseur des chaudières. — L'épaisseur qu'il convient de donner à une chaudière varie avec la pression qu'elle doit supporter. Cette épaisseur peut se déduire d'une formule empirique prescrite autrefois par l'administration supérieure :

$$(a) \qquad e = \frac{\frac{1}{2}\,DP}{277} + 0^{cm},5 .$$

e, épaisseur cherchée en centimètres ;

D, diamètre de la chaudière en centimètres ;

P, pression effective, c'est-à-dire la pression sous laquelle la chaudière doit travailler, diminuée de la pression atmosphérique ;

n, étant le timbre de la chaudière, $P = n - 1$;

Pour les machines locomotives la formule était :

$$e = \frac{\frac{1}{2}\,DP}{414} + 0^{cm},2 .$$

les quantités additionnelles $0^{cm},3$ et $0^{cm},2$ représentant l'excès d'épaisseur à donner pour parer aux effets de l'oxydation.

L'instruction ministérielle publiée en 1843 donnait pour calculer l'épaisseur des chaudières, la formule :

$$(b) \qquad e' = 1,8\,d'\,(n - 1) + 3 .$$

e' est exprimée en millimètres ; d', diamètre de la chaudière, en mètres.

Ces deux formules sont identiques, il suffit de rendre homogènes les termes de l'équation (a) et d'effectuer la division des coefficients numériques.

$$10\,e' = \frac{1}{2}\,\frac{100\,d'\,(n - 1)}{277} + 0,5$$

$$e' = \frac{500\,d'\,(n - 1)}{277} + 5$$

$$e' = 1,8\,d'\,(n - 1) + 5$$

L'instruction ministérielle donne les calculs faits pour les chaudières cylindriques de $0^m,50$ à 1 mètre de diamètre, et pour des pressions de 2 à 7 atmosphères.

Les coefficients 277 et 414 représentent la résistance par centimètre carré. Ces chiffres sont empiriques.

Clapeyron a fait ressortir, peut-être avec un peu de malice, la série de déductions qui ont conduit à l'adoption de chiffres si éloignés de ceux que l'expérience indique comme exprimant la résistance absolue du métal :

La résistance absolue par centimètre carré étant pour la tôle . . . . 4,600 kilog.
on a par suite de l'emploi des rivets, une diminution d'un tiers, soit. 3,066
Les alternatives de température basse et élevée engagent à diminuer ce chiffre d'un tiers. 2,034
La continuité de la pression conduit à ne prendre que 0,40 du chiffre précédent.   809
Dans la pratique, enfin, il est prudent de s'arrêter au tiers ou au quart, soit. . . . . 250 à 300

Toutes ces réductions opérées, et l'épaisseur de la tôle calculée sur ces résistances, il convient encore d'ajouter au chiffre indiqué par le calcul, 2 à 3 millim., pour tenir compte des altérations dues aux coups de feu et à l'oxydation qui en est la conséquence.

En résumé, les formules ne doivent être considérées que comme une indication : il est toujours prudent, dans la pratique, d'interroger les résultats de l'expérience.

L'extrême réduction d'épaisseur des tôles dans une machine locomotive n'offre d'ailleurs qu'un très-médiocre intérêt. Il entre dans la construction d'une machine ordinaire 5 à 6000 kilog. de tôle de 1 centimètre environ d'épaisseur. En réduisant de 1 millimètre on économisera 5 à 600 kilog., soit en argent 200 à 240 fr. Cette économie insignifiante peut compromettre la chaudière et toute la machine.

Dimensions principales des chaudières des machines locomotives. — Le tableau ci-après donne les dimensions principales des chaudières des machines que nous avons indiquées comme les types habituellement employés en service courant :

1. Machines à voyageurs (Crampton).
2.   --   mixtes.
3.   —   à marchandises.
4.   —   de gare.
5.   —   à huit roues couplées.

DÉSIGNATION DES DIVERSES PARTIES DE LA CHAUDIÈRE ET DE L'APPAREIL DE VAPORISATION	MACHINES A VOYAGEURS (CRAMPTON) 1	MACHINES MIXTE A 4 ROUES COUPLÉES 2	MACHINES A MARCHANDISES 6 ROUES COUPLÉES 3	MACHINES DE GARE 4	MACHINES A MARCHANDISES 8 ROUES COUPLÉES 5
1° BOÎTE A FEU.					
Longueur de la grille.	1.570	1.282	1.550	0.900	1.440
Largeur de la grille.	1.040	1.052	1.010	0.920	1.550
Surface de la grille..	1.425	1.549	1.565	0.840	1.914
Hauteur du 1er rang de tubes au-dessus de la grille.	0.560	0.797	0.812	0.600	0.766
Hauteur du ciel du foyer, au-dessus de la grille.	1.515	1.520	1.504	1.220	1.660
2° SURFACE DE CHAUFFE.					
Nombre des tubes.	177	180	197	157	275
Longueur des tubes.	5.615	5.462	4.250	5.565	5
Diamètre intérieur..	0.046	0.045	0.0455	0.045	0.0546
Épaisseur.	0.002	0.002	0.00225	0.0025	0.0022
Surface de chauffe..	93.550	88.092	124.89	62.00	186.688
Surface de chauffe du foyer.. .	7.000	7.777	8.02	5.04	9.708
Surface de chauffe totale.. . .	100.550	95.869	152.91	67.04	196.396
3° CHAUDIÈRE PROPREMENT DITE.					
Écartement longitudinal intérieur entre les parois du foyer et l'enveloppe.	0.086 à 0.066	0.075	0.08	0.086	0.10
Écartement transversal. . . .	0.077 0.066	0.070	0.075	0.086	0.10
Diamètre intérieur du corps cylindrique	1.260	1.258	1.554	1.116	1.500
Longueur intérieure du corps cylindrique.	5.550	5.565	4.175	5.240	4.885
Épaisseur de la tôle.	0.010	0.011	0.015	0.010	0.015

DÉSIGNATION DES DIVERSES PARTIES DE LA CHAUDIÈRE ET DE L'APPAREIL DE VAPORISATION	MACHINES A VOYAGEURS (CRAMPTON) 1	MACHINES MIXTES A 4 ROUES COUPLÉES 2	MACHINES A MARCHANDISES 6 ROUES COUPLÉES 3	MACHINES DE GARE 4	MACHINES A MARCHANDISES 8 ROUES COUPLÉES 5
Épaisseur de la tôle de la boîte à feu extérieure	0.012	0.012	0.012	0.012	0.015
Épaisseur du cuivre, du ciel et des parois latérales du foyer.	0.012	0.012	0.015	0.012	0.015
Épaisseur du cuivre de la plaque du foyer recevant les tubes, partie inférieure.	0.025	0.025	0.025	0.025	0.025
Épaisseur du cuivre de la plaque du foyer recevant les tubes, partie supérieure.	0.012				
Volume d'eau contenu dans la chaudière, avec $0^m,10$ d'eau au-dessus du foyer.	5.600	2.780	5.841	2.290	4.865
Volume de la vapeur dans la chaudière avec $0^m,10$ au-dessus du foyer.	0.850	1.164	1.518	0.815	1.490
Distance de l'arête supérieure du corps cylindrique au-dessus de l'eau avec $0^m,10$ d'eau au-dessus du foyer.	0.245	0.524	0.540	0.268	0.400
4° BOÎTE A FUMÉE.					
Longueur intérieure.	0.675	0.692	0.911	0.755	0.792
Largeur transversale. . . .	1.200	1.258	1.580	1.116	1.500
Hauteur.	1.200	1.258	1.580	1.116	1.155
Capacité.	0.765	0.86	1.562	0.717	1.558
Épaisseur de la plaque des tubes.	0.018	0.015	0.018	0.015	0.018
Épaisseur des parois latérales. .	0.010	0.011	0.010	0.008	0.015
5° CHEMINÉE.					
Diamètre intérieur.	0.400	0.400	0.4.0	0.550	0.440
Épaisseur de la tôle.	0.005	0.004	0.004	0.005	0.005
Hauteur au-dessus de la boîte à fumée.	1.950	1.650	2.009	1.980	1.417

En étudiant attentivement le tableau qui précède, on reconnaîtra la progression que nous avons tant de fois signalée dans l'augmentation de la puissance des machines :

Augmentation dans les dimensions de la surface de chauffe, tant que l'on n'est pas arrêté par les dimensions inflexibles de la voie ;

Augmentation de l'épaisseur du métal employé pour arriver à une résistance plus grande.

Diverses circonstances sont cependant venues depuis quelques années modifier cette tendance à l'augmentation des foyers et de l'épaisseur de la tôle ; nous voulons parler de la substitution de la houille au coke pour l'alimentation des machines et de la substitution de la tôle d'acier à la tôle de fer.

Nous examinerons complétement ces deux questions dans les chapitres suivants ; mais il importe de les mentionner dès maintenant, la première surtout ayant eu sur la forme des foyers une influence notable. La houille, en effet, ne peut, comme le coke, être amoncelée sur la grille, et il a fallu, sous peine de réduire la puissance vaporisatrice des foyers, agrandir la surface des grilles. Les foyers profonds ou plongeants ont été remplacés par les foyers non plongeants, et, pour leur conserver des dimensions suffisantes, on a dû les placer non plus entre les essieux extrêmes ou en porte-à-faux en deçà du dernier essieu, mais au-dessus de l'essieu, au-dessus même des roues, comme l'a fait M. Petiet pour les machines du Nord.

Faces planes de la chaudière. — La chaudière est, ainsi que nous l'avons dit, un corps cylindrique, mais qu'il est impossible de terminer par des surfaces hémisphériques comme on le fait pour les chaudières des machines fixes. On emploie des surfaces planes auxquelles il convient de donner une résistance suffisante. Du côté de la boîte à fumée on augmente l'épaisseur du métal ; du côté de la boîte à feu on entretoise d'une manière spéciale la face d'arrière de la chaudière, avec les parois du foyer. La construction de cette partie de la chaudière exige une attention particulière, et on a eu à déplorer des accidents, causés par la déchirure du métal au-dessus du niveau supérieur du foyer, au point où cessaient les armatures.

Boîte à feu. Emploi du cuivre. — La boîte à feu, formant le foyer des locomotives, se compose d'une boîte parallélipipédique renversée, et dont le fond inférieur ouvert porte la grille sur laquelle on place le combustible.

La boîte à feu est construite en cuivre rouge de première qualité ; on choisit habituellement la marque dite *corocoro*. Le cuivre ne s'use que très-lentement, et sans perdre sa ténacité et sa ductilité. Le fer, qui avait été adopté par plusieurs constructeurs, est aujourd'hui à peu près complétement abandonné ; ce métal s'altère très-rapidement au contact d'une masse de combustible, et il est trop exposé à recevoir des coups de feu qui diminuent sa résistance dans des proportions très-inquiétantes. Enfin un foyer en fer usé n'a plus aucune valeur, tandis qu'on peut retirer une somme très-appréciable des débris d'un foyer en cuivre.

La boîte à feu est habituellement construite au moyen de trois feuilles, l'une formant le ciel et les parois latérales, les deux autres les faces transversales. La plaque tubulaire est renflée dans toute la partie qui reçoit les tubes, et son épaisseur est d'environ 25 millimètres ; l'épaisseur du surplus de cette plaque, et celle des autres plaques, est de 12 à 15 millimètres. L'assemblage de ces plaques se fait au moyen de rivets en fer.

Entretoises du foyer. — La boîte à feu est attachée à l'enveloppe extérieure en tôle de la chaudière au moyen d'entretoises en cuivre rouge, filetées de 25 millimètres de diamètre environ et espacées de 100 millimètres d'axe en axe. Les extrémités de ces entretoises sont rivées à l'extérieur et à l'intérieur. Ce travail exige de grandes précautions, parce qu'il importe de ne pas ébranler les parties des vis engagées dans les épaisseurs de la tôle de la chaudière et du cuivre du foyer.

On a essayé de substituer le fer au cuivre pour les entretoises. Cette substitution n'a point été couronnée de succès, et on a constaté de fréquentes ruptures dans ces entretoises en fer. Une locomotive qui a fait explosion il y a quelques années, accident heureusement fort rare, avait des entretoises en fer forgé, et en démontant la machine on a trouvé qu'un grand nombre de ces pièces étaient brisées. On n'a pas donné de ce fait une explication bien satisfaisante, et, comme il arrive souvent en pareil cas, on a songé à faire intervenir l'électricité. En fait, les entretoises en cuivre elles-mêmes, sont très-souvent brisées surtout dans la partie supérieure du foyer : la différence de dilatation des deux plaques de tôle et de cuivre, la fréquence de ces dilatations nous paraissent très-suffisantes pour expliquer ces ruptures qui deviennent très-dangereuses si elles portent sur plusieurs entretoises voisines les unes des autres ; dans ce cas, la face plane du foyer cesse d'être consolidée et peut céder sous la pression de la vapeur.

Il était extrêmement difficile de s'apercevoir, sans démonter le foyer, de la rupture des entretoises. Un ingénieur anglais a trouvé cependant un moyen très-simple de constater ces ruptures au moment même où elles se produisent : il suffit de percer chaque entretoise de bout en bout; s'il y a rupture, l'eau et la vapeur trouvent une issue et se dégagent à la fois à l'extérieur et dans le foyer. Pour éviter que chaque entretoise ainsi perforée de bout en bout serve à introduire de l'air froid dans le foyer, on bouche une des extrémités, et, en cas de rupture, l'eau et la vapeur se dégagent par l'extrémité opposée.

Armatures. — La face supérieure du foyer ne peut être habituellement consolidée de la même manière que les faces latérales. On emploie des armatures placées dans le sens de la moindre largeur du foyer et dont les extrémités viennent s'appuyer sur la tranche des parois verticales ; de forts boulons en cuivre, vissés comme les entretoises dans la feuille de cuivre, rattachent le ciel du foyer à ces armatures.

Les armatures sont habituellement formées de deux flasques ou entretoises en tôle, ayant la forme du solide d'égale résistance ; leur face inférieure ne repose pas d'une manière continue sur le ciel du foyer : on ménage une succession de vides, de manière à ne pas diminuer la surface de chauffe.

Pour diminuer la charge que le ciel du foyer ainsi entretoisé fait peser sur les faces verticales de ce foyer, MM. Cail et Cⁱᵉ, dans des machines nouvelles, ont prolongé les entretoises sur des consoles rivées aux parois latérales de la chaudière. Il faut évidemment, pour que cette disposition soit possible, que les armatures soient transversales au foyer.

Causes de destruction des foyers. — La surveillance des foyers, la constatation de l'état des entretoises, constituent l'opération la plus délicate de l'entretien des machines.

Les foyers se détruisent :

1° Par des fentes qui rayonnent autour des entretoises, lorsque le cuivre est de mauvaise qualité ;

2° Par des bosses et des boursouflures dues à la pression de la vapeur ;

3° Par la rupture de plusieurs entretoises voisines, ou par l'agrandissement des trous d'entretoises, à la suite de plusieurs remplacements successifs de ces dernières ;

4° Enfin, par l'amincissement des feuilles de cuivre qui constituent le foyer ; la limite extrême de cet amincissement varie avec la qualité du cuivre employé.

La durée d'un foyer peut être évaluée à huit ans, qui correspondent à un parcours de 225 à 240,000 kilomètres.

Cadre du foyer. — On a étudié de nombreuses dispositions pour fermer, à la partie inférieure, l'espace qui subsiste entre le foyer et la chaudière ; on emploie aujourd'hui un cadre en fer forgé de fortes dimensions, dont les côtés transversaux servent de support à la grille.

Grilles fixes et mobiles. — La grille est destinée à soutenir le combustible, tout en laissant le passage à l'air nécessaire à la combustion. Toute grille se compose essentiellement de barres longitudinales, soutenues à leurs extrémités ; quand le foyer est très-long, on doit soutenir les barres à leur milieu, ou les diviser en deux parties.

L'espacement des barres du foyer dépend de la nature du combustible dont on peut disposer. Toutefois on tend chaque jour à employer les charbons menus; il faut dès lors rapprocher les barres autant que possible, et diminuer en même temps leur épaisseur.

Les barres sont placées longitudinalement, de façon que le mécanicien puisse en marche dégager le mâchefer qui tend à se former à la partie inférieure du foyer. Cette opération de *piquer le feu* se fait habituellement dans les moments d'arrêt du train, à l'aide de fosses disposées à cet effet entre les deux rails; mais il faut prévoir le cas où il y a lieu d'y recourir sans arrêter la machine. Tous les barreaux sont mobiles et disposés de manière à pouvoir être enlevés rapidement lorsque le mécanicien a besoin de jeter son feu. On avait, dans ce but, proposé des grilles à bascule, composées d'un cadre en fonte, mobile autour d'un de ses côtés; mais cette disposition a été abandonnée, et les grilles composées de barres indépendantes sont d'un usage presque universel.

Tubes. — Les tubes constituent l'organe essentiel de la chaudière de la machine locomotive, puisque seuls ils donnent le moyen d'avoir une surface de chauffe suffisante. Théoriquement, leur diamètre devrait être aussi petit et leur nombre aussi grand que possible, de manière à avoir la plus grande surface pour l'écoulement des gaz; mais l'expérience a promptement indiqué les limites qu'il convient de ne pas dépasser.

Le diamètre extérieur des tubes varie de $0^m,045$ à $0^m,050$, et l'épaisseur de leur paroi de $0^m,002$ à $0^m,0025$.

L'espace disponible entre les tubes ne peut sans inconvénient descendre au-dessous de $0^m,015$. Avec un plus faible écartement, on affaiblit la résistance de la plaque tubulaire, et le nettoyage de la surface extérieure de ces tubes devient presque impossible. Ce nettoyage a une importance considérable, car les tubes ont une grande tendance à se couvrir de sédiments calcaires, et si les tubes sont très-rapprochés, les sédiments se soudent l'un à l'autre et forment des masses extrêmement dangereuses.

Théoriquement encore, les tubes devraient avoir une longueur suffisante pour dépouiller de toute chaleur les gaz de la combustion; l'expérience n'a point, à cet égard, confirmé les résultats que l'on espérait obtenir de l'allongement des tubes. On a reconnu que la puissance calorifique des tubes diminuait très-rapidement à mesure que l'on s'éloignait de la plaque du foyer : à 4 mètres, cette puissance calorifique devenait presque nulle, il était dès lors sans intérêt de dépasser cette limite. Une autre considération, d'ailleurs, engageait les constructeurs à réduire la longueur des tubes : il ne fallait point dépasser la limite de courbure que les tubes pouvaient prendre sans fatiguer les points d'attache. Dans de très-longues chaudières, on a essayé de soutenir les tubes par une cloison intermédiaire, mais on a dû abandonner cette disposition; des sédiments épais s'attachaient à cette cloison, et nous avons vu des tubes presque neufs crevés au point où ils étaient attachés à la cloison et mis hors de service après un parcours très-restreint.

Emploi du cuivre jaune. — On emploie généralement des tubes en laiton ayant la composition suivante :

Cuivre rouge . . . . 68 à 70 p. 100
Zinc . . . . 32 à 30 —

On a reconnu que des tubes contenant 40 pour 100 de zinc et 60 de cuivre étaient trop mous et crevaient fréquemment sous la double influence de la pression et de la chaleur.

Ces tubes sont aujourd'hui fabriqués sans soudure.

Plusieurs constructeurs emploient les tubes en fer, qui coûtent beaucoup moins cher que les tubes en laiton; mais cette économie dans les frais de premier établissement serait compensée par une aggravation des dépenses d'entretien, et les partisans des tubes en fer sont en somme peu nombreux.

On expérimente, en ce moment, en Allemagne, des tubes en acier, fabriqués avec des fers de Styrie et d'une épaisseur moitié moindre que celle des tubes en fer. On reproche à ces tubes de tenir moins bien contre les plaques tubulaires que les tubes en cuivre ou en fer; la dureté de l'acier est, en effet, un obstacle à l'écrouissement partiel du métal sous la pression de la bague.

Pose des tubes. Viroles.—Les tubes sont fixés dans la boîte à feu et dans la boîte à fumée au moyen de viroles ou bagues en acier, cylindriques à l'intérieur, légèrement coniques à l'extérieur, et amincies au bout qui pénètre dans le tube.

La pose des viroles exige beaucoup de soin et doit être faite par des ouvriers exercés. On supprime souvent les viroles dans la boîte à fumée, pour éviter la petite saillie qui s'oppose au passage des escarbilles entraînées par les gaz; dans ce cas, on mandrine fortement le tube contre la plaque tubulaire.

Écrasement des tubes. — La rupture dés tubes en service est un accident très-fréquent; cette rupture est déterminée, soit par l'usure régulière des tubes qui arrivent à n'avoir plus une épaisseur en rapport avec la pression à laquelle ils doivent résister, soit par un échauffement et un ramollissement occasionnés par la présence de sédiments, soit, enfin, par les tiraillements et les ébranlements dus aux dilatations qu'éprouvent des corps si souvent échauffés et refroidis.

On peut remédier rapidement aux inconvénients qu'entraîne la rupture d'un tube, en plaçant des tampons à chaque extrémité, un tampon en fer dans la plaque de la boîte à feu, un tampon en bois dans la plaque de la boîte à fumée.

Usure régulière des tubes. Parcours kilométriques. États de service. — Le frottement occasionné soit par le passage des gaz, soit par celui des escarbilles entraînées, détermine une usure régulière et assez rapide des tubes; l'entretien et le remplacement de ces tubes sont une des plus fortes dépenses de l'entretien des machines. Il faut apporter un soin extrême à leur réception, à leur nettoyage et à la constatation régulière du travail qui leur est demandé.

Quand une machine neuve entre en service, on dresse immédiatement une feuille destinée à constater les états de service de la tubulure, et sur laquelle on inscrit chaque mois les parcours effectués par la machine.

Dans la plupart des ateliers, les divers tubes ayant déjà servi sont divisés en catégories suivant leur épaisseur et le parcours déjà effectué. Un appareil spécial indique au moment du nettoyage des tubes le poids par mètre, et, par suite, leur épaisseur.

On s'applique à composer une tubulure de tubes de même âge; il serait évidemment inutile de mettre un tube neuf au milieu d'une tubulure arrivée à la moitié de sa durée probable. Quand un tube crève, on consulte les états de service de la tubulure, et on prend un tube ayant fait un service à peu près semblable.

Les tubes de première catégorie s'emploient pour les machines remises à neuf et présumées devoir faire un long service sans rentrer aux ateliers.

Les tubes des autres catégories s'emploient pour les remplacements; mais ceux de la dernière catégorie sont plus spécialement destinés aux machines de gare et aux machines qui n'ont pas à faire un service pénible.

Une bonne tubulure peut effectuer un parcours de 160 à 180,000 kilom. et durer cinq à six ans.

Tubes mobiles. — On a fait aux chaudières tubulaires un reproche : la multiplicité des surfaces métalliques, leur faible éloignement les unes des autres facilitent les accumulations de dépôts, et lorsque l'on est forcé d'employer des eaux de mauvaise qualité, les dépôts se forment dans les chaudières tubulaires avec une effroyable rapidité. On a quelquefois trouvé des parties du faisceau tubulaire comme empâtées dans un massif de béton calcaire.

Sur les chemins de fer on conjure ce danger, d'abord par la recherche d'une eau de qualité convenable, comme nous le dirons plus loin, mais surtout par des lavages et des nettoyages incessants.

On a proposé de rendre les tubes mobiles et de remplacer le mode d'attache, que nous avons décrit, par un mode d'attache à vis. Ce système paraît avoir donné de bons résultats, et une décision du ministre de la marine, en date du 16 juillet 1868, a prescrit l'emploi des tubes mobiles du système Langlois tant dans les constructions neuves que dans les refontes.

Les tubes du système Langlois du côté de la boîte à feu sont ajustés à la manière ordinaire par une bague, mais du côté de la boîte à fumée leur extrémité est renforcée par un raccord en bronze brasé avec lui et qui l'assemble avec la plaque de la chaudière par une vis à filets arrondis.

Accessoires de la chaudière. — Porte du foyer, trou d'homme, boîte à fumée, cheminée, capuchon, cendrier, grille pour arrêter les escarbilles, robinets de vidange, sifflets, etc.

Nous ne saurions entrer dans de grands détails sur ces divers accessoires de la chaudière : leur nom suffit pour en indiquer l'usage. Les ingénieurs trouveront dans l'excellent *Guide du mécanicien*, publié par MM. Le Chatelier, Flachat, Petiet et Polonceau, des détails très-exacts sur les dispositions adoptées pour chacun de ces accessoires.

Nous mentionnerons seulement une précaution indispensable à prendre lorsque l'on fait procéder à la visite intérieure d'une chaudière : il faut avant d'y faire descendre un ouvrier, s'assurer que le métal est refroidi et que la chaudière ne contient pas de gaz méphitiques.

Appareils employés pour arrêter les escarbilles produites par la combustion du bois et des lignites. — Les bois, les lignites, employés en Amérique et en Allemagne pour le chauffage des locomotives, donnent lieu à une production considérable d'escarbilles enflammées qu'il importe de retenir. On se sert pour cela de deux cheminées concentriques, l'une intérieure et cylindrique, l'autre extérieure et tronc-conique, la pointe du cône étant située en bas ; les deux cheminées sont recouvertes par un disque présentant à sa face inférieure des aubes courbes

analogues aux aubes des turbines. Les escarbilles lancées contre
ces aubes sont rejetées dans l'espace laissé libre entre les deux
cheminées, et les gaz s'échappent latéralement.

Cette disposition nuit au tirage, et dans les parties en fortes
rampes, que présentent plusieurs chemins allemands, on a dû
enlever un certain nombre des aubes dont nous venons de parler. La première condition à remplir pour une machine est de
marcher, et dans les contrées où l'on n'a à sa disposition que
des combustibles imparfaits, il faut se résigner à subir les inconvénients que peut entraîner leur emploi.

§ 2. — Appareils alimentaires.

Condition générale de l'alimentation. — La vapeur enfermée
dans une chaudière étant à une pression supérieure à la pression atmosphérique, l'eau et la vapeur s'échapperaient de la
chaudière par l'orifice destiné à recevoir l'eau d'alimentation,
si l'on n'exerçait pas sur cet orifice une pression supérieure à
la pression qui existe à l'intérieur. Tous les appareils alimentaires sont donc fondés sur l'emploi d'une pompe foulante ou
de toute autre disposition réalisant une différence de pression.

Dans les chaudières qui n'emploient pas la vapeur à plus de
2 ou 3 atmosphères, on a proposé l'emploi de réservoirs placés
à 30 mètres au-dessus du niveau de l'eau ; mais cette disposition, très-rarement réalisable, ne se prête point aux augmentations accidentelles de pression dans la chaudière ; elle est bien
plus théorique que pratique, et on a été obligé, même dans ce
cas particulier, de recourir aux pompes.

Pour les machines locomotives qui emportent tout avec
elles, on ne pouvait songer à employer autre chose que des
pompes ou des appareils de refoulement.

Pompes des machines locomotives. — Chaque machine locomotive porte ou plutôt portait deux pompes placées sur la

chaudière et en communication avec le tender par un tube flexible.

On a employé deux systèmes de pompes :

Les pompes à grande course commandées directement par les tiges des pistons ;

Les pompes à petite course commandées par des excentriques spéciaux ou par les excentriques de distribution de vapeur.

Les soupapes sont à boulet ou à clapet.

La soupape à clapet se compose d'un disque en bronze, présentant une partie conique qui repose sur le siége, et de quatre ailettes glissant à frottement doux dans la partie cylindrique qui termine la conduite d'aspiration.

La soupape à boulet se compose d'une sphère en bronze, creuse ou pleine, reposant sur un siége en bronze, tourné au contact, suivant une zone de surface sphérique. Le boulet est prisonnier dans une espèce de cloche à jour désignée sous le nom de chapelle, qui lui sert de guide et limite sa course.

On place deux soupapes de refoulement, l'une au-dessus de l'autre, afin de remédier aux avaries qui pourraient arriver à l'une d'elles. Dans ce cas, on place un tuyau d'épreuve venant prendre naissance entre les deux soupapes et muni d'un robinet d'épreuve.

Ce tuyau est en même temps un tuyau d'amorce et de purge lorsque l'air s'est introduit entre les deux soupapes, ou lorsque la soupape supérieure, mal fermée, laisse arriver la vapeur de la chaudière.

Tous ces organes étant constamment remplis d'eau, on doit les préserver avec soin de la gelée ; chaque hiver on avait à constater la perte d'un certain nombre de ces appareils brisés par la dilatation de la glace.

Le mécanicien doit apporter la plus grande attention à la manière dont se fait l'alimentation de sa machine ; une oreille exercée reconnaît au bruit des boulets sur leurs siéges si l'alimentation se fait dans des conditions normales.

Nécessité de la marche pour alimenter. — Les pompes étant commandées par le piston ou par les excentriques, on voit qu'une machine ne peut s'alimenter que si elle est en marche. Aussi dans les gares réserve-t-on une voie spéciale pour cette alimentation, ce qui augmente les sujétions de toute nature qui se présentent dans ces grands établissements.

Galets alimentaires. — On a cherché s'il ne serait pas possible de faire tourner les roues motrices sans que la machine avançât ; on a proposé l'emploi de galets alimentaires formés d'une paire de roues montées sur un essieu et placées au-dessous de la voie, de telle sorte que leur partie supérieure vienne affleurer avec la face supérieure des rails sur une longueur d'environ $0^m,15$ à $0^m,20$. On amène la machine sur ces galets et on la cale dans une position telle que ces roues motrices reposent uniquement sur les roues intercalées dans la voie.

En donnant très-peu de vapeur sur les pistons, les roues tournent sur place et les pompes fonctionnent.

Ces appareils ne peuvent servir que pour les machines dont les roues sont indépendantes. Il y a du reste danger à multiplier les trous dans les gares, et ce système des galets alimentaires a été abandonné presque aussitôt que proposé.

Petit cheval. — Une disposition adoptée sur une assez grande échelle dans les machines locomotives aussi bien que dans les machines de navigation, est celle désignée sous le nom de *petit cheval* ; c'est une pompe à vapeur, petite machine indépendante, accolée à la grande machine, et dans laquelle on envoie de la vapeur pendant les moments d'arrêt un peu prolongés.

L'emploi du petit cheval se serait beaucoup plus vulgarisé sans la découverte de l'appareil Giffard, dont nous parlerons quelques lignes plus bas.

Appareils alimentaires dans les machines fixes ou les machines de bateau. — Dans les machines fixes ou de bateau à balancier, les tiges des pompes alimentaires sont fixées directement en des points particuliers du parallélogramme de Watt, qui décrivent, comme le point d'attache du piston, des courbes à longue inflexion.

Dans les autres, on les relie par des excentriques à l'arbre moteur.

Alimentation intermittente. — On voit ainsi que l'alimentation est intermittente. Cette intermittence s'obtient soit en débrayant les organes qui commandent le marche de la pompe, ce qui n'est pas possible pour les machines locomotives, soit en arrêtant l'introduction de l'eau par un robinet placé sur le tender. La manœuvre de ce robinet permet de faire varier l'introduction de l'eau dans la machine. Quand le robinet est fermé, l'air s'introduit dans les diverses parties des pompes, et il faut avoir soin de lui donner une issue aussitôt qu'on recommence à alimenter.

Appareils automoteurs. — La régularité de l'alimentation est le premier besoin d'une chaudière, et l'interruption dans l'alimentation est la cause la plus fréquente des explosions. On a donc cherché s'il ne serait pas possible de rendre cette alimentation automatique et indépendante de la volonté du mécanicien. Malheureusement on rencontre dans un grand nombre de machines, et surtout dans les machines locomotives, une difficulté considérable : la dépense de vapeur est très-variable et l'alimentation doit suivre ces variations ; il est donc presque impossible d'en régler la marche à l'aide d'organes inconscients.

Limité même à des machines pour lesquelles la régularité est une nécessité, le problème de l'alimentation automatique présente de grandes difficultés. Si la vaporisation, par une négligence dans la conduite du feu, vient à se ralentir momentanément, un appareil automatique emplira la chaudière d'eau.

Nous ne conseillons donc pas l'adoption des appareils très-ingénieux, nous le reconnaissons, qui ont été proposés pour résoudre le problème que nous venons d'indiquer. Leur emploi peut entraîner le chauffeur à négliger la surveillance de l'alimentation, et, à notre avis, rien ne doit le distraire de ce qui constitue son principal devoir.

Injecteur Giffard. — Tous les procédés d'alimentation que nous venons de décrire ont été ou seront remplacés par l'appareil connu sous le nom d'*injecteur Giffard*. Cet appareil, d'une extrême simplicité, résout de la manière la plus complète le problème de l'alimentation aussi bien en marche qu'au repos, et, pour les machines locomotives, cette dernière condition a une importance capitale. Les grands dépôts contiennent aujourd'hui 50 ou 60 machines, et s'il eût été nécessaire de conserver des voies pour permettre à ces machines de s'alimenter en marchant, on aurait été entraîné à des dépenses excessives et à des manœuvres incessantes et toujours dangereuses dans une gare.

Aussi tous les chemins de fer ont-il adopté avec empressement l'injecteur Giffard : la compagnie d'Orléans seule a jugé utile de conserver une des deux pompes. Les ingénieurs de cette compagnie pensent que mieux que l'injecteur Giffard les pompes permettent une alimentation continue. En marche, les mécaniciens se servent de la pompe, au repos de l'injecteur Giffard, ou, pour parler le langage des ateliers, du *giffard*.

Les autres chemins de fer n'ont point partagé cette opinion, et sur tous les réseaux, tant en France qu'à l'étranger, l'alimentation se fait exclusivement avec des injecteurs.

Ces appareils ont été également adoptés pour les machines fixes et pour les machines de bateau, et la découverte de M. Giffard peut à bon droit être classée au premier rang parmi les améliorations réalisées depuis vingt ans sur les machines à vapeur.

La description des injecteurs Giffard existe aujourd'hui dans tous les traités de physique, nous ne la reproduirons pas ici. Nous ne donnerons pas non plus l'analyse des considérations nombreuses qui ont été présentées pour expliquer théoriquement le jeu de cet appareil singulier accueilli à ses débuts, nous en avons été témoin, par une complète incrédulité. La vulgarisation des notions sur l'identité de la chaleur et de la force permet aujourd'hui de comprendre comment un jet de vapeur, animé d'une vitesse de 5 à 600 mètres par seconde et ramené à une condensation partielle par son contact avec un jet d'eau froide, conserve une vitesse suffisante pour forcer une soupape et rentrer dans la chaudière en entraînant latéralement avec lui une quantité d'eau considérable, 20 à 30 fois le poids de la vapeur sortie de la chaudière.

L'appareil Giffard a déjà reçu de nombreuses modifications, ayant pour objet de rendre plus facile la mise en marche de l'appareil, de régulariser son débit, enfin de permettre l'emploi d'eau élevée déjà à une certaine température dans le tender.

La marche de l'appareil étant fondée sur le phénomène de la condensation d'un jet de vapeur sorti de la chaudière, on conçoit que si l'eau prise dans le tender est déjà chaude, la condensation s'opérera dans des conditions défavorables. Ainsi, avec les premiers injecteurs Giffard, il n'était pas possible de réchauffer l'eau du tender avec la vapeur perdue pendant les stationnements de la machine: les ingénieurs allemands avaient même vu, dans cette impossibilité d'utiliser cette quantité de chaleur, un motif de rejeter l'injecteur. Ils sont revenus de cette hésitation, tout en cherchant à combiner les deux avantages; on y est heureusement parvenu et les injecteurs employés sur les nouvelles machines de plusieurs chemins allemands permettent d'élever la température de l'eau du tender jusqu'à 50° ou 55°.

Perfectionnements apportés à l'injecteur Giffard. — Dans tous les grands ateliers, des améliorations de détail ont été apportées à la construction des appareils Giffard et, comme toujours, on a réalisé des améliorations en simplifiant les dispositions primitives.

Applications de l'injecteur Giffard. — Le principe de l'injecteur Giffard a été appliqué à divers appareils mécaniques appelés à rendre de grands services. Nous citerons entre autres le remplissage des tenders des machines locomotives, l'épuisement des eaux dans la cale des navires.

Ces divers appareils comprennent tous un tube amenant la vapeur terminé par un ajutage conique placé concentriquement à un second tuyau par lequel s'élance l'eau à élever. Si l'on pouvait régler la dépense de vapeur de façon que la température de l'eau élevée restât constante, on aurait réalisé la perfection de la transformation de la chaleur en force; mais si l'eau à élever doit être échauffée, il n'y a pas d'inconvénient à la laisser s'échauffer pendant son ascension même.

Une compagnie américaine, *Steam Syphon*, a pris des brevets pour le remplissage des tenders. La machine s'arrête devant un puits et lance de la vapeur dans un tuyau qui plonge dans ce puits et débouche sous un tuyau aspirateur. La vapeur condensée remonte avec l'eau du puits et se déverse dans le tender.

Cette disposition a été, il y a plusieurs années, employée avec succès en Espagne par M. Albaret, aujourd'hui un des premiers constructeurs de machines agricoles de notre pays.

Nous pensons qu'elle se vulgarisera en France, notamment pendant l'exécution des travaux et du ballastage sur des points où l'on élève des réservoirs provisoires péniblement alimentés avec des pompes à bras.

La question de l'épuisement rapide des eaux qui envahissent la cale d'un navire est une question de vie ou de mort pour ce navire. A cet égard, l'emploi direct de la vapeur pour l'aspiration de l'eau fournit un moyen d'une extrême énergie et en même temps d'une extrême simplicité, et les navires à vapeur ne tarderont pas à être tous pourvus de pompes d'évacuation.

§ 5. — Cylindres et pistons.

Cylindres sans enveloppe de vapeur. — Les cylindres des machines peuvent être simples ou à enveloppe de vapeur. Pour les appareils de petite dimension et pour les locomotives, les cylindres n'ont pas d'enveloppe de vapeur ; dans les grandes machines fixes et dans les appareils de navigation au contraire, l'emploi de la chemise de vapeur, *steam jacket*, a été considéré comme un perfectionnement considérable. M. Polonceau a tenté de réaliser cette disposition dans les machines locomotives ; mais l'exemple qu'il a donné n'a pas été suivi parce que l'on a trouvé que l'on s'écartait de la simplicité qui doit caractériser la machine locomotive.

L'épaisseur des cylindres n'est pas donnée par une formule ; il faut consulter à cet égard les résultats de l'expérience et ne pas oublier que la fonte peut contenir des soufflures et présenter des défauts qui altèrent singulièrement sa résistance. Avec une épaisseur de 20 à 25 millimètres on peut, malgré des alésages successifs, conserver un cylindre presque indéfiniment, tandis qu'il n'en est pas de même si l'épaisseur initiale n'est que de 12 à 15 millimètres.

Lorsque l'on emploie des cylindres de grande dimension, on fait venir de fonte des nervures qui rattachent le corps principal aux embases, on fait venir également de fonte la table sur laquelle s'ajuste le tiroir.

Pour les locomotives, les canaux d'admission et d'échappement de la vapeur sont coulés avec le cylindre qui comporte ainsi des difficultés de fabrication très-appréciables.

Nous n'avons pas besoin d'insister sur la nécessité de n'employer pour le coulage des cylindres que des fontes de première qualité. L'Exposition de 1867 présentait des cylindres de locomotive coulés d'une seule pièce en acier fondu dans les usines de Bochum en Westphalie.

Nous avons parlé des précautions à prendre pour empêcher le refroidissement de la vapeur. On recouvre le cylindre de feutre ou de laine et on enferme ces substances isolantes dans une seconde enveloppe en bois ou en métal. Le chemin de fer du Nord emploie pour cet usage une feuille de cuivre jaune. On a quelquefois placé les cylindres dans la boîte à fumée pour les machines locomotives, dans le dôme de vapeur pour les machines locomobiles.

Cylindres avec enveloppe de vapeur. — Les enveloppes de vapeur sont, nous venons de le dire, très-employées dans les machines fixes.

Trois dispositions ont été expérimentées :

1° Une double enveloppe en fonte est coulée en même temps que le cylindre proprement dit. Cette opération difficile au moulage ne parait pas présenter d'avantages sérieux ;

2° Un deuxième cylindre en fonte est emboîté sur le premier ;

3° Une chemise en tôle constitue la seconde enveloppe ;

Dans tous les cas, il faut ménager à la partie inférieure un robinet pour évacuer l'eau de condensation qui s'accumulerait entre les deux cylindres et provoquerait le refroidissement de la vapeur dans le cylindre principal.

Pistons ordinaires. — Dans les petites machines, le piston est formé d'une tige réunie à des plateaux pleins ou composés de segments métalliques.

L'ajustage de ces segments présente une assez grande difficulté. Le piston et le cylindre s'usent inégalement, et les garnitures de chanvre seules employées autrefois pour assurer la continuité du joint, résistent mal à l'action continue de la chaleur. La suppression de ces segments, qui ont été remplacés par un disque plein, a constitué une amélioration sérieuse ; elle est due à M. Ransbottom.

Piston Ransbottom. — Le piston Ransbottom se compose d'un piston creux métallique, d'un diamètre un peu inférieur à celui du cylindre. Des rainures sont ménagées à la circonférence du piston ; on place dans ces rainures une bague coupée, en acier, qui en se détendant comme un ressort de montre presse constamment contre la paroi du cylindre. Ce piston, employé en Suède en même temps qu'en Angleterre, est souvent désigné sous le nom de *piston suédois*.

Pistons des grandes machines. — Dans les grandes machines, les pistons se composent d'une table en fonte à la circonférence de laquelle on adapte des bagues en fonte ou en fer aciéreux.

On peut laisser au montage un peu de jeu entre le cylindre et le piston ; la dilatation du piston suffit pour fermer le jeu ; il se produit en outre un phénomène analogue à celui de la capillarité, et la vapeur s'introduit difficilement dans une fente circulaire étroite.

L'emmanchement de la tige et du piston proprement dit exige une certaine précaution. Il est de toute nécessité de laisser un excès de force à la tige du piston soumise à des actions énergiques et de sens variable.

Les garnitures en chanvre ou en coton peigné trempées dans du suif étaient seules connues autrefois. Elles sont complètement abandonnées aujourd'hui ; après un très-court usage, elles perdent leur élasticité et acquièrent la dureté du bois ; on ne s'en sert plus que dans les pompes à air des condenseurs.

Plusieurs ingénieurs allemands ont signalé les résultats favorables obtenus par le mélange de rondelles en toile à voile alternant avec des rondelles en caoutchouc vulcanisé. Ces rondelles étaient passées au laminoir et fortement serrées les unes contre les autres ; des boîtes ainsi composées ont marché plusieurs mois sans donner lieu à aucun entretien.

Fermeture des cylindres. — Les cylindres sont fermés par deux disques plats désignés sous le nom de *plateaux*, que l'on serre fortement à l'aide de boulons contre les rebords des cylindres. Dans beaucoup de machines fixes et dans toutes les locomotives, un des plateaux vient de fonte avec le corps du cylindre. Pour assurer la parfaite étanchéité, on interpose une substance plastique entre les plateaux et les rebords ; on a proposé le mastic de limaille de fer, le mastic de minium, les joints métalliques.

Mastic de limaille. — Le mastic de limaille ne nous parait pas pouvoir être employé pour la juxtaposition des pièces qui doivent être démontées ; bien préparé, il fait corps avec le métal et peut être buriné ; il convient donc de le réserver pour des joints dans des ponts métalliques ou pour tout autre assemblage permanent. Sa composition est très-variable ; on a employé les proportions ci-après :

Limaille de fonte.	1.000 grammes.
Fleur de soufre.	10 à 100 —
Sel ammoniac..	10 à 80 —

On gâche ces substances dans un mortier en y ajoutant de l'eau, ou de l'eau de mer, ou de l'urine.

On a également proposé un mélange de deux parties de limaille de fer passée au tamis fin, et d'une partie d'argile très-sèche bien pulvérisée, le tout pétri avec du vinaigre très-fort.

Mastic de minium. — Le mastic de minium adhère fortement aux surfaces sans les altérer. Il se compose d'un mélange par parties égales de céruse et de minium mouillées avec de l'huile de lin ; ce mélange est battu sur un billot jusqu'à ce qu'il puisse former sous la main de l'ouvrier de longs rouleaux. On l'emploie soit seul, soit avec des tresses de chanvre, soit en l'étendant sur des morceaux de toile métallique.

Joints métalliques. — On a employé avec beaucoup de succès des anneaux de cuivre rouge dont la section transversale offre des arêtes vives. Ces anneaux sont fortement comprimés par des boulons de serrage, et l'élasticité du métal est suffisante pour garnir tous les vides qui pourraient se produire dans ce joint. Quelquefois les anneaux de cuivre sont logés dans une rainure circulaire pratiquée sur la surface de chacune des brides à réunir; souvent on se dispense de cette rainure, et le cuivre est serré et écroué entre les faces lisses des brides.

Ce mode de joint est économique, bien que la dépense première paraisse supérieure à celle des joints en mastic; mais si l'on tient compte du temps employé par les ouvriers qui broient et battent les matières qui entrent dans la composition des mastics, si on ajoute ceci, qu'après emploi les vieux mastics n'ont aucune valeur tandis que les anneaux en cuivre conservent presque toute la leur, on arrive à reconnaître l'économie que nous annonçons.

La perfection, chaque jour plus grande, avec laquelle on fait l'ajustage des pièces d'une machine permet dans beaucoup de cas la complète juxtaposition des brides des tuyaux et des cylindres; on évite ainsi l'emploi de toute substance étrangère.

Joints métalliques dans des appareils de surchauffe. — Il est difficile de maintenir étanches les assemblages des conduites des appareils de surchauffe. M. Hirn a employé une disposition analogue à celle dont nous venons de parler pour les joints métalliques en cuivre. Dans les abouts des tuyaux de conduite et concentriquement à ceux-ci, on a creusé autour des entailles à section triangulaire de 6 millimètres de profondeur. Un anneau en fer doux, dont la section tranversale présente un rectangle, est logé dans les entailles des tuyaux qu'il s'agit de réunir, et six forts boulons serrés à refus écrasent les arêtes vives de l'anneau en fer contre les faces des gorges tournées dans les brides. Cet assemblage sans mastic dont nous empruntons la description au travail publié par M. Leloutre sur les machines surchauffées de M. Hirn, donne les meilleurs résultats et fonctionne depuis plusieurs années dans diverses machines alsaciennes.

§ 4. — Distribution de la vapeur. — Changement de marche. — Échappement.

Diminution du trajet que la vapeur doit p rcourir en re la chaudière et les cylindres. — Nous avons, en parlant d   machines fixes, fait connaitre les difficultés que présente la distribution de la vapeur, et qui se traduisent toujours par une perte de température, et, par conséquent, de pression dans le trajet de la chaudière aux cylindres. Nous n'avons pas besoin de dire que ces mêmes difficultés existent également dans les machines locomotives : le seul moyen d'atténuer ces pertes de pression a été de rendre aussi courte que possible la distance que la vapeur doit parcourir entre la chaudière et les cylindres.

Dôme de vapeur. — On sait toutes les conséquences fâcheuses de l'entrainement mécanique de l'eau par la vapeur : perte de combustible employé à échauffer cette eau, coups de bélier dans le cylindre, etc. Dans les machines locomotives on a cherché à obtenir de la vapeur sèche en surmontant la chaudière d'un dôme dans la partie supérieure duquel débouchait l'orifice du tuyau de distribution de vapeur ; avant de se précipiter dans ce tuyau la vapeur avait en quelque sorte le temps de s'égoutter et de laisser retomber les parcelles liquides qu'elle avait pu entrainer avec elle.

Les dimensions, peut-être exagérées, données au dôme ont conduit plusieurs ingénieurs à en discuter les avantages et à signaler les inconvénients qu'il présentait en faisant, par sa masse, obstacle à la vue du mécanicien. Dans les machines Crampton, le dôme a été supprimé et la vapeur s'accumule dans un tube longitudinal placé dans la partie supérieure du corps cylindrique et fendu lui-même selon ses génératrices supérieures ; mais ce tube à son tour a été supprimé et on a affirmé qu'il suffisait pour avoir de la vapeur sèche de donner à la chambre de vapeur un espace suffisant.

I.24

Aujourd'hui on semble revenir aux dômes, mais on atténue l'inconvénient qu'ils présentaient, en les plaçant près de la cheminée aussi loin que possible du mécanicien, dont ils ne gênent plus la vue.

Sécheur ou réchauffeur de vapeur. — On a proposé de sécher la vapeur, c'est-à-dire de déterminer la vaporisation de toute l'eau qu'elle peut avoir entraînée, en la faisant passer dans une enveloppe directement chauffée.

Introduite sur les machines fixes, cette disposition a donné de bons résultats ; mais sur les machines locomotives, elle n'est encore, ainsi que nous l'avons dit, qu'à l'état d'essai.

Le surchauffage de la vapeur n'a pas été non plus tenté sur les locomotives, la difficulté d'installer un surchauffeur dans un espace aussi restreint que celui dont on peut disposer paraissant presque insurmontable.

Dans les grosses machines récemment construites par le Nord, la vapeur est réchauffée par les gaz de la cheminée disposée horizontalement.

En tout état de choses, le problème de l'enlèvement complet de l'eau entraînée par la vapeur est un de ceux qui doivent encore préoccuper les constructeurs.

Régulateur. — Cette désignation de régulateur pour l'appareil dont il s'agit est assez mauvaise : car cet appareil ne ressemble point à celui qui existe sur les machines fixes, pour régler automatiquement l'introduction de la vapeur dans le cylindre.

Dans les machines locomotives, le régulateur est un appareil qui sert uniquement à la sortie de la vapeur de la chaudière.

Dans les machines à dôme, il se compose d'un tiroir plein, glissant sur une table dans laquelle sont percées des lumières qui forment l'orifice du tuyau de prise de vapeur, ou bien encore de disques à ailettes recouvrant par un mouvement circulaire un nombre égal d'ouvertures triangulaires. Ces disques sont désignés sous le nom de *disques à papillon*.

Dans les machines Crampton, on a une boîte en fonte placée à la partie supérieure du corps cylindrique de la chaudière et à l'extrémité située près de la cheminée. Elle est fermée à sa partie supérieure par un disque plat présentant à sa partie inférieure une tubulure communiquant, soit avec le tuyau de prise de vapeur, s'il en existe, soit avec la chaudière elle-même. Sur les faces latérales de la boîte, se trouvent deux orifices sur lesquels s'adaptent les tuyaux qui conduisent la vapeur aux cylindres.

Tiroirs et excentriques. — Bien que le tiroir des machines locomotives diffère peu de celui que nous avons déjà décrit pour les machines fixes, nous reprendrons d'une manière un peu détaillée la description de cette pièce si importante dans la distribution de la vapeur.

Le tiroir est une caisse renversée, en bronze, ayant un mouvement de va-et-vient sur une table faisant corps avec le cylindre, et dont les rebords viennent alternativement découvrir ou fermer les orifices d'introduction ou d'échappement de la vapeur.

Le tiroir se meut dans une boîte en communication directe avec la chaudière.

Sous le tiroir, et entre les deux lumières d'introduction et d'échappement, se trouve un autre orifice de même longueur, mais plus large que les autres, communiquant avec le tuyau d'échappement de la vapeur dans la cheminée.

Le mouvement combiné du tiroir avec la tige du piston est réalisé, dans toutes les machines à vapeur, par un excentrique calé sur l'essieu moteur, et enveloppé d'un collier qui commande le levier de distribution ou barre d'excentrique.

L'excentrique se compose d'une partie fixée sur l'essieu moteur qu'on appelle *poulie d'excentrique* et d'une partie mobile qui constitue le collier d'excentrique auquel s'attache la barre d'excentrique. La poulie d'excentrique est formée de deux pièces de fonte embrassant l'essieu et reliées au moyen de clavettes ou de goujons. Elle est calée sur l'essieu au moyen de clefs en acier ou de vis de pression.

Le diamètre des poulies d'excentrique dépend du diamètre de l'essieu et de la course du tiroir.

Les colliers sont composés de deux pièces qui se raccordent par contact suivant un plan diamétral, au moyen d'oreilles et de boulons de serrage.

Pour réunir la barre au collier d'excentrique, on termine ces deux pièces par de larges embases assemblées par contact au moyen de deux boulons fortement serrés ; on peut ainsi interposer entre les deux embases des épaisseurs de cuivre ou de fer, destinées à réparer des imperfections provenant de l'usure ou de la fabrication.

Les colliers d'excentrique sont habituellement en bronze : leur largeur est égale à celle des poulies. Leur épaisseur varie de $0^m,04$ à $0^m,07$.

Avance à l'échappement et à l'admission. — Théoriquement, lorsque le tiroir est au milieu de la course et le piston à l'extrémité de la sienne, les deux lumières doivent être fermées et recouvertes exactement par les deux épaisseurs des bords du tiroir ; en fait, il n'en est pas ainsi. Les pièces qui meuvent le tiroir sont soumises à des efforts considérables : tirées et poussées alternativement, elles prennent du jeu dans leurs articulations, et en supposant l'axe de l'excentrique considéré comme une manivelle calée à 90° sur la manivelle du piston, au bout de très-peu de temps le tiroir sera en retard. Il en résulte un double inconvénient : d'une part le piston, entraîné par le mouvement général de la machine fonctionnant comme volant, marche en faisant le vide derrière lui ; d'autre part, l'orifice d'échappement n'étant pas dégagé, la vapeur continuera à affluer contre le piston, et on aura un travail résistant au lieu d'avoir un travail moteur.

Avance angulaire et avance linéaire du tiroir. — On remédie à cet inconvénient en donnant de l'avance au tiroir : pour cela, il suffit de décaler l'excentrique d'un certain nombre de degrés, et on peut établir quelle doit être l'avance angulaire de l'excentrique, pour obtenir une avance linéaire du tiroir déterminée.

L'avance du tiroir, prévue d'abord pour remédier à un dérangement des pièces de la machine, a permis de réaliser une amélioration bien plus considérable : quand le piston est arrivé à l'extrémité de sa course, la vapeur qui vient de le pousser ne peut s'anéantir et disparaître instantanément, la lumière d'échappement ne se découvre que graduellement, et quand le piston reprend son mouvement inverse, il peut rencontrer derrière lui une contre-pression très-appréciable; il est donc d'un grand intérêt de démasquer l'orifice d'échappement avant la fin de la course du piston, de façon que la plus grande partie de la cylindrée se soit échappée au moment où commence le mouvement rétrograde. On obtient ce résultat en décalant l'excentrique et en l'avançant de plusieurs degrés, de manière à obtenir une avance linéaire à l'échappement, avance qui peut atteindre, ainsi que nous le verrons plus loin, 2 et 3 centimètres.

Compensation à l'aide du recouvrement extérieur. — En ne modifiant pas le tiroir, on aurait en même temps une avance à l'admission trop considérable, et s'il est bon d'en conserver une pour que la pression de la vapeur soit au maximum lorsqu'elle commence à affluer sur le piston, on ne saurait la faire égale à l'avance à l'échappement. Pour obvier à cette difficulté, on décale l'excentrique de manière à lui donner l'avance angulaire qui répond à l'avance à l'échappement désiré, et on élargit extérieurement les bords du tiroir par une pièce rapportée ou venue de fonte, et portant le nom de *recouvrement extérieur.*

L'avance à l'admission est toujours très-faible par rapport à l'avance à l'échappement.

On ménage un petit recouvrement intérieur, destiné à parer aux vices de construction, qui laisseraient les deux orifices d'admission et d'échappement communiquer pendant un court instant, au moment où le tiroir doit au contraire fermer hermétiquement ces deux ouvertures.

Emploi de la détente. — Nous avons déjà signalé les avantages de la détente pour les machines en général ; mais ces avantages sont bien plus grands encore pour les machines locomotives, qui ont à vaincre des résistances si variables. La différence des charges, suivant les nécessités du trafic, les variations dans le profil, les influences atmosphériques exigent pour la traction une intensité variable presque à chaque instant.

Détente fixe. — La détente a d'abord été réalisée dans les machines locomotives au moyen de modifications apportées à l'avance à l'échappement et à l'avance à l'admission. De nombreux tâtonnements ont eu lieu dans l'essai de ces modifications. Nous citerons les dispositions adoptées dans les premières machines du Nord, pour obtenir une détente après une introduction à pleine pression pendant les quatre cinquièmes de la course du piston :

Course du piston.	0.560
Course du tiroir.	0.100
Écartement des bords extérieurs des lumières d'admission.	0.196
— intérieurs.	0.116
Avance angulaire.	30°
Avance linéaire à l'admission.	0.005
— à l'échappement.	0.028
Recouvrement extérieur de chaque côté.	0.024
Recouvrement intérieur.	0.001

Ces chiffres donnent une idée des changements qu'il est possible de réaliser dans le mode de distribution de la vapeur tout en conservant les dispositions simples du tiroir.

Avec les chiffres qui précèdent on obtenait les résultats ci-après :

1° L'introduction de la vapeur commence un instant avant que le piston soit arrivé à l'extrémité de sa course, avant le moment, par conséquent, où il va commencer son mouvement rétrograde.

2° La vapeur est introduite à pleine pression pendant une partie de la course du piston égale à $0^m,438$.

5° La détente s'opère pendant le surplus de la course du piston, soit $0^m,122$.

4° L'échappement de la vapeur commence lorsque le piston a encore à parcourir $0^m,034$.

5° L'échappement est fermé et la vapeur se comprime derrière le piston sur une longueur de $0^m,042$.

Dans la machine ainsi réglée, la détente n'a lieu que pendant un cinquième de la course du piston $\frac{122}{560}$.

Détente variable. Inconvénients. Systèmes proposés. — Après avoir réalisé dans les machines locomotives la détente fixe, on a naturellement cherché à obtenir la détente variable, c'est-à-dire le moyen de faire varier pendant la marche de la locomotive la portion de la course du piston pendant laquelle la vapeur est admise à pleine pression.

Les constructeurs ont tout d'abord pensé qu'il suffisait d'introduire dans les locomotives les appareils de détente variable appliqués avec succès sur les machines fixes et notamment le double tiroir. Très-fréquemment répétés, ces essais n'ont pas été couronnés de succès ; on a reconnu que l'emploi du double tiroir donnait naissance à des résistances intérieures qui absorbaient une certaine partie du travail de la machine, et on courait ainsi le risque de dépenser plus de force que l'on n'en économisait.

Tous les appareils à détente variable ont donc été successivement abandonnés à l'exception de celui désigné sous le nom de *coulisse de Stephenson*, mais dont on ne peut comprendre le jeu qu'après avoir étudié les procédés mis en usage pour obtenir le changement de sens dans la marche des machines locomotives.

Nécessité de pouvoir changer le sens de la marche. — Dans toutes les machines à vapeur, il est utile de pouvoir faire marcher dans un sens ou dans l'autre. Mais dans les machines locomotives, cette condition est d'une indispensable nécessité. Les manœuvres à exécuter dans les gares exigent à chaque instant une marche en avant ou en arrière, et ce changement doit pouvoir s'exécuter pour ainsi dire instantanément.

Anciens appareils à fourche. — Le changement de marche des machines locomotives s'obtient en disposant sur l'essieu moteur un double jeu d'excentriques pour chaque cylindre, un pour la marche en avant, l'autre pour la marche en arrière. Le problème à résoudre consiste à mettre la tige du piston en prise avec l'un ou l'autre de ces excentriques.

Dans les anciennes machines, chaque barre d'excentrique était terminée par une fourche ou pied-de-biche, formant V, dont les branches ouvertes pouvaient à volonté prendre ou abandonner un bouton lié à la tige du tiroir. Chaque fourche se terminait au sommet du V par une cavité composée de deux parties, l'une, affectant la forme d'un demi-cylindre, ayant un diamètre exactement égal à celui du bouton qui s'y logeait, l'autre formée par les deux plans tangents à la surface de ce demi-cylindre, entre lesquels restait emprisonné le bouton. La fourche présentait une ouverture un peu plus grande que l'amplitude totale de la course du piston, afin que, lorsque le mécanicien changeait la marche, une des deux branches vînt toujours s'appliquer sur le bouton de la tige du tiroir ou du levier qui le commandait, quelle que fût sa position.

Coulisse de Stephenson. — La solution imaginée par Stephenson consiste à réunir les branches des V qui terminent les barres d'excentriques, et à leur substituer une pièce composée de deux lames parallèles entre lesquelles glisse le bouton attaché à la tige du piston ; cette pièce a reçu le nom de *coulisse*.

Les barres d'excentriques sont alors droites, et leurs extrémités viennent s'adapter aux extrémités de la coulisse. Cette dernière pièce, relevée ou abaissée avec les barres d'excentriques, comme l'étaient les barres à fourche, met la tige du tiroir alternativement en rapport direct avec l'excentrique de la marche en avant et l'excentrique de la marche en arrière, sans occasionner les chocs qui se produisaient dans l'ancien système, lorsque les fourches venaient saisir l bouton d'embranchement.

Le bouton qui était attaché à la tige du piston, dans les anciennes machines, est remplacé par une pièce mobile articulée au piston, mais qui glisse entre les deux guides de la coulisse et qui a reçu le nom de *coulisseau*.

Appareil de changement de marche. — Un système de pièces, constituant l'appareil de changement de marche, permet au mécanicien de mettre à volonté le tiroir en rapport avec l'excentrique de la marche en avant ou l'excentrique de la marche en arrière.

Ces pièces, dont nous empruntons la description au *Guide du mécanicien*, sont les suivantes :

a. — Le levier de changement de marche est placé à la portée du mécanicien et commande tout le système. Il est formé d'une barre mobile autour d'un axe de rotation fixé à la chaudière, ou mieux au châssis; à sa partie supérieure, il porte une manette qui en facilite le maniement. Le levier doit être assez long et le rapport des bras du levier assez grand pour qu'un homme puisse vaincre la résistance du tiroir, résistance provenant du frottement du tiroir sur la table. Pour mesurer le frottement du tiroir, on détermine la pression qu'il supporte à l'extérieur, sous l'action de la vapeur qui afflue dans la boîte du tiroir, et on en retranche la pression exercée à l'intérieur sur les parties qui sont en communication avec les lumières, par la vapeur qui s'introduit dans le cylindre et par celle qui s'en échappe.

b. — Le secteur est formé de deux barres de fer circulaires embrassant et guidant le levier, ou d'une seule barre conduisant encore le levier au moyen d'une douille ménagée dans celui-ci. L'un des deux arcs, ou l'arc unique, porte des encoches ou crans, correspondant aux points où le levier doit être arrêté. Le levier porte un verrou, pressé par un ressort et manœuvré par une tige, dont la poignée est juxtaposée à la manette du levier, et permet au mécanicien de manœuvrer le verrou en saisissant son levier.

c. — L'axe de rotation doit être placé sur le châssis plutôt que sur la chaudière, à cause des vibrations auxquelles il est soumis et qui pourraient altérer les rivures. La dilatation notable de la chaudière, à laquelle la barre de relevage ne participe pas, pourrait aussi amener des tiraillements nuisibles. L'axe de rotation est formé par un gros boulon. Il convient d'aciérer et de tremper cet axe, la douille qui l'embrasse et celle qui reçoit le boulon d'attache de la barre de relevage, ainsi que tous les boulons eux-mêmes, afin d'éviter aussi longtemps que possible toute espèce de jeu dans ces organes qui sont soumis à des vibrations incessamment répétées.

d. — La barre de relevage de la coulisse est une pièce plate en fer. Elle a de 2 à 4 mètres de longueur. Elle affecte d'assez loin la forme d'un solide d'égale résistance ; cette forme est exigée par la grande longueur de la pièce.

e. — L'arbre de relevage est une pièce très-importante. Il a de $0^m,05$ à $0^m,08$ de diamètre. Il est attaché fortement au châssis. Il porte quatre ou cinq leviers ; ces leviers sont ceux qui reçoivent l'action de la barre de relevage, ceux qui commandent les bielles de suspension des coulisses, et enfin ceux qui portent les contre-poids qui rendent stable la position donnée à la coulisse. L'arbre de relevage est solidement encastré à ses extrémités dans de larges paliers fixés aux longerons intérieurs des châssis et garnis de coussinets en fonte ou en bronze. On est arrivé par l'emploi du marteau-pilon à forger d'une seule pièce l'arbre de relevage et les tiges des leviers des contre-poids, évitant ainsi toute difficulté d'assemblage.

Divers modèles de coulisse. double. simple. renversée. — La coulisse double se compose de deux flasques qui embrassent le coulisseau ; ce mode de construction permet de faire correspondre exactement, soit pour la marche en avant, soit pour la marche en arrière, le coulisseau avec l'extrémité de la barre d'excentrique ; il permet aussi de suspendre la coulisse, soit au milieu de sa longueur, soit à l'une de ses extrémités.

La coulisse simple se compose d'une seule pièce attachée aux barres d'excentriques par des points situés au delà de l'espace parcouru par le coulisseau, et qui reste suspendue par l'une de ses extrémités.

Enfin, on emploie bien souvent une disposition désignée sous le nom de *coulisse renversée*; elle tourne sa convexité vers l'essieu moteur et sa concavité vers le tiroir. Elle est suspendue d'une manière fixe au bâti ou à la chaudière, et c'est le coulisseau, attaché à la bielle de commande du tiroir, qui se déplace sous l'action de l'appareil de changement de marche.

La coulisse renversée se prête mieux que les autres dispositions à l'emploi de la détente variable.

Application de la coulisse à la détente variable. — Lorsqu'à l'aide du levier de changement de marche, on relève soit la coulisse, soit le coulisseau, de manière que dans les deux cas le coulisseau de la tige du tiroir soit au milieu de la coulisse, les deux extrémités de ces coulisses sont sollicitées par les barres d'excentriques et oscillent autour du coulisseau qui demeure immobile. Alors le tiroir n'a plus aucun mouvement; il est au point mort.

Si au contraire le coulisseau est amené à une des extrémités de la coulisse, le tiroir a toute l'amplitude qui correspond à l'oscillation d'un des excentriques, et pendant toute la durée de la course du piston la vapeur afflue avec toute sa pression ; il n'y a pas de détente.

Entre ces deux extrêmes, les positions intermédiaires du coulisseau déterminent des variations dans l'amplitude du mouvement de va-et-vient du tiroir, et, par suite, des variations dans

la période d'admission de la vapeur, et, par suite encore, une
détente variable, c'est-à-dire précisément une solution simple
du problème primitivement posé.

Solution pratique de la question de la détente variable. — On
a tenté de soumettre à l'analyse l'étude des faits compliqués
que nous venons de mentionner et de déduire du calcul la
meilleure forme à donner à la coulisse, ainsi que la division des
crans du secteur. Les formules qui ont été produites ne nous
paraissent pas avoir une valeur pratique suffisante, et nous
pensons qu'il suffit, pour obtenir le meilleur règlement de la
détente à l'aide de l'appareil de changement de marche, de
prendre les résultats de l'expérience et des tâtonnements nombreux essayés par les constructeurs. Le *Guide du mécanicien*
donne plusieurs exemples intéressants de ce mode pratique de
règlement. Nous ne pouvons, comme nous l'avons fait plusieurs
fois, que renvoyer à cet excellent ouvrage.

Changement de marche à vis. — La manœuvre du levier de
changement de marche exige, de la part du mécanicien, un effort très-vigoureux et quelquefois même au-dessus des forces
de ce dernier. On a eu à déplorer de graves accidents survenus
au moment où, en présence d'un danger imminent, un mécanicien cherche à renverser brusquement la distribution : le levier désenclenché des crans du secteur est entraîné par le
mécanisme, se renverse et vient frapper violemment le mécanicien.

On doit considérer comme un perfectionnement très-sérieux
la substitution proposée par un ingénieur anglais, M. Kitson,
d'un changement de marche à vis à l'ancien changement à levier avec secteur à encoches. Avec la vis, l'action du levier est
continue et le mécanicien peut étudier la distribution de la
vapeur par variations pour ainsi dire infiniment petites, tandis
qu'il ne pouvait qu'obéir aux crans de distribution. En cas de
renversement de marche, il n'y a aucun choc à redouter et,
grâce à cet appareil, nous verrons, en parlant des freins à va-

peur, le renversement de marche devenir une manœuvre ordinaire et presque de tous les instants sur certaines lignes à profil accidenté.

Échappement de la apeur dans la cheminée. — Ainsi que nous l'avons dit, le phénomène de l'échappement de la vapeur dans la cheminée est complexe : la vapeur agit comme un piston qui chasse l'air devant lui, ou elle détermine un entraînement latéral de l'air de la cheminée ; dans tous les cas, il y a appel énergique de l'air à travers le foyer et augmentation de la combustion.

On a réalisé une amélioration importante en rendant l'échappement variable, ou plutôt en rendant variable la vitesse avec laquelle la vapeur s'échappe dans la cheminée. L'extrémité du tuyau d'échappement se compose de deux valves mobiles glissant entre deux surfaces planes : en rapprochant ces deux valves, l'orifice se rétrécit et la vapeur, obligée de passer dans le même temps, est lancée avec une grande énergie dans la cheminée ; en écartant les valves, au contraire, l'orifice s'élargit et la vitesse du courant de vapeur diminue.

En réglant son échappement avec soin, le mécanicien active ou ralentit la production de la vapeur, selon les besoin du service, et, avec la détente variable, il arrive à ne dépenser que la quantité de vapeur strictement nécessaire. Chaque cylindre dans une machine locomotive a son tuyau d'échappement. Tantôt ces deux tuyaux se réunissent immédiatement en un seul tube vertical qui traverse la boîte à fumée, tantôt ils sont attachés aux parois de la boîte à fumée et ne se réunissent qu'à la base de la cheminée : cette seconde disposition est préférée à la première, parce qu'elle ne masque pas les tubes et ne fait point obstacle à leur nettoyage.

Utilisation de la vapeur perdue par échappement. — Le jet continu dans l'atmosphère de masses énormes de vapeur à une haute température a été bien des fois signalé comme regrettable, et l'on s'est demandé si, sans nuire au tirage de la cheminée on pourrait utiliser une partie de la chaleur emportée par cette vapeur. Des expériences nombreuses ont dès lors été faites, soit en vue de chauffer les voitures du train, soit en vue de chauffer l'eau du tender. Les expériences pour chauffer les voitures ne paraissent pas devoir réussir. Il paraît, en effet, difficile d'assurer une communication étanche entre les voitures d'un train dont la composition varie fréquemment. De plus, par suite de l'intermittence du travail à demander à la machine, le mécanicien peut, dans de très-longues parties du parcours, se trouver dans l'obligation de disposer de toute la vapeur que peut produire son générateur, et, dans ce cas, de supprimer toute disposition pouvant porter obstacle au tirage du foyer.

L'emploi de la vapeur perdue au chauffage de l'eau du tender a mieux réussi. Des expériences à ce sujet ont été entreprises sur les chemins de fer rhénans. Un tuyau met en communication l'extrémité du tube d'échappement avec le tender ; un appareil à ailettes, mû par le mécanicien, divise l'orifice du tuyau d'échappement, de manière à laisser une partie de la vapeur se diriger dans la cheminée, mais en obligeant l'autre partie à se diriger vers le tender.

La communication entre la machine et le tender est établie au moyen d'un tuyau en caoutchouc garni de chanvre à l'intérieur et à l'extérieur.

On peut ainsi amener l'eau du tender à une température de 70 degrés environ, tout en conservant la vapeur nécessaire au tirage dans la cheminée.

Cet échauffement de l'eau du tender n'est pas pratiqué en France, parce que l'eau chaude n'est pas aspirée par l'injecteur Giffard, et que l'emploi de cet appareil est considéré comme réalisant une amélioration bien supérieure à celle que peut donner l'emmagasinement dans le tender d'une partie de la chaleur perdue.

Les pompes ordinaires se prêtent, du reste, assez mal à

l'aspiration de l'eau chaude, et sur les machines dont nous venons de parler on a dû ajouter aux pompes un réservoir à air.

§ 5. — Renversement de la vapeur. — Appareils de M. Le Chatelier.

Transformation de la locomotive en machine modératrice du mouvement du train. — Les appareils imaginés et conseillés par M. Le Chatelier, ingénieur en chef des mines, pour faire entrer dans la pratique régulière et normale des chemins de fer le renversement de la vapeur, sont souvent désignés sous le nom de *frein Le Châtelier*.

Tout frein comporte l'idée d'un sabot, d'un levier, d'un mode quelconque d'enrayage des roues : rien de semblable n'existe dans les appareils de M. Le Chatelier. Un ou deux tubes, quelques robinets avec leurs tiges de manœuvre constituent uniquement ces appareils, dont la dépense d'installation n'atteint pas 200 fr. par machine. Sous leur action cependant, la machine emploie toute sa puissance à retenir le train; à ce point de vue, elle devient elle-même et tout entière un frein.

Nous n'avons pas besoin de faire ressortir la grandeur du résultat obtenu. En supposant un frein mécanique assez puissant pour enrayer les roues de la machine et transformer le frottement de roulement en frottement de glissement, on obtiendrait le maximum d'effet utile au point de vue de la résistance à opposer au train, mais on payerait ce maximum par l'usure rapide des voies et la destruction des bandages. Rien de semblable n'est à redouter dans les appareils que nous allons décrire; les roues continuent à tourner et la vitesse du train décroit comme si la machine trouvait devant elle un matelas d'air qui amortit graduellement la force vive du train.

Renversement de la vapeur. — Le renversement de la vapeur en marche est une opération connue depuis longtemps, prescrite dans tous les règlements des mécaniciens, mais que ceux-ci n'effectuaient qu'avec hésitation et en quelque sorte à la dernière extrémité.

Examinons d'abord en quoi consiste cette opération :

Si une machine est au repos, on peut à volonté la faire marcher en avant ou en arrière ; il suffit à l'aide du levier de changement de marche de changer le sens de la distribution de la vapeur, et la machine avance ou recule.

Si la machine, au contraire, est en pleine marche, en avant, pour préciser les faits, si à un moment déterminé on ferme le régulateur, on renverse à fond le levier de changement de marche, et si on rouvre le régulateur, on aura bien changé le sens de la distribution de la vapeur, mais les roues continueront à tourner dans le sens dans lequel elles tournaient auparavant. Il se passera alors une succession de faits qu'il importe de préciser.

Le tuyau d'échappement devient tuyau d'admission, les orifices d'admission deviennent orifices d'échappement, les cylindres aspirent les gaz qui se trouvent dans la cheminée et les refoulent dans la chaudière.

Nous ne parlons pas des phénomènes secondaires qui correspondent au détail de la distribution, avance à l'échappement, ou à l'admission; nous considérons uniquement le fait principal.

Il s'exerce alors sur chaque piston une pression en sens inverse de celle qui s'exerçait auparavant, et la tige du piston transmet au bouton de la bielle de la roue une action retardatrice analogue à celle que, sur une voiture marchant lentement sur une route, pourrait exercer un homme qui saisirait successivement les rais de cette roue pour les ramener en arrière, bien qu'ils continuassent à tourner en avant. Le cheval de limon qui, à la descente d'une route, retient le véhicule qu'il traînait quelques instants auparavant, donne une idée bien exacte de la transformation que subit la puissance de la locomotive.

Dangers présentés par le renversement de la vapeur. — On conçoit toute l'efficacité de l'action retardatrice que nous venons de faire connaître et le désir que l'on a toujours eu d'en vulgariser l'emploi.

Malheureusement on s'est trouvé en présence de quatre causes de danger :

1° La manœuvre du levier ;

2° L'introduction de substances étrangères dans les cylindres et dans la chaudière ;

3° L'élévation extrême de température dans les cylindres ;

4° L'élévation de pression dans la chaudière.

La manœuvre du renversement de la vapeur est pénible et dangereuse. Nous avons expliqué comment le levier, en revenant brusquement d'une extrémité à l'autre du secteur, peut blesser très-gravement le mécanicien.

En second lieu, les cylindres aspirant par l'orifice d'échappement les gaz chauds qui existent dans la cheminée, ces gaz apportent avec eux des escarbilles, des cendres qui rayent les plateaux des tiroirs et en compromettent la conservation.

En troisième lieu, les cylindres, les tiroirs, les pistons, s'échauffent avec une extrême rapidité, par suite de la chaleur résultant de la compression de ces gaz, qui passent de la pression atmosphérique à une pression de plusieurs atmosphères. Au bout de quelques minutes, toutes les matières grasses sont détruites, les garnitures se brûlent ; et à l'état de lubrifaction ou lubrification produit et entretenu par la vapeur, succède un grippement qui, s'il était prolongé, entraînerait la destruction rapide des pistons et peut-être des cylindres.

Enfin, en quatrième lieu, le refoulement incessant dans la chaudière des gaz aspirés de l'extérieur par les cylindres élève rapidement la pression dans la chaudière, et les mouvements brusques et rapides des aiguilles des manomètres signalent une augmentation de pression bien peu faite pour rassurer le mécanicien.

Tous ces obstacles ont complétement disparu. La substitution du changement à vis au levier avec secteur d'enclenchement a définitivement écarté la première cause de danger. En remplaçant l'air chaud de la cheminée par de la vapeur d'eau ou de l'eau liquide prises toutes deux à la chaudière, M. Le Chatelier a introduit dans les cylindres une substance qui prévient tout échauffement et qui fait retour à la chaudière sans modifier ses conditions de pression.

Rien n'est plus simple, rien n'est plus facile à trouver, mais c'est là précisément le propre des grandes choses : c'est qu'elles sont simples, c'est qu'elles frappent l'esprit de tout le monde dès qu'on les a une première fois formulées. La gloire est d'être le premier, et elle ne manquera pas à M. Le Chatelier.

Nous avons, dans le paragraphe précédent, parlé des avantages que le changement de marche à vis présentait sur l'ancien levier. Nous ne reviendrons pas sur cette disposition empruntée aux machines anglaises; nous rappellerons seulement qu'elle permet d'effectuer le changement de marche sans entrainer l'obligation de fermer d'abord le régulateur et de l'ouvrir ensuite. En cas de danger imminent, les secondes ont leur importance, et il n'est pas indifférent de pouvoir supprimer deux manœuvres quelque courtes qu'elles puissent être.

Dans les changements à vis adoptés sur plusieurs chemins, huit tours suffisent pour passer du point extrême de la marche en avant au point extrême de la marche en arrière, et cette manœuvre n'exige pas plus de trois à six secondes.

Frein à air de M. de Bergue. — Une première solution du problème du renversement de la vapeur a été proposée par M. de Bergue, et si elle n'a point répondu aux données complètes de la question, elle a été le point de départ des recherches plus heureuses de M. Le Chatelier.

Frappé des inconvénients de toute nature qui résultaient de l'introduction dans les cylindres de l'air chaud pris dans la cheminée et chargé de substances pulvérulentes, M. de Bergue a proposé, en premier lieu, de fermer l'orifice supérieur des tuyaux d'échappement dans la cheminée et d'ouvrir en même temps et au-dessous de cette fermeture une communication avec l'air extérieur. Après le renversement de la vapeur, les pistons, au lieu d'aspirer des gaz chauds et chargés d'impuretés, aspireraient ainsi de l'air frais et propre. Toute altération des surfaces par des corps étrangers était ainsi évitée.

En second lieu, au lieu de refouler dans la chaudière l'air aspiré par les pistons, M. de Bergue le refoule dans un réservoir en tôle placé sur le corps cylindrique. Des soupapes convenablement disposées sur ce réservoir permettent de régler la pression et par conséquent la résistance que les pistons rencontrent dans les cylindres et transmettent au bouton des manivelles sur les roues motrices.

A l'aide de cette seconde disposition, on maintient le régulateur fermé, la chaudière conserve sa pression initiale, et aucune chance d'explosion n'est à redouter.

Installés sur des machines qui descendent la rampe de l'ancien chemin atmosphérique de Saint-Germain ou la rampe du chemin de Montmorency, les appareils de M. de Bergue ont donné de bons résultats, et le problème du renversement de la marche a paru un instant résolu. Malheureusement ces deux rampes sont extrêmement courtes : l'une a 3 kilomètres, l'autre 1,200 mètres seulement, et on ne pouvait constater sur d'aussi faibles longueurs l'échauffement que produit dans les cylindres la compression des gaz.

Les expériences faites avec l'appareil de M. de Bergue ont été répétées sur de longues rampes, mais sans succès : l'échauffement a été excessif dans les cylindres et on a dû renoncer à cet appareil.

Indications données par M. Le Chatelier. — Au moment même où de divers côtés on cherchait à perfectionner l'emploi du frein à air, M. Le Chatelier a exprimé la pensée qu'il était inutile de chercher en dehors de la machine un fluide élastique pour remplir les cylindres après le renversement de la distribution.

Ce fluide était dans la machine : c'était la vapeur elle-même qu'il était facile de prendre dans le corps cylindrique et de renvoyer dans les cylindres, soit en la mélangeant avec de l'air, soit en l'employant seule, de façon qu'il y en eût une quantité en excès. Si l'emploi de la vapeur n'était pas suffisant pour prévenir l'élévation de la température dans les cylindres, on arriverait à prévenir cette élévation en employant un jet d'eau froide qui se pulvériserait à son arrivée dans les cylindres. En traçant ce programme, M. Le Chatelier ajoutait : « On ferait ainsi une sorte de machine à vapeur inverse. »

Réalisation des idées de M. Le Chatelier. — Nous n'entrerons pas dans le détail des expériences faites soit en Espagne, soit en France, pour réaliser et faire passer dans le domaine de la pratique les idées que nous venons d'exprimer.

Les essais tentés en Espagne sur le chemin de fer du Nord n'ont point réussi, au moins pendant une période de plusieurs années, et ce n'est que depuis quelques mois qu'on arrive à des résultats assez satisfaisants.

En France, le succès a été en quelque sorte immédiat, et les ingénieurs des chemins de fer de Paris à Lyon et à la Méditerranée, d'Orléans et de l'Est ont su de suite appliquer le programme de M. Le Chatelier.

Application sur le chemin de fer de Paris à Lyon. — Le chemin de fer de Paris à Lyon peut revendiquer l'honneur d'être arrivé le premier à une solution pratique. Dans un ordre de service très-clairement rédigé, M. Marié, ingénieur en chef du matériel et de la traction de ce grand réseau, a fait connaître aux mécaniciens le but des dispositions nouvelles réalisées sur les machines.

Deux tuyaux distincts prennent l'un de la vapeur, l'autre de l'eau à la chaudière; ils aboutissent à une boîte en cuivre divisée en trois compartiments destinés à recevoir, le premier la vapeur, le second l'eau, le troisième le mélange de ces deux fluides. C'est ce mélange d'eau et de vapeur, dont les proportions peuvent varier à la volonté du mécanicien, que l'on injecte dans les tuyaux d'échappement et que les pistons aspirent après le renversement de la distribution. En ouvrant de nouveau le régulateur, ce mélange peut revenir à la chaudière, et en faisant varier la quantité d'eau injectée, on prévient tout échauffement des cylindres ; enfin, si l'on fait varier la distribution, on règle la pression dans les cylindres et par conséquent l'action retardatrice sur les boutons des manivelles.

Application sur le chemin de fer d'Orléans. — Dans les appareils du chemin de Lyon on peut mélanger à volonté la vapeur et l'eau. Sur le chemin d'Orléans, on a fait de nombreux essais avec de l'eau seule : en pénétrant dans les cylindres qui constituent une masse métallique importante et à une température élevée, l'eau liquide qui sort de la chaudière se transforme immédiatement en un brouillard aqueux qui remplit les cylindres en lubrifiant toutes les surfaces frottantes. D'après les rapports remis par les chefs mécaniciens à M. l'ingénieur en chef Forquenot, l'emploi de l'eau seule donne des résultats plus suivis, plus réguliers que ceux obtenus avec un mélange d'eau et de vapeur.

Emploi de l'eau seule. — Dans la pensée de M. Le Chatelier, l'emploi de l'eau seule répond à toutes les conditions du problème, et il suffit *d'établir une communication entre la chaudière et la base d'un tuyau d'échappement au moyen d'un tuyau de petit diamètre muni d'un robinet à la main du mécanicien.*

Le brouillard aqueux formé par le mélange de vapeur et d'eau arrive en contact avec le dessous des tiroirs, les lumières, les pistons et les cylindres, et se résout en totalité ou partiellement en vapeur qui remplit les cylindres.

L'eau ou la vapeur en excès s'échappe par la cheminée sous forme de *panache*. L'abondance de ce panache, la quantité plus ou moins grande d'eau qu'il fait tomber sous forme de pluie sur le mécanicien, renseignent ce dernier sur l'insuffisance ou l'excès de l'eau qu'il envoie dans les cylindres, et il suffit de toucher au robinet pour arriver promptement à l'état normal.

M. Le Chatelier ne condamne point l'emploi de la vapeur, mais il insiste sur les dangers qu'elle présente employée isolément : l'échauffement des cylindres, la destruction des joints ne lui paraissent pouvoir être évités que par l'emploi de l'eau.

Double question au sujet de l'emploi des freins. — Il faut, au sujet de l'emploi des freins dans l'exploitation des chemins de fer, se poser une double question :

Doivent-ils être employés pour produire l'arrêt dans un temps très-court, ou bien le ralentissement dans la marche sur une pente de grande longueur ?

Ils doivent évidemment pouvoir remplir les deux conditions; mais il faut reconnaître que pour le second cas, l'emploi des sabots ordinaires amène la destruction rapide des voies et des bandages.

L'emploi de la contre-vapeur, au contraire, se prête admirablement aux deux nécessités que nous venons de signaler, et l'expérience acquise sur tous les réseaux qui présentent des sections à fortes rampes montre que les appareils Le Chatelier réalisent merveilleusement l'action modératrice de la machine.

Question de brevet. — Les idées conçues par M. Le Chatelier ont été mises avec la plus grande libéralité à la disposition de tous les ingénieurs. Ni lui, ni la compagnie du nord de l'Espagne, qui a fait toutes les dépenses des premières expériences, n'ont songé à tirer profit de cette grande amélioration apportée au service de l'exploitation des chemins de fer.

Résumé. — Nous ne pouvons d'ailleurs mieux résumer ce paragraphe qu'en citant l'opinion de l'ingénieur habile qui dirige la traction des chemins de fer du sud de l'Autriche, M. Gottschalk. Au moment où nous venions de parcourir ensemble les rampes du Brenner, il nous disait : « Sans l'emploi d'une machine en queue dans les montées pour prévenir les ruptures d'attelage, *sans l'emploi des appareils Le Chatelier à la descente,* l'exploitation des rampes du Brenner eût été impossible. »

Chargé de l'exploitation d'un réseau qui comprend des sections avec des rampes de 25 millimètres, nous n'hésitons pas à formuler la même conclusion et à ajouter que M. Le Chatelier a fait faire à la machine locomotive un de ces rares progrès qui déterminent une marche en avant dans l'application d'une des plus belles inventions humaines.

§ 6. — Plaques de fondation pour les machines fixes. — Châssis pour les machines locomotives. — Ressorts. — Essieux.

Plaques de fondation pour les machines fixes. — Les premières machines à vapeur ajustées dans les ateliers de construction ont été montées sur des massifs de maçonnerie souvent isolés les uns des autres. Nous avons, en parlant des machines fixes, indiqué les difficultés que présentait ce mode d'installation; le moindre tassement survenu dans un des massifs compromettait la marche des organes les plus essentiels. Quand on a pu diminuer les dimensions générales des machines, et, par l'emploi de pressions plus élevées, obtenir avec de moindres volumes des puissances plus considérables, l'idée de concentrer sur une seule plaque les organes principaux a été adoptée par tous les constructeurs.

Cette disposition présente les plus grands avantages. D'une part, les positions relatives des pièces de la machine demeurent invariables ; d'autre part, tout peut être ajusté par le constructeur, et le montage en place n'est plus qu'un simple assemblage de pièces repérées et numérotées. A l'Exposition universelle de 1867, des machines capables de donner une puissance de cent chevaux ont été montées dans un très-petit nombre de jours.

L'emploi des plaques de fondation a une extrême importance pour les machines que les ingénieurs des ponts et chaussées emploient dans leurs travaux. Le plus souvent, ces machines doivent être montées loin des villes, quelquefois en pays de montagnes, loin de toute habitation ; la simplicité de la mise en place sur une fondation qui n'a besoin que d'être horizontale ne saurait donc être trop appréciée.

Dans les machines de navigation, les plaques de fondation sont devenues d'un usage général ; elles rendent la machine indépendante des déformations de la coque et lui assurent une stabilité à peu près impossible à obtenir par d'autres procédés.

Les progrès réalisés par l'art du fondeur ont permis de faire d'un seul morceau des plaques de fondation destinées à de grandes machines. Quelquefois on est forcé de diviser ces plaques en châssis, et nous n'avons pas besoin d'insister sur les précautions à prendre alors pour la parfaite jonction des pièces destinées à former l'assiette de la machine.

Il importe également de ne point laisser se développer dans la machine des actions perturbatrices réagissant sur le châssis de fondation et pouvant en déterminer la rupture. C'est pour éviter un effet de cette nature qu'il convient, dans les machines horizontales, de faire tourner le volant de manière qu'il *rabatte*, selon l'expression usitée dans les ateliers, sur les cylindres.

Massifs de fondation. — Pendant longtemps on n'a connu pour les massifs de fondation que la maçonnerie de moellons, de briques ou de pierres de taille. Aujourd'hui on emploie beaucoup les massifs de béton maigre composé de sable et de chaux hydraulique ou de ciment de bonne qualité. Ce béton se prête avec la plus grande facilité à toutes les formes que le constructeur désire. A l'aide de gaines en bois, on ménage l'emplacement des boulons qui doivent relier la plaque de fondation au massif, puis, la pose de la machine terminée, un ravalement en mortier complète le massif et permet une décoration sobre qui fait ressortir l'ensemble de la machine. Les ciments de Portland, de Boulogne, les bétons agglomérés sont chaque jour plus appréciés pour l'usage que nous venons d'indiquer.

Châssis pour les machines locomotives. — Dans les leçons relatives aux machines locomotives, nous avons bien des fois insisté sur la notion de l'adhérence, et montré comment la machine arrivait à se déplacer et à prendre un mouvement de translation sur le sol.

Nous avons, dans les paragraphes précédents, montré comment la vapeur était produite, comment elle était employée et comment elle était perdue dans l'atmosphère. Le jeu alternatif des pistons est transmis par des bielles à l'un des essieux de la machine et le mouvement de rotation est produit. Que l'on suspende la machine à quelques centimètres au-dessus du sol, que sur l'essieu moteur on cale une poulie, que l'on fasse passer sur celle-ci une courroie de transmission, la machine que nous venons de décrire sera une machine fixe et une très-bonne machine. Il reste à examiner comment, au lieu d'être une machine fixe, l'appareil que nous avons décrit arrive à se mouvoir, et par quels organes le mouvement de rotation devient un mouvement de translation. Ces organes comprennent :

Le châssis ;

Les ressorts ;

Les essieux et les roues.

Description sommaire du châssis. — Le châssis est la plaque de fondation de la machine. Seulement, outre les cylindres et la transmission de mouvement comme dans les machines fixes, le châssis porte la chaudière et le foyer

En second lieu, le châssis repose sur les essieux des roues par l'intermédiaire des ressorts, des boîtes à graisse et des plaques de garde.

Enfin, le châssis porte les appareils de traction et de choc, qui servent à atteler la machine au train à remorquer, ou à la préserver des chocs que peut produire le contact fortuit d'autres véhicules.

Cette triple destination indique l'importance du châssis dans les machines locomotives, et les précautions prises par tous les constructeurs pour lui donner une parfaite rigidité.

Les pièces essentielles d'un châssis sont les longerons, ou brancards en fer, reliés aux deux extrémités de la machine par des traverses en fer ou en bois.

Un cadre ainsi construit serait déformable sans les liaisons que les diverses pièces de la machine établissent entre les côtés parallèles, et surtout sans les entre-toises qui les relient.

Les châssis sont en tôle de $0^m,05$ d'épaisseur au moins ; leur hauteur varie avec la dimension des machines auxquelles ils sont destinés. Les plaques de garde étaient autrefois attachées aux longerons du châssis par des rivures, aujourd'hui les longerons et les plaques de garde sont découpés dans une même feuille de tôle : il est vrai qu'on subit un déchet dans l'emploi de la tôle, mais on gagne à cette disposition une rigidité parfaite dans une des parties les plus importantes de la machine.

Les deux longerons sont découpés à la fois dans deux pièces de tôle superposées, et on obtient ainsi deux pièces identiques.

Les châssis peuvent présenter trois dispositions principales : les châssis intérieurs, les châssis extérieurs, les châssis mixtes ou doubles.

Les châssis intérieurs prennent leur point d'appui sur les essieux du côté intérieur des roues ; les châssis extérieurs, au contraire, prennent leur point d'appui à l'extérieur des roues. L'augmentation des dimensions données aux machines, comme la nécessité de répartir les poids, a conduit aux châssis doubles dont les machines Crampton ont donné le premier exemple.

Les traverses d'avant ou d'arrière du châssis ont été faites en bois, en tôle, en bois doublé de tôle. Le bois a l'avantage d'amortir les chocs, et bien que ces pièces, à cause de leur fort équarrissage ($0^m,30$ à $0^m,40$ sur $0^m,15$ à $0^m,25$), deviennent chaque jour plus difficiles à trouver, nous pensons qu'il convient de maintenir l'emploi du bois. Le développement incessant des voies de communication donnera d'ailleurs aux constructeurs des ressources nouvelles, et on pourra sans excédant de dépense appréciable employer pour ces pièces importantes des bois exotiques tels que l'acajou et ses congénères.

Attaches de la chaudière. — La chaudière repose sur le châssis au moyen d'attaches rivées. A l'origine, on n'avait pas tenu compte de la dilatation ; mais on n'a pas tardé à reconnaitre l'existence de déchirures du métal autour des points d'attaches, et aujourd'hui on ne fixe d'une manière invariable qu'une extrémité de la chaudière. Pour les rivures des autres attaches on se sert de trous ovalisés, ce qui donne un jeu suffisant.

Accessoires du châssis. — Au châssis se rattache une série d'accessoires dont il suffit d'indiquer les noms :

Les marchepieds ;

La plate-forme à l'arrière et sur les côtés de la machine (il convient ici d'employer le fer strié de façon à empêcher les hommes de glisser lorsqu'ils ont à exécuter une manœuvre de force) ;

Les garde-corps en tôle pleine ;

Les chasse-pierres ou chasse-neige dont nous dirons quelques mots plus loin ;

Les tampons destinés à amortir les chocs et dont l'axe correspond à celui des tampons des voitures.

Boîtes à graisse. — Les boîtes à graisse servent à transmettre aux essieux le poids de la machine. Ces pièces exigent une très-grande solidité et en même temps une très-grande douceur pour la surface de roulement.

Une boîte à graisse comprend essentiellement :

Un réservoir contenant la graisse ;

Un dessous de boîte ;

Un coussinet.

La graisse arrive sous le coussinet par un trou central qui aboutit à des rayures intérieures tracées sur la surface du coussinet et désignées sous le nom de *pattes d'araignée*.

Il n'y a pas, dans l'entretien courant des machines, des voitures et des wagons, de question qui revienne plus souvent que celle des boîtes, des coussinets, de la graisse et de l'huile. On conçoit tous les inconvénients, tous les dangers même que peut causer la rupture d'une boîte, le grippement d'un coussinet, la mauvaise qualité de la graisse.

Pour les machines locomotives on est arrivé à faire des boîtes en fer forgé qui présentent une résistance bien supérieure à celle des boîtes en fonte; pour les coussinets on emploie exclusivement le bronze dans les boîtes de machine, le bronze et les métaux blancs dans les boîtes des voitures et des wagons. Nous ferons connaître la composition de ces alliages dans le chapitre consacré à l'étude des métaux qui entrent dans la construction des machines.

Inconvénients de la graisse. — L'emploi de la graisse présente de grands inconvénients.

La fluidité varie avec la température, et tous les chemins de fer ont dû employer la *graisse d'été* et la *graisse d'hiver ;* malheureusement sur des parcours de 900 à 1000 kilom., la température peut singulièrement varier : ainsi un wagon parti de Paris par un temps de glace trouvera le soleil, la chaleur à Marseille, et la graisse composée pour fondre malgré la gelée, coulera si l'on arrive sur des points où l'on trouve la température de l'été. Inversement, de la graisse excellente à Marseille et à Nice deviendra dure et gèlera à Paris.

Boîte à huile. — L'emploi de la graisse tend donc à disparaître : on lui substitue l'huile ; et pour les voitures et wagons, cette substance a présenté de grands avantages : économie dans l'emploi, sécurité dans le service. Le nombre des modèles de boîtes à huile est assez considérable, mais aucun ne paraît présenter une incontestable supériorité. L'huile descend à la partie inférieure de la fusée, et elle est présentée à la surface roulante par des mèches, des cordes, des peaux de mouton qui agissent comme un pinceau. Dans la boîte Dietz employée sur une grande échelle au chemin de l'Est, la fusée plonge dans l'huile : une rondelle concave, fixée à l'essieu, ramène constamment l'huile à la partie supérieure de la fusée.

La boîte Dietz peut contenir 400 grammes d'huile ; en service ordinaire, elle ne dépense pas plus de 7 grammes par 1,000 kilom.; elle pourrait par conséquent faire 60,000 kilom. sans être visitée. On agirait avec grande imprudence en comptant sur de semblables parcours, et les boîtes doivent être constamment tenues pleines, pour les cas d'échauffement en route ou de fuites.

Les compagnies disposent sur toutes leurs lignes des postes de graisseurs à des intervalles de 50 à 60 kilom. A l'origine, les graisseurs accompagnaient les trains, mais on a reconnu l'inutilité de cette mesure, et les graisseurs sédentaires suffisent à tous les besoins du service.

Boîtes à galets ou à sphères. — On a proposé à plusieurs reprises l'emploi de boîtes à galets ou à sphères roulantes, aucun liquide n'étant interposé et les sphères roulant à sec. Ces essais n'ont pas réussi ; un wagon à marchandises muni de boîtes de ce genre a dû être démonté après trois voyages d'expérience entre Paris et Meaux (44 kilom).

Ressorts. — Le châssis ne repose point directement sur les essieux, il est suspendu par des ressorts destinés, comme dans toutes les voitures, à amortir les chocs dus aux inégalités dans le roulement. Les ressorts de machines sont extrêmement résistants. Ils sont composés de lames d'acier de 9 à 10 centimètres de largeur et de 1 centimètre d'épaisseur; le nombre de ces lames varie avec la charge que doit supporter le ressort, et la résistance doit être suffisante pour que la plus grande flèche d'oscillation ne dépasse pas 3 à 4 centimètres ; au delà on pourrait craindre des ruptures dans le mécanisme.

Le tableau ci-après donne les dimensions des ressorts le plus habituellement employés :

CHARGE	LONGUEUR	LARGEUR	ÉPAISSEUR	NOMBRE DE FEUILLES	FLÈCHE	
					DE FABRICATION	SOUS CHARGE
1.500ᵏ	0ᵐ.810	0ᵐ.075	0ᵐ.01	5	0ᵐ.075	0ᵐ.036
3.500	0 .940	0 .09	0 .012	10	0 .075	0 .0330
4.500	0 .940	0 .09	0 .012	11	0 .075	0 .0336
5.000	0 .760	0 .09	0 .010	14	0 .075	0 .0325
5.500	0 .940	0 .09	0 .012	13	0 .075	0 .0327
7.700	1 .220	0 .09	0 .015	14	0 .124	0 .0462

La flèche sous charge est généralement moitié de la flèche de fabrication, et cette flèche est toujours faible.

M. Phillips, ingénieur en chef des mines et membre de l'Institut, a fait sur les ressorts des études très-intéressantes auxquelles nous ne pouvons que renvoyer les personnes qui voudront approfondir les questions relatives à la résistance de ces pièces importantes. Nous ne pouvons donner ici que des indications pratiques.

Position des ressorts dans les machines. — La position des ressorts dans les machines, ainsi que leur mode d'action, est très-variable. Les ressorts sont placés tantôt au-dessus, tantôt au-dessous des longerons, et ces deux dispositions sont quelquefois employées simultanément dans une même machine.

Le plus souvent, la concavité du ressort est au-dessus de l'horizontale, le milieu du ressort est fixe, et la machine est suspendue par des tiges et des écrous aux extrémités du ressort. Dans d'autres machines, au contraire, le ressort est renversé, les extrémités glissent sur des plans fixes, et la machine est suspendue au milieu. Cette dernière disposition est assez répandue en Angleterre et en Allemagne, très-peu en France.

Enfin, dans une même machine, les ressorts peuvent être disposés parallèlement à l'axe longitudinal de la machine, ou transversalement. Dans la machine Crampton, les ressorts des roues d'avant sont parallèles à l'axe de la chaudière, tandis que le ressort sur l'essieu moteur est d'équerre à la voie. Des dis-

positions semblables ont été adoptées dans les derniers modèles
de grosses machines de montagne.

Ressorts de choc et de traction. — Les ressorts dont nous
venons de parler sont des ressorts de suspension. On emploie
également des ressorts pour diminuer les réactions dans l'attelage des voitures avec la machine et des voitures entres elles,
et ils sont désignés sous le nom de *ressorts de choc* et de
traction. Les uns et les autres sont disposés horizontalement
sous les châssis des tenders et des véhicules.

Dans les ressorts de traction, le crochet d'attelage est attaché
au centre du ressort dont les extrémités s'aplatissent sur des
plans fixes.

Dans les ressorts de choc, au contraire, l'action des tampons
est transmise aux extrémités du ressort, dont le milieu est
fixe.

Le crochet de traction et les tampons n'agissent jamais simultanément sur leurs ressorts : cette remarque a conduit à
l'emploi d'un seul ressort à lames, de dimensions suffisantes
pour recevoir la tige du crochet de traction et celles des tampons ; il n'est fixé invariablement en aucun de ses points, mais
sa course est réglée par des taquets convenablement placés au
milieu et aux extrémités.

Ces ressorts en acier, composés de lames bien éprouvées au
moment de la fabrication, répondent parfaitement aux données
du problème ; ils n'ont qu'un inconvénient, celui de coûter
cher. On a essayé le caoutchouc vulcanisé sous forme de rondelles placées sur une tige commune et séparées par des lames
en tôle mince ; mais au bout d'un certain temps, le caoutchouc
s'altère et on ne peut plus compter sur une élasticité égale à
celle obtenue au moment du montage. Il a fallu revenir à l'emploi de l'acier, mais sous des formes autres que celles des
lames.

En tournant en spirale une lame d'acier de hauteur décroissante on a obtenu sous un faible volume un ressort d'une extrème

énergie ; mais il est assez difficile d'évaluer la manière dont travaille une lame ainsi disposée, et on a eu à constater d'assez fréquentes ruptures qui ont le grave inconvénient d'entrainer la mise au rebut et la perte de tout le ressort. Depuis quelques années cependant, on est arrivé, surtout en Allemagne, à fabriquer des ressorts en spirale qui résistent parfaitement et qui remplacent tous les ressorts en caoutchouc.

On a expérimenté des ressorts à rondelles, dits *système Belleville*, et qui se composent de disques ou rondelles d'acier de $0^m,20$ de diamètre assez semblables à des assiettes et placées sur une tige commune comme les rondelles en caoutchouc, mais disposées alternativement de façon que deux rondelles voisines se présentent mutuellement leur concavité en formant ainsi une espèce de couple. Quand le ressort fonctionne, les deux rondelles se rapprochent l'une de l'autre, et elles arrivent à leur limite d'élasticité lorsqu'elles s'aplatissent complétement et se touchent sur toute leur surface. Le jeu du ressort est donc égal à la somme des flèches de toutes les rondelles dont il se compose.

En faisant varier le nombre des couples on modifie à son gré la puissance du ressort ; on en emploie 2, 6, 8 ou 10. Lorsqu'une rondelle vient à casser, il est très-aisé de la remplacer et le surplus du ressort est conservé. Des expériences faites au chemin de fer de l'Est, à la fin de l'année 1867, n'ont pas cependant donné un résultat entièrement satisfaisant, pour l'appareil de traction il n'y a pas eu de rupture ; mais pour les appareils de choc, les ruptures ont été assez fréquentes.

Essieux. Question des essieux droits et des essieux coudés. — La question du choix à faire entre les essieux droits et les essieux coudés, ou, en d'autres termes, celle du choix à faire entre les cylindres extérieurs et les cylindres intérieurs, divise les ingénieurs.

Les cylindres intérieurs exigent des essieux coudés.

Les cylindres extérieurs permettent les essieux droits.

Si la fabrication des essieux coudés était facile, si ces pièces ne présentaient pas des chances de rupture bien plus grandes que les essieux droits, il est probable que la question serait tranchée en faveur des cylindres intérieurs, dans lesquels les pistons développent une action perturbatrice moindre que dans les machines à cylindres extérieurs. Dans toutes les locomotives, chaque coup de piston tend à faire tourner la machine autour d'un axe vertical imaginaire ; mais l'intensité de cette action croît avec la distance qui sépare l'axe du cylindre de la verticale passant par le centre de gravité de la machine, et elle est, par conséquent, plus forte avec les cylindres placés aux extrémités de la traverse d'avant qu'avec deux cylindres conjugués à l'intérieur et presque au centre de la traverse du châssis.

Les cylindres intérieurs sont aussi, en cas de choc, moins exposés que les cylindres extérieurs.

Par contre, les cylindres extérieurs, avec tout leur mécanisme, sont bien plus à la vue et à la main du mécanicien que les cylindres intérieurs ; enfin, les essieux droits sont beaucoup plus faciles à construire, et ils durent beaucoup plus que les essieux coudés.

En résumé, les constructeurs anglais donnent la préférence aux essieux coudés, les constructeurs français aux essieux droits.

La vulgarisation de l'acier fondu modifiera peut-être cette situation ; mais nous devons constater la préférence accordée, au moins en ce moment, en France et en Allemagne, aux essieux droits.

Essieux droits. Forme de l'essieu. — Nous considérerons d'abord les essieux droits destinés aux

Voitures et wagons,

Tenders,

Roues porteuses ou petites roues des machines,

Roues motrices ou grandes roues des machines.

Tout essieu, droit ou coudé, présente trois parties distinctes :

Le corps de l'essieu,

La portée de calage,

La fusée.

La portée de calage est la partie de l'essieu qui entre dans le moyeu de la roue à frottement dur et sous la pression énergique des machines à caler. L'assemblage est consolidé par des clavettes en acier engagées dans deux rainures tracées l'une dans l'essieu, l'autre dans le moyeu.

Les fusées sont les parties sur lesquelles repose le châssis de la machine ou du véhicule par l'intermédiaire des boîtes à graisse et des coussinets.

Les fusées sont intérieures, lorsque le châssis est intérieur. Dans ce cas, elles ont le même diamètre que le corps de l'essieu. Elles sont extérieures, quand le châssis est extérieur. Dans ce cas, elles ont un diamètre plus petit que le corps de l'essieu, et elles se terminent par un bourrelet destiné à prévenir le déplacement latéral de la boîte à graisse.

Les portées de calage et les fusées sont tournées.

Les constructeurs, en vue d'obtenir une plus grande perfection dans l'ajustage, séparaient autrefois ces diverses parties par des angles vifs. L'expérience a démontré que les ruptures avaient toujours lieu à ces angles, qui sont aujourd'hui remplacés par des raccordements ou congés tracés avec un rayon de plus en plus grand.

La meilleure forme à donner au corps de l'essieu a fait l'objet de nombreuses discussions.

Théoriquement, on a considéré l'essieu comme formant l'enveloppe de deux barres coniques ayant chacune la base du cône à une roue et la pointe à l'autre roue. On a expliqué ainsi l'habitude de diminuer un peu l'épaisseur de l'essieu au milieu de sa longueur. Cette diminution s'explique d'une autre façon : elle a pour but de permettre une légère flexion de l'essieu, quand les véhicules entrent dans une courbe.

D'autres constructeurs ont considéré l'essieu comme un solide d'égale résistance posé entre deux appuis, et ils ont proposé d'augmenter son épaisseur au milieu. Ce système n'a pas été accueilli, et nous n'avons jamais vu cette disposition réalisée dans la pratique.

Enfin, un grand nombre d'ingénieurs, et notamment les ingénieurs allemands, ont adopté la forme complétement cylindrique sans renflement ni diminution de diamètre au milieu.

Fabrication et réception des essieux droits. — Les essieux doivent être en fer à grain fin, homogène, et soumis dans leur fabrication à un martelage énergique. On proscrit généralement en France l'emploi du laminoir pour les essieux.

La mesure la plus importante est le choix du fer, et l'expérience seule peut donner à chaque chemin de fer des indications précises sur la nature des produits que lui offrent les usines qui se disputent sa clientèle. Dans cette question, comme dans toutes celles qui se rapportent à la résistance des fers et des tôles, la nature des minerais et des combustibles employés a une grande influence, et les meilleurs procédés de fabrication ne feront point disparaître entièrement une cause d'infériorité en quelque sorte native.

Le prix du métal pour des pièces aussi importantes devient une question secondaire, et il n'y aurait pas d'économie plus déplorable que celle qui porterait sur la qualité des essieux.

Au moment de la réception, les essieux sont soumis à des épreuves de choc et de flexion. On prend un essieu au hasard : on le place entre deux appuis et on le soumet au choc d'un mouton ; il faut qu'il puisse être plié, redressé et recourbé en sens inverse de la première courbure, sans que cette double flexion donne naissance à une fente ou à une crique.

Il importe toutefois de faire une réserve. Ces essais ne doivent pas être faits sur des essieux qui viennent de subir l'action du froid : les meilleurs fers placés dans ces conditions ne résistent pas à un choc relativement faible. Des rails d'acier d'excellente qualité ont été brisés au moment où, par un temps de gelée, on les faisait tomber du haut d'un wagon pour les décharger sur le sol.

On a quelquefois qualifié d'exagérées les épreuves que l'on fait subir aux essieux. Nous ne partageons pas cet avis, et nous pensons qu'en présence des chocs incessants auxquels sont soumis les essieux en roulant sur des voies qui ne sont pas toujours bien dressées, il n'y a pas lieu de renoncer aux expériences dont nous avons fait connaître le principe.

Le tableau ci-après indique les dimensions données aujourd'hui aux diamètres des essieux :

DÉSIGNATION DES ESSIEUX	AU MILIEU	A LA PORTÉE DE CALAGE	A LA FUSÉE
Anciens essieux de wagons. . .	0.095	0.110	0.060
Nouveaux essieux de wagons. .	0.105	0.120	0.075 0.080
Essieu de petit tender.	0.115	0.155	0.090
Essieu de gros tender.	0.140	0.180	0.150
Essieu de petite roue de machine..	0.155	0.160	0.150
Essieu de grande roue de machine..	0.170	0.210	0.180

C'est au sujet des essieux qu'on a le plus invoqué la question de l'altération moléculaire du fer. Ainsi que nous l'avons déjà dit, aucune expérience directe ne prouve que les vibrations les plus réitérées produisent une altération semblable à celle que l'on obtient en modifiant à plusieurs reprises la température du métal.

Essieux coudés. —Si la fabrication des essieux droits présente des difficultés, on reconnaîtra que celle d'un essieu portant deux coudes à angle droit l'un sur l'autre est impossible pour un grand nombre d'établissements. Il faut des moyens de martelage puissants pour aborder la construction de pièces de forge d'un aussi gros échantillon et présentant de telles complications. Les usines françaises ont fait à cet égard de grands progrès, et on a pu admirer, à la dernière Exposition, des essieux bruts de forge qui paraissaient exempts de tout défaut.

La rupture des essieux coudés a toujours lieu soit dans le tourillon qui réunit les deux bras d'un même coude, soit dans l'un de ces bras.

Rupture des essieux droits — La rupture des essieux se fait soit à la fusée, soit dans le corps de l'essieu. Le nombre des ruptures à la fusée a beaucoup diminué depuis la suppression des angles vifs et leur remplacement par des congés adoucis.

L'aspect des cassures qui surviennent dans le corps des essieux montre que souvent la cassure commence circulairement et se développe par un déchirement successif des fibres de l'essieu. Cette destruction provient probablement de la conservation en service d'un essieu qui a été forcé par une cause quelconque et qui, à chaque tour de roue, subit un effort de torsion. Ce n'est que par une surveillance incessante que l'on peut conjurer cette chance d'accident.

Dans tous les chemins de fer, les essieux sont soigneusement numérotés et la date de leur mise en service est inscrite. Si l'on constate une succession de ruptures dans des essieux de même âge et de même provenance, il faut, sans hésiter, rechercher les essieux appartenant à la même fourniture et les mettre au rebut, ou diminuer la charge des wagons qu'ils font rouler. Nous ajouterons que ces espèces d'épidémies métalliques, que l'on a eu plusieurs fois à constater, deviennent de plus en plus rares et que sur tous les réseaux français on possède des essieux pour ainsi dire irréprochables.

Le tableau ci-après indique le nombre de ruptures d'essieux de voitures, de wagons et de tenders qui ont eu lieu sur le réseau de l'Est dans une période de quatre années :

DÉSIGNATION	1865		1866		1867		1868	
	NOMBRE TOTAL DES ESSIEUX	RUP-TURES	NOMBRE TOTAL DES ESSIEUX	RUP-TURES	NOMBRE TOTAL DES ESSIEUX	RUP-TURES	NOMBRE TOTAL DES ESSIEUX	RUP-TURES
Tenders.	1.250	18	1.514	22	1.532	15	1.440	4
Voitures.	3.674	1	3.974	»	4.218	»	4.696	»
Wagons.	29.624	102	52.632	92	56.548	56	40.228	64
Totaux. . .	54.548	121	57.920	114	41.898	71	46.364	68
Rapport par mille.	3.5		3.0		1.6		1.4	

Comparaison dans les ruptures d'essieux droits et d'essieux coudés. — Le tableau ci-après indique, pour une période de dix-neuf ans, le nombre de ruptures d'essieux droits et d'essieux coudés qui ont eu lieu sur le chemin de fer de l'Est, aux machines locomotives :

ANNÉES	ESSIEUX DROITS		ESSIEUX COUDÉS	
	NOMBRE	RUPTURES	NOMBRE	RUPTURES
Les premiers essieux coudés ont été mis en service en 1850. .	»	»	»	»
Les premiers essieux coudés ont cassé en 1855.	»	»	»	»
De 1855 à 1859, il y a eu.. . . .	»	»	»	135
1860..	»	»	255	55
1861..	»	»	244	42
1862..	»	»	260	47
1863..	»	»	260	46
1864..	»	»	260	29
1865..	1.957	55	260	53
1866..	2.165	57	262	56
1867..	2.216	54	262	49
1868..	2.425	59	278	51

Si nous prenons pour la dernière année le rapport du nombre des ruptures au nombre total des essieux, on trouve les chiffres suivants :

16.0 par 1,000 pour les essieux droits.
111.5 par 1,000 pour les essieux coudés.

§ 7. — Roues et bandages.

Difficultés que présente la fabrication des roues. — La forme des roues n'a pas donné lieu à une discussion semblable à celle que nous avons mentionnée pour la forme des essieux. Il suffisait, en effet, d'imiter, pour les véhicules appelés à rouler sur les rails, les formes admises pour les roues des véhicules employés sur les routes ordinaires, sauf à donner à chacune des parties dont se compose une roue, c'est-à-dire au moyeu, aux rais et à la jante, une forme proportionelle aux poids que les roues devaient supporter et aux résistances de toute nature qu'elles avaient à vaincre.

Malheureusement, ces poids et ces résistances sont considérables, et, simple en apparence, la fabrication des roues a présenté des difficultés si grandes que l'on a considéré comme un progrès sérieux la suppression de l'emmanchement du moyeu avec les raies et de ceux-ci avec la jante, c'est-à-dire la confection de roues pleines semblables aux roues des chariots des peuples anciens.

Roues en fonte pour wagonnets. — Les premiers véhicules circulant sur des rails ont été des wagonnets employés au transport des charbons : leurs roues étaient en fonte. On sait l'importance de la régularité du refroidissement dans les pièces moulées, et combien le retrait se modifie avec la forme et l'épaisseur du métal ; or, une roue avec son moyeu massif, ses rais minces et sa circonférence épaisse, formait un ensemble aussi peu favorable que possible à la régularité du refroidissement, et on a eu à déplorer des ruptures incessantes dans les roues de wagonnets ; les rais surtout, d'une si mince épaisseur par rapport aux autres parties de la roue, ne résistaient pas. Nous avons vu fréquemment dans les wagons de terrassement tous les rais se briser à la fois à leur point de jonction avec le moyeu ou avec la jante.

On a, dans beaucoup d'usines, renoncé à faire les rais en fonte et on les a remplacés par des barres droites en fer forgé, dont les extrémités sont noyées d'un côté dans le moyeu, de l'autre dans la jante.

L'art du fondeur a donné également les moyens de régulariser le refroidissement, et à l'aide du moulage en coquille on est arrivé à donner aux jantes des roues de wagonnets une dureté extraordinaire ; tandis que le moyeu et la masse de la jante sont en fonte grise, la circonférence de la jante, sur une épaisseur de près d'un centimètre, est transformée en fonte blanche très-résistante.

Certaines forges françaises sont arrivées, pour les roues de wagonnets, à une perfection remarquable, et nous avons vu des roues qui, après un emploi de plusieurs années, ne présentaient aucune trace d'usure.

Roues en fonte pour wagons. État de la législation française. — Les fondeurs allemands et américains ont obtenu, pour les roues de wagons, des résultats semblables à ceux que nous venons d'indiquer pour les roues de petit diamètre, et si le même progrès n'a pas été réalisé en France, on peut en accuser la législation de notre pays.

L'article 10 de l'ordonnance du 15 novembre 1846 s'exprime en ces termes :

« Il est interdit de placer dans un convoi comprenant des voitures de voyageurs aucune locomotive, tender, ou autres voitures d'une nature quelconque montées sur des roues en fonte.

« Toutefois, le ministre des travaux publics pourra, par exception, autoriser l'emploi des roues en fonte cerclées en fer, dans les trains mixtes de voyageurs et de marchandises marchant à la vitesse d'au plus 25 kilomètres à l'heure. »

L'exception prévue dans ce dernier paragraphe a dû être

fréquemment admise par l'administration supérieure, et chaque jour, sans qu'il en résulte le moindre inconvénient, il entre en France, par toutes les gares de la frontière de Dunkerque à Bâle, des centaines de wagons avec roues en fonte. Il serait désirable qu'une condition aussi restrictive disparût de nos lois, et avec elle toutes les autres mesures de protection légale qui n'ont qu'un résultat, celui de retarder le progrès de l'industrie. Que l'on stipule des conditions de solidité, de résistance, rien de plus légitime ; mais que l'on laisse au métallurgiste et non au législateur le choix des moyens à employer pour obtenir cette solidité et cette résistance.

Roues de wagons et de voitures. Moyeu en fonte, rais et cercle en fer. — La grande masse des roues employées en France pour les wagons et les voitures, se compose :

D'un moyeu en fonte ;

De rais en fer ;

D'une jante ou d'un faux cercle en fer.

Les rais, au lieu d'être formés de barres droites, sont constitués par la juxtaposition de pièces ployées de manière à représenter un triangle isocèle ; tous les sommets de ces triangles convergent vers le centre de la roue, les bases formant, au contraire, la circonférence. Les angles du triangle sont souvent abattus en pan coupé pour éviter les angles aigus.

Tous les triangles une fois réunis au faux cercle par une rivure, on coule le moyeu en fonte de manière à empâter et réunir les sommets. Nous n'avons pas besoin de dire que des précautions sont nécessaires pour obtenir l'adhérence du fer à la fonte.

Roues de tender et de machine. — Les roues de tender, les roues de petit diamètre des machines locomotives sont semblables à celles dont nous venons de parler. Le moyeu en fonte est seulement plus épais, de façon à recevoir sans fatigue un essieu d'un diamètre plus considérable que celui des essieux des voitures et des wagons.

L'augmentation du diamètre des essieux et de celui des roues elles-mêmes, qui atteint 2^m,40 à 2^m,50, a conduit les constructeurs à tenter la fabrication de roues entièrement en fer forgé, qui sont aujourd'hui parfaitement réussies et qui peuvent être considérées comme des chefs-d'œuvre de forge.

On soude d'abord les barres droites destinées à devenir les rais de la roue à une lame destinée à former une partie correspondante de la jante. On a ainsi une série de T à longue tige. Les bases de ces T soudées les unes aux autres constituent le faux cercle; les extrémités des rais reliées entre elles par des coins sont portées au rouge blanc et soudées ensemble de manière à former le moyeu. Sans le marteau-pilon, de pareilles œuvres eussent été impossibles, tandis qu'avec ce puissant instrument elles s'exécutent aujourd'hui d'une manière courante.

Roues pleines en fer forgé et en acier. — L'emploi journalier du marteau-pilon et des laminoirs circulaires a permis de réaliser un autre progrès, celui des roues pleines en fer forgé et en acier.

La substitution d'un disque plein à une succession de rais est très-préconisée. On dit que ces roues pleines assurent une répartition plus régulière du poids des véhicules sur les rails; qu'elles soulèvent moins de poussière que les roues ordinaires, dont les bras agissent comme les aubes d'un ventilateur; enfin, qu'elles ne renvoient pas, comme ces dernières, les escarbilles qui sortent du foyer.

Sans nier ces avantages, surtout le dernier, qui est certain, nous pouvons dire que le principal obstacle à la vulgarisation des roues pleines en fer et en acier a été leur prix élevé comparativement à celui des roues ordinaires.

Pressions de calage. — Les roues des machines, des voitures et des wagons ne tournent pas autour des essieux, comme cela a lieu pour les voitures ordinaires. Sur les chemins de fer, l'essieu fait corps avec la roue et tourne avec lui; il faut donc

une union parfaite de ces deux pièces ; on l'obtient à l'aide de
la presse hydraulique, qui permet d'exercer les efforts mesurés
par les chiffres suivants :

```
Roues de locomotives..................  70.000 kilog.
Roues de tenders. . . . . . . . . . . . . . .  40.000
Roues de wagons. . . . . . . . . . . . . . .  25.000
Boutons de manivelles. . . . . . . . . . . .  15.000
```

Autrefois une clef ou clavette était engagée à mi-fer dans le
moyeu et dans l'essieu pour prévenir un mouvement de rotation ; avec les calages énergiques dont nous venons de donner
la valeur, cette précaution est devenue sans objet.

Bandage des roues. — Le bandage correspond au cercle de
la roue ordinaire. Il se compose d'un anneau circulaire parfaitement dressé à l'intérieur et ajusté à chaud sur le faux cercle
de la roue. Sa surface extérieure est la surface frottante ; il
porte un mentonnet ou boudin saillant du côté intérieur de la
voie et qui empêche les roues de quitter les rails.

L'opération qui consiste à placer le bandage se nomme l'*em-
battage* ; elle s'effectue à chaud. Le refroidissement détermine
ce qu'on appelle le *serrage* proprement dit ; la mesure de la
dilatation à donner, la rapidité dans le refroidissement, sont
réglées selon la nature des métaux employés, et on ne peut
suivre à cet égard que les indications de l'expérience.

En exagérant le serrage, on s'expose à une rupture subite
des bandages, c'est-à-dire à un accident dont les conséquences
peuvent être très-graves.

Le profil des bandages présente une certaine conicité. L'é-
paisseur varie de 0^m,040 à 0^m,060.

La saillie du boudin varie de 0^m,05 à 0^m,04 ; elle augmen-
terait sans cesse avec l'usure des bandages, si on n'avait pas
soin de la maintenir en passant les bandages au tour. Une trop
grande saillie du boudin serait une cause de danger à la traversée des changements et croisements des voies.

Les bandages sont fixés sur la jante par l'intermédiaire de rivets ou de boulons dont la tête est noyée dans l'épaisseur des bandages. Le fer des rivets ou boulons ne doit pas surpasser en dureté celui des bandages, car il en résulterait une usure inégale.

Fabrication des bandages. — Les procédés employés pour la fabrication des bandages sont aujourd'hui très-nombreux. Nous passerons en revue les principaux :

1° *Barres droites.* Des barres droites sont passées au laminoir et, après avoir obtenu le profil normal, courbées et soudées ; les roues motrices des machines à voyageurs ayant près de deux mètres de diamètre, il faut employer des barres de plus de six mètres de longueur, et on conçoit toutes les difficultés que présente d'abord la courbure parfaitement régulière de semblables pièces et surtout la soudure des extrémités. Pendant bien des années, on n'a pas connu d'autre mode de fabrication, et la fréquence des ruptures qui se produisaient au point de soudure faisait vivement désirer la découverte d'un procédé meilleur. Quelques usines cependant ont conservé la fabrication des barres droites et elles sont arrivées à opérer la soudure d'une manière irréprochable ; nous croyons cependant que ce procédé ne tardera pas à disparaître et que l'on ne se servira plus que de bandages sans soudure.

2° *Bandages sans soudure.* La fabrication des bandages de cette nature comprend deux périodes : dans la première, on forme une masse métallique annulaire ; dans la seconde, à l'aide de laminoirs circulaires, on augmente successivement le diamètre de cet anneau en réduisant son épaisseur, et on arrive à une précision telle que le bandage ainsi formé peut être mis sur le faux cercle et employé sans être tourné.

Ce mode de laminage circulaire est commun à tous les procédés ; mais la masse annulaire s'obtient par des méthodes très-différentes. On a commencé par rouler en anneau de longues barres de fer, en formant ainsi un paquet ayant de l'analogie avec les grosses bottes de fil de fer ; cet anneau chauffé au blanc soudant et martelé devenait une masse compacte et homogène.

La maison Krupp détache d'un bloc d'acier fondu une masse correspondante au poids du bandage à fabriquer et ouvre cette masse à l'aide de coins d'une épaisseur croissante, de manière à la convertir en anneau. Primitivement, on faisait à froid dans la masse une première fente longitudinale ; on perçait deux trous circulaires de 2 à 5 centimètres de diamètre, que l'on réunissait par un sillon ouvert au moyen d'une scie circulaire. Ce procédé a été abandonné, et la fente est obtenue directement sous le marteau-pilon.

Enfin, dans diverses usines françaises, on coule, à l'aide du convertisseur Bessemer, un anneau régulier qui, repris sous le marteau-pilon, reçoit une première ébauche.

Dans toutes ces fabrications sans soudure, le marteau-pilon remplit le premier rôle, car lui seul peut donner par le martelage la cohésion nécessaire au métal.

Plusieurs brevets ont été pris pour la fabrication des bandages sans soudure, et il est difficile de dire à qui en revient l'honneur. Il existe un brevet au nom de Bourdon, et l'auteur du marteau-pilon peut aussi revendiquer le bandage sans soudure.

Choix du métal. — On emploie, ou plutôt on employait en France des bandages de trois natures :

En fer aciéreux,

En acier puddlé,

En acier fondu.

L'acier fondu présente sur les deux autres métaux une supériorité telle que l'on peut prévoir le moment où cette substance sera seule employée pour les bandages des machines, des voitures et même des wagons.

La France est, à cet égard, en retard sur l'Angleterre et surtout sur l'Allemagne. La vulgarisation des procédés d'aciération nous permettra de nous mettre au niveau des nations voisines.

Nous n'entrerons pas dans la question des prix des bandages, nous sommes à une époque de transition et les chiffres cités une année ne sont plus vrais l'année suivante. Il y a toutefois une observation à faire au sujet du prix du bandage.

Les bandages ont une épaisseur d'environ 55 à 60 millimètres ; mais on doit les rejeter quand cette épaisseur est réduite à 28 ou 30 millimètres. Il n'y a donc d'utilisable et d'utile que la première épaisseur du bandage, la seconde n'ayant qu'une valeur de matériaux de rebut. Il importe dès lors d'examiner, non plus quel est le prix du bandage total, mais quel est le prix du centimètre d'épaisseur utile. A ce point de vue, les bandages en acier naturel ou en acier puddlé ont offert longtemps un avantage marqué sur les bandages en acier fondu.

Aciers mixtes. — Des considérations semblables avaient conduit les constructeurs à la fabrication des aciers mixtes. Ces aciers se composaient d'une lame d'acier fondu soudée sur du fer ordinaire et laminée de façon que la surface roulante du bandage fût en acier, tandis que la partie intérieure restait en fer. Cette disposition répond théoriquement aux véritables données de la question : avoir une matière dure pour la partie du bandage qui travaille et qui s'use ; avoir une matière moins dure pour la partie du bandage formant masse.

Les aciers mixtes ont été fabriqués avec un grand succès par MM. Verdié et Cie, de Firminy. Dans leur procédé de fabrication, l'acier en fusion est coulé sur une lame de fer ou sur un anneau de fer préalablement chauffé au rouge blanc dans un four à réverbère, et au moment d'effectuer la coulée, on saupoudre de borax la surface du fer, de manière à dissoudre les oxydes qui tendent à se former.

Cette lame, mise au laminoir ou sous le marteau, ne porte aucune trace de soudure, et la transition du fer à l'acier est complète et régulière.

Ces procédés ont été employés pour la fabrication des essieux aux fusées desquels on donnait une enveloppe en acier, et pour la fabrication des rails dont la surface frottante était également faite à l'aide d'une mise en acier. Les ingénieurs chargés de l'exploitation des lignes du réseau Sud-Autrichien-Lombard avaient donné un grand développement à cette fabrication aujourd'hui abandonnée.

La vulgarisation des procédés de fabrication de l'acier, l'abaissement continu de sa valeur ont arrêté les recherches relatives à l'emploi de ces matériaux mixtes, et tout le monde est aujourd'hui d'accord sur les avantages que présente l'homogénéité dans la fabrication.

Relation à observer entre le métal des bandages et celui des rails. — Si on supposait à la fois un rail et un bandage parfaitement durs et offrant l'un et l'autre des surfaces parfaitement polies et impénétrables, le phénomène de l'adhérence ne pourrait se produire, et les roues de la locomotive tourneraient sur place. Il existe donc une relation à observer entre la dureté relative des métaux à employer pour la fabrication des bandages et la dureté des rails. L'emploi des rails en acier ne présentera peut-être pas sur les sections à fortes déclivités tous les avantages que l'on en espère, et il faudra probablement se résigner à une usure rapide de ces voies.

Usure des bandages. — Les bandages périssent de deux manières différentes :

1° Par usure,

2° Par suite d'avaries.

On ne conserve pas un bandage quand son épaisseur est réduite à :

0^m,050 ou 0^m,052 pour les machines,

0^m,025 ou 0^m,050 pour les tenders,

0^m,020 ou 0^m,022 pour les voitures et les wagons.

L'usure n'a point lieu d'une manière régulière : la surface laminée du bandage, la *croûte*, comme on dit dans les ateliers, résiste bien plus longtemps que les surfaces données par le tour et qui correspondent à l'intérieur de la masse du bandage.

Les avaries les plus fréquentes sont :

La rupture à la soudure pendant les grands froids,

L'exfoliation de la surface frottante,

L'écrasement du métal sur quelques centimètres de longueur,

La séparation du boudin du corps du bandage.

Ce n'est que par une surveillance incessante que l'on combat le développement de ces avaries. Il est rare qu'elles se produisent subitement ; elles s'annoncent par une fissure, par une altération de surface qui commandent la mise au rebut immédiate du bandage.

L'usure des bandages ne provient pas seulement du travail effectué. La nécessité de conserver aux roues accouplées dans une machine un diamètre mathématiquement le même, oblige souvent le mécanicien à faire mettre sur le tour des roues parfaitement saines, mais qui doivent être ramenées au diamètre d'une roue qui a dû être réduite pour une cause quelconque.

Parcours des bandages. — La durée moyenne des bandages varie avec la nature du métal employé et la nature du matériel.

Le tableau ci-après indique les résultats obtenus sur divers réseaux français :

	ACIER NATUREL OU ACIER PUDDLÉ.
Machines à voyageurs..	95.000 à 100.000[k]
Machines à marchandises.	75.000 à 80.000
Tenders.	100.000 à 110.000
Voitures et wagons..	175.000 à 180.000

Influence des courbes sur l'usure des bandages. — Il n'est pas nécessaire d'insister beaucoup sur l'influence que les courbes de faible rayon exercent sur l'usure des bandages. La machine ne reste sur la voie que par la présence des boudins des roues, et si les courbes sont roides, la pression des rails contre les bou-

dins détermine l'usure, nous dirons presque la destruction de
ces derniers au bout d'un temps très-court.

Sur les rampes du Brenner tracées avec des courbes de 285
mètres de rayon, le bandage des roues d'avant de la machine
est hors de service après 30 ou 35,000 kilomètres. Comme le
boudin seul est usé, on a pu prolonger la durée de ces bandages
en mettant le premier essieu à la place du second et réciproquement ; le second essieu, en effet, n'a presque pas à souffrir
des réactions de la voie, et la présence d'un boudin très-aminci
ne comporte aucun danger.

§ 8. — Accessoires de la machine locomotive. — Caisses à eau. — Tenders.
— Freins à main ou à vapeur.

Nous désignons, sous le nom d'accessoires de la machine locomotive, les sabliers, le sifflet, les chasse-pierres, les robinets
graisseurs, les purgeurs. Nous ne dirons que peu de mots de
chacun d'eux.

Sabliers. Patinage. — Lorsque l'adhérence résultant du poids
qui charge les roues motrices n'est pas suffisante, les roues,
au lieu de tourner sur les rails et d'imprimer un mouvement
de translation à la machine, tournent sur elles-mêmes et la
machine reste immobile ; on dit alors que la *machine patine*.

Le patinage se produit quand le rail est gras et mouillé par
le brouillard ; l'adhérence est pour ainsi dire nulle, et les roues
tournent sur elles-mêmes avec une grande rapidité ; de plus,
la dépense de vapeur est considérable et, sans produire un effet
utile, toute l'eau approvisionnée est épuisée. Il arrivait souvent
qu'une machine, prise par le patinage, restait sur la voie, et
que le mécanicien était obligé de jeter son feu.

Les feuilles mortes humectées produisent un patinage énergique.

Dans certaines saisons de l'année, lorsque la terre est couverte d'une poussière fine rendue humide, le patinage se produit périodiquement.

Sur un rail mouillé, mais propre, l'adhérence est parfaite. Les trains marchent parfaitement en temps de pluie.

Cette remarque avait fait proposer de nettoyer le rail par un jet de vapeur lancé en avant de la roue ; seulement la chaudière se serait épuisée promptement. On n'a pas trouvé d'autre moyen de prévenir le patinage que de mettre du sable sur le rail.

Autrefois, en cas de patinage, le chauffeur descendait de la machine et jetait à la main le sable sur le rail ; on conçoit la perte de temps et l'imperfection inhérente à ce procédé.

On a employé ensuite des boites à sable, qui avaient l'inconvénient de jeter tout à coup une masse de sable en avant de la roue.

Aujourd'hui on se sert de sabliers munis d'aubes hélicoïdales ; le mécanicien meut cette hélice à la main, et à chaque tour une petite quantité de sable descend sur la voie par un petit tube vertical. Le sable est placé dans une boite fixée au dôme de la machine et ainsi séché à peu de frais.

Il faut avoir soin d'employer du sable siliceux. Les sables calcaires en s'écrasant forment mastic.

Sifflet à vapeur. — Le sifflet à vapeur est placé à l'arrière de la machine, à la portée du mécanicien qui s'en sert pour donner les différents signaux. Il se compose d'un réservoir percé d'une fente annulaire très-étroite, au-dessus de laquelle est placée une cloche en bronze à bords amincis. En ouvrant un robinet ou une valve, la vapeur vient frapper la cloche et la fait vibrer.

Chasse-pierres. — Un chasse-pierres est une barre de fer de forte dimension placée à l'avant de chacune des roues et destinée à écarter les obstacles qui peuvent se trouver sur le rail. Comme la machine obéit souvent à des mouvements d'oscillation, il est nécessaire de laisser la pointe du chasse-pierres à 5 centimètres au-dessus du niveau du rail.

Le chasse-pierres est soutenu en son milieu par une barre de fer reliée obliquement soit au châssis, soit aux plaques de garde des roues d'avant.

Quand une machine est appelée à faire un service dans les deux sens, c'est-à-dire à marcher tender en avant, l'administration supérieure a ordonné la pose de chasse-pierres près des roues d'arrière du tender.

En temps de neige, on attache à chaque chasse-pierres de gros balais dont l'extrémité affleure le rail. Cette disposition est suffisante pour dégager le rail lorsqu'il n'est tombé que de faibles quantités de neige. Dès que la neige devient abondante, il faut recourir à des moyens plus énergiques.

Robinets graisseurs. — Toutes les surfaces frottantes, boîtes de tiroirs, tiges de pistons, têtes de bielle dans les glissières doivent constamment être lubrifiées par de l'huile; les robinets graisseurs remplissent ce but. Il convient de multiplier ces petits appareils et de ne pas demander à un seul de distribuer l'huile en deux ou trois points de la machine.

Robinets purgeurs. — La vapeur se condense dans le cylindres par diverses causes : entraînement mécanique de l'eau hors de la chaudière, refroidissement dans les temps d'arrêt condensation résultant de la détente. Il est indispensable de donner issue à cette eau qui forme obstacle à la marche du piston ou qui, entraînée par la vapeur, retombe en pluie sur le mécanicien. Deux robinets placés à l'extrémité de chaque cylindre sont commandés par un levier à la main du mécanicien ; ils doivent être fréquemment ouverts pour assurer l'évacuation de l'eau.

Caisses à eau. — Nous avons parlé des machines-tenders et des machines de gare, qui portent directement leur eau dans des caisses latérales à la chaudière. Ici nous ne ferons qu'une observation, c'est qu'il importe de disposer ces caisses de façon que la charge d'eau soit uniformément répartie sur les essieux moteurs ; s'il en était autrement, si, par exemple, toute la charge d'eau reposait sur un seul essieu moteur, la répartition des poids varierait constamment avec la dépense d'eau et les roues accouplées marcheraient dans des conditions défavorables.

Tenders. — Le tender est le chariot portant le combustible, l'eau, les outils, les matières grasses nécessaires à l'alimentaion et au service de la locomotive.

Il est monté sur 4, 6 ou même 8 roues.

Sur les sections à profil ordinaire, les tenders à 4 roues sont très-suffisants. Sur les sections à profil accidenté on peut trouver avantage à employer de lourds tenders à 6 roues qui fonctionnent comme freins.

Poids et capacité. — Le poids des tenders varie :

De 5,000 à 12,000 kilog., vides;

De 10,000 à 20,000 kilog., pleins.

Ils peuvent porter, selon les modèles, de 5 à 8 mètres cubes d'eau, et 1,000 à 4,000 kilog. de combustible.

Un tel approvisionnement de combustible dépasse les besoins d'un voyage ordinaire; mais on a trouvé avantage à donner au mécanicien la quantité de combustible nécessaire à un double voyage, aller et retour ; on diminue ainsi le nombre des lieux de dépôt des combustibles, celui des agents distributeurs, etc., etc.

Des coffres sont placés sur le tender : un grand, à l'arrière, contient les gros outils, pinces, crics, verrins, utiles en cas de déraillement ; d'autres, disposés à l'avant, renferment les approvisionnements de matières grasses, les outils à main, quelques vêtements de rechange ou des provisions de bouche pour le mécanicien et le chauffeur.

L'attelage du tender se fait avec la machine au moyen d'une barre dite d'*attelage*, traversée à chaque extrémité par un très-gros boulon; deux chaines de sûreté complètent ce mode d'attache.

La communication de l'eau du tender avec la machine s'effectue à l'aide de boyaux en toile, en cuir ou en caoutchouc, terminés par des vis ou par des appareils à rotules. Il suffit de jeter un coup d'œil sur ces appareils pour en comprendre le jeu.

Prises d'eau. — Les tenders s'emplissent en s'arrêtant devant les grues hydrauliques. La boîte d'admission de l'eau dans le tender est percée de trous de faible diamètre, mais en grande quantité, de manière à retenir les corps solides qui pourraient être entraînés dans les prises d'eau.

Freins sur les machines. — Nous n'avons pas à examiner ici la question générale de la répartition des freins dans un train. Nous avons déjà dit combien l'utilisation du poids de la machine comme force retardatrice remplissait un rôle important dans cette question de la répartition des freins, et montré que le problème de l'utilisation de la machine était admirablement résolu par l'emploi de la contre-vapeur et la réalisation des idées de M. Le Chatelier.

Il nous reste seulement à parler des appareils mécaniques dont l'installation a été faite ou proposée sur les machines et les tenders.

Sur les machines, cette installation a été longtemps considérée comme dangereuse. On craignait que les réactions tangentielles dues aux sabots des freins ne déterminassent des désordres dans le mécanisme de distribution. Pour les machines à roues libres, on supprimait toute difficulté en ne faisant agir les sabots que sur les roues libres; pour les machines à essieux conjugués, on a reporté l'action des sabots sur les rails, ou on s'est contenté d'agir sur les roues conjuguées dans le cas où les machines ne sont animées que d'une faible vitesse.

Le chemin de fer du Nord est le premier chemin qui, en France, ait adopté sur une grande échelle les freins sur les machines locomotives. Sur les machines Crampton, les freins agissent à la fois sur les 4 roues libres.

Sur les autres chemins de fer, l'emploi des freins sur les

machines a été généralement limité aux machines de manœuvre ou de gare ; on a mis indifféremment des sabots sur 2 roues ou sur 4 roues. L'emploi de deux sabots a paru suffisant dans la plupart des cas, et leur installation est beaucoup plus simple que celle d'un frein à quatre sabots.

Tous ces freins sont des freins à main à la disposition du mécanicien et du chauffeur ; on a cherché à en commander la marche par de la vapeur prise à la chaudière, mais on n'a pas obtenu de bons résultats.

Dans la machine Steierdorf, dont nous avons longuement parlé, deux cylindres verticaux sont placés sous le corps cylindrique de la chaudière, les pistons de ces cylindres agissant sur les leviers des freins des roues. Dès que le robinet d'introduction de la vapeur est fermé, les pistons retombent et le frein est desserré.

Enfin, les freins agissant directement sur les rails ont été et sont encore employés par les machines qui font le service de la rampe de Gênes. L'action de ces freins est très-énergique et ne détermine aucune réaction dans l'organisme de la machine ; mais elle est destructive pour les rails, et nous ne saurions conseiller l'adoption de cette disposition.

Freins sur les tenders. — Jusqu'à la régularisation, par M. Le Chatelier, de l'emploi de la contre-vapeur, le véritable frein, dans un train, a été le frein du tender, et, dans tous les cas, il jouera le rôle le plus important.

Nous ne décrirons pas les dispositions nombreuses proposées pour les freins ; plusieurs satisfont à la condition qui nous parait devoir être réclamée avant toutes choses, la rapidité dans l'action. Il faut qu'en face d'un danger imminent, le mécanicien ait sous la main un moyen d'action énergique, mais surtout immédiat, sauf peut-être à perdre du temps pour desserrer le frein et rendre aux roues leur liberté de rotation.

On a beaucoup discuté sur la préférence à donner aux sabots en fer ou en fonte, sur les sabots en bois. Pour une action intermittente et de courte durée, les sabots en bois suffisent parfaitement ; mais quand l'action du sabot doit être continue, il est indispensable d'employer les sabots en fer. Sur les rampes du Brenner, un sabot en bois était mis hors de service au bout d'un voyage, souvent même à moitié chemin ; ils ont été remplacés par des sabots en fer qui fonctionnent de la manière la plus régulière.

§ 9. — Stabilité des machines locomotives. — Contre-poids.

Énumération des actions perturbatrices. — On dit qu'une machine est stable quand, dans son mouvement de translation, toutes les parties qui la composent semblent glisser parallèlement à la voie. Il n'en est ainsi que très-rarement, et au mouvement de translation général de la machine viennent s'ajouter des mouvements secondaires très-importants, dus à des actions perturbatrices dont il est difficile d'apprécier la valeur, souvent même la nature.

On a cependant distingué dans ces actions perturbatrices quatre effets différents, et qui ont reçu les désignations suivantes :

1° *Mouvement de lacet.* — Oscillation autour d'un axe vertical passant ordinairement par le centre de gravité de la machine.

2° *Mouvement de galop.* — Oscillation autour d'un axe horizontal transversal à l'axe de la voie sur laquelle circule la machine.

3° *Mouvement de roulis.* — Oscillation autour d'un axe horizontal parallèle à la voie.

4° *Mouvement de tangage.* — Translation longitudinale d'avant en arrière.

Les trois premiers mouvements sont des déplacements angulaires. Le dernier, ainsi que le mouvement général de la machine, sont des translations.

Dans la marche ordinaire de la machine, ces actions perturbatrices *se composent* entre elles, et il en résulte une irrégularité générale bien difficile à définir géométriquement.

Les mouvements accidentels sont dus à trois causes différentes :

1° Construction et état de la voie;

2° Construction et état d'entretien des machines;

5° Inertie et réactions des pièces de la machine qui sont soumises à un mouvement propre, indépendant du mouvement général de la machine.

Influence de la voie. — L'influence de la construction de la voie n'a pas besoin d'être discutée; les leçons sur les chemins de fer indiqueront les mesures à prendre pour obtenir une voie parfaitement solide et un bon état d'entretien. L'entretien est d'ailleurs un travail de chaque jour, et une voie ne saurait jamais être abandonnée à elle-même, l'action des machines ayant pour conséquence d'aggraver rapidement les déformations qui peuvent se produire dans la voie ; aussi celle-ci doit-elle être l'objet d'une surveillance incessante. La gelée et le dégel sont, comme agents physiques extérieurs, les plus à redouter par suite des contractions et des dilatations qu'ils produisent et de la manière dont ils agissent sur le ballast.

On peut se rendre compte des principales réactions que l'état de la voie transmet aux machines :

1° Si la voie bien dressée en profil longitudinal est mal dressée en plan et que les rails forment une ligne ondulée latéralement, les roues étant coniques porteront l'une et l'autre sur des rayons différents, il y aura déviation du côté où le rayon de contact sera le plus petit, jusqu'à ce que le boudin de cette roue, venant buter sur le rail, renvoie la machine de l'autre côté, et ainsi de suite ; il en résulte un mouvement de lacet.

2° Le jeu variable qu'on laisse aux boudins sur les rails,

dans les parties courbes surtout, est également une cause du mouvement de lacet.

3° Si la voie est mal dressée en profil longitudinal, si les dépressions ne se reproduisent pas symétriques des deux côtés, il en résultera un mouvement de lacet uni à un mouvement de roulis.

4° Si quelques traverses fléchissent tout d'une pièce, il en résultera un mouvement de tangage.

5° Enfin, la construction de la voie, en la supposant même parfaitement exempte de ressauts brusques, influe encore par la surélévation du rail extérieur dans les courbes,

Cette surélévation qui, en principe, ne devrait être que juste suffisante pour empêcher le renversement des wagons par la force centrifuge, peut être difficilement calculée, à cause des grandes différences qui existent entre les vitesses de marche des divers trains.

État de la machine. — La construction et l'état d'entretien de la machine ont, sur les mouvements, une influence évidente.

Les défauts de la machine dont l'effet est prépondérant, sont :

Le non-parallélisme des essieux ;

L'usure des boudins ;

L'inégalité du diamètre des roues ;

L'usure inégale des bandages qui bientôt deviennent méplats par l'usage ;

Enfin, le jeu des boîtes à graisse.

Toutes ces causes de mouvement sont accrues par les réactions réciproques de la voie et des machines, qui accélèrent la détérioration de l'une et des autres.

Inertie des pièces de la machine. — Enfin, en supposant une voie en parfait état, une machine aussi parfaite que possible, on doit tenir compte des actions perturbatrices qui se développent par le mouvement même des pièces du mécanisme.

Que l'on suppose un homme marchant à pied et en ligne droite, mais forcé de faire passer incessamment un poids de son bras gauche à son bras droit, et réciproquement, sa marche sera évidemment modifiée et retardée par une pareille sujétion. Il en est de même d'une machine locomotive, elle ne se meut pas comme une masse inerte dont toutes les parties conservent d'une manière immuable leur position relative; les pistons des cylindres avancent et reculent; placés à droite et à gauche de l'axe de figure longitudinal de la machine, ils donnent naissance à un *couple* qui tend à faire osciller la machine autour d'un axe vertical qui se déplace avec la machine.

Pour les roues motrices, les choses se passent d'une autre manière : toutes leurs parties sont soumises à l'action de la force centrifuge. Sur les parties symétriques il y a équilibre ; mais là où cesse la symétrie cesse l'équilibre, et la force centrifuge agit sur le bouton de manivelle et sur les pièces qui sont attachées à celui-ci de manière à solliciter successivement en avant et en arrière l'essieu moteur. On a cherché à mesurer par le calcul l'intensité de cette force, et on a trouvé qu'elle était égale à celle qui serait exercée par une masse placée au centre du bouton, de la manivelle, et égale à la masse de la manivelle, de la bielle, de la tige du piston et du piston lui-même.

Expériences de M. Nollau. — Ces indications théoriques ont été vérifiées par les expériences de M. Nollau, ingénieur à Altona, au moyen d'une machine suspendue à la charpente d'un atelier. Dès que l'on introduisait la vapeur dans les cylindres il se produisait deux mouvements très-distincts :

1° Un mouvement de va-et-vient en avant et en arrière, d'une amplitude totale de 4 pouces environ, oscillation comparable à celle d'un pendule ;

2° Une oscillation horizontale transversale vers la boîte à fumée.

Emploi de contre-poids. — M. Nollau chercha à faire disparaître ces effets au moyen de contre-poids convenablement disposés, près de la jante des roues motrices, dans un rayon opposé à celui sur lequel se trouvait le bouton de la manivelle.

Dès que ces contre-poids furent posés, le premier mouvement d'oscillation disparut, mais le mouvement de va-et-vient horizontal persistait ; en augmentant les contre-poids, M. Nollau put annuler ce second mouvement, mais le premier reparut.

La conclusion à tirer de ces expériences anciennes et peu connues (1847) était que l'addition des contre-poids ne saurait contre-balancer la totalité des actions perturbatrices qui se développent dans une machine, dans le sens vertical et dans le sens horizontal. On peut déterminer par le calcul, au moins approximativement, l'importance des contre-poids qui annuleraient chacune de ces actions perturbatrices. Mais en ajoutant tous ces contre-poids les uns aux autres, on dépasse le but que l'on se propose, et on détermine de nouvelles causes d'irrégularité dans la marche de la machine.

M. Le Chatelier, ingénieur en chef des mines, a publié des travaux très-intéressants sur la théorie des contre-poids et sur la manière de les calculer ; mais l'expérience n'a pas confirmé toutes les conséquences de ces calculs, et elle a démontré qu'il était prudent de s'arrêter aux contre-poids qui assurent l'équilibre vertical.

Exacte répartition des poids dans les machines. — La bonne répartition des poids dans une machine locomotive a une très-grande importance au point de vue de la stabilité. Nous avons cité des machines à roue motrice indépendante au milieu et dans lesquelles le centre de gravité tombait sur l'essieu même ; la machine était en équilibre instable sur cet essieu, et la moindre secousse imprimée aux roues d'avant suffisait pour entraîner la machine hors des voies. Sans arriver à cette situation extrême, une mauvaise répartition des poids peut entraîner une usure exceptionnelle d'un bandage et des réactions dans les bielles d'accouplement.

Dans d'autres circonstances, un jeu de deux à trois centimètres donné à un essieu pour faciliter l'inscription d'une machine dans une courbe de petit rayon, peut occasionner des dérangements dans le mécanisme général.

Aussi ne craignons-nous point de dire, non comme une banalité, mais comme la conséquence de l'expérience, que rien n'importe plus à la stabilité d'une machine qu'une étude approfondie de la répartition des poids accompagnée d'une exécution assez parfaite dans l'ajustage pour que rien en marche ne vienne troubler cet équilibre.

La question de l'importance de la répartition des poids dans une machine locomotive a été récemment signalée en Allemagne par un ingénieur très-distingué, M. de Weber. La résistance transversale que présentent à l'écartement deux rails parallèles maintenus par des chevillettes ou des coussinets n'est pas très-grande ; cette résistance n'acquiert une véritable valeur que si les rails sont chargés verticalement; or, si par suite de perturbations intérieures un essieu vient à n'être plus chargé, il cesse d'exercer sur le rail une action verticale salutaire, et ce dernier peut être déplacé transversalement sous un effort assez médiocre. Ces considérations nouvelles donneraient l'explication de déraillements survenus dans des conditions demeurées jusqu'à ce jour inexpliquées.

FIN DU TOME PREMIER.